轨道交通装备制造业职业技能鉴定指导丛书

橡胶硫化工

中国中车股份有限公司　编写

中国铁道出版社

2016年·北京

图书在版编目(CIP)数据

橡胶硫化工/中国中车股份有限公司编写．—北京：中国铁道出版社，2016.1

(轨道交通装备制造业职业技能鉴定指导丛书)

ISBN 978-7-113-21149-3

Ⅰ.①橡… Ⅱ.①中… Ⅲ.①硫化(橡胶)—职业技能—鉴定—自学参考资料 Ⅳ.①TQ330.6

中国版本图书馆CIP数据核字(2015)第286760号

书　名：轨道交通装备制造业职业技能鉴定指导丛书
　　　　橡胶硫化工

作　者：中国中车股份有限公司

策　划：江新锡　钱士明　徐　艳

责任编辑：陶赛赛　　　编辑部电话：010-51873065

编辑助理：黎　琳

封面设计：郑春鹏

责任校对：马　丽

责任印制：陆　宁　高春晓

出版发行：中国铁道出版社(100054，北京市西城区右安门西街8号)

网　址：http://www.tdpress.com

印　刷：北京市昌平百善印刷厂

版　次：2016年1月第1版　2016年1月第1次印刷

开　本：787 mm×1 092 mm　1/16　印张：13.75　字数：333千

书　号：ISBN 978-7-113-21149-3

定　价：43.00元

中国中车职业技能鉴定教材修订、开发编审委员会

主　任：赵光兴

副主任：郭法娥

委　员：（按姓氏笔画为序）

于帮会　王　华　尹成文　孔　军　史治国

朱智勇　刘继斌　闫建华　安忠义　孙　勇

沈立德　张晓海　张海涛　姜　冬　姜海洋

耿　刚　韩志坚　詹余斌

本《丛书》总　编：赵光兴

副总编：郭法娥　刘继斌

本《丛书》总　审：刘继斌

副总审：杨永刚　娄树国

编审委员会办公室：

主　任：刘继斌

成　员：杨永刚　娄树国　尹志强　胡大伟

序

在党中央、国务院的正确决策和大力支持下，中国高铁事业迅猛发展。中国已成为全球高铁技术最全、集成能力最强、运营里程最长、运行速度最高的国家。高铁已成为中国外交的金牌名片，成为高端装备“走出去”的大国重器。

中国中车作为高铁事业的积极参与者和主要推动者，在大力推动产品、技术创新的同时，始终站在人才队伍建设的重要战略高度，把高技能人才作为创新资源的重要组成部分，不断加大培养力度。广大技术工人立足本职岗位，用自己的聪明才智，为中国高铁事业的创新、发展做出了杰出贡献，被李克强同志亲切地赞誉为“中国第一代高铁工人”。如今在这支近9.2万人的队伍中，持证率已超过96%，高技能人才占比已超过59%，有6人荣获“中华技能大奖”，有50人荣获国务院“政府特殊津贴”，有90人荣获“全国技术能手”称号。

高技能人才队伍的发展，得益于国家的政策环境，得益于企业的发展，也得益于扎实的基础工作。自2002年起，中国中车作为国家首批职业技能鉴定试点企业，积极开展工作，编制鉴定教材，在构建企业技能人才评价体系、推动企业高技能人才队伍建设方面取得明显成效。

中国中车承载着振兴国家高端装备制造业的重大使命，承载着中国高铁走向世界的光荣梦想，承载着中国轨道交通装备行业的百年积淀。为适应中国高端装备制造技术的加速发展，推进国家职业技能鉴定工作的不断深入，中国中车组织修订、开发了覆盖所有职业（工种）的新教材。在这次教材修订、开发中，编者基于对多年鉴定工作规律的认识，提出了“核心技能要素”等概念，创造性地开发了《职业技能鉴定技能操作考核框架》。试用表明，该《框架》作为技能人才综合素质评价的新标尺，填补了以往鉴定实操考试中缺乏命题水平评估标准的空白，很好地统一了不同鉴定机构的鉴定标准，大大提高了职业技能鉴定的公平性和公信力，具有广泛的适用性。

相信《轨道交通装备制造业职业技能鉴定指导丛书》的出版发行，对于推动高技能人才队伍的建设，对于企业贯彻落实国家创新驱动发展战略，成为"中国制造2025"的积极参与者、大力推动者和创新排头兵，对于构建由我国主导的全球轨道交通装备产业新格局，必将发挥积极的作用。

中国中车股份有限公司总裁：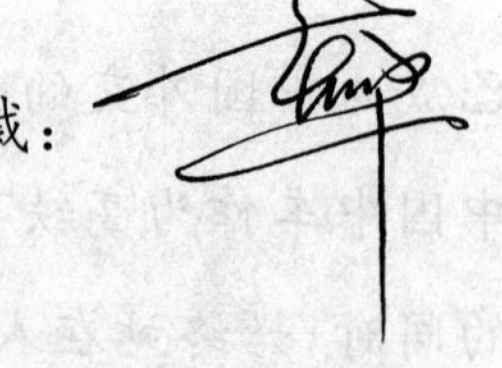

二〇一五年十二月二十八日

前　言

鉴定教材是职业技能鉴定工作的重要基础。2002年,经原劳动保障部批准,原中国南车和中国北车成为国家职业技能鉴定首批试点中央企业,开始全面开展职业技能鉴定工作。2003年,根据《国家职业标准》要求,并结合自身实际,我们组织开发了《职业技能鉴定指导丛书》,共涉及车工等52个职业(工种)的初、中、高3个等级。多年来,这些教材为不断提升技能人才素质、满足企业转型升级的需要发挥了重要作用。

随着企业的快速发展和国家职业技能鉴定工作的不断深入,特别是以高速动车组为代表的世界一流产品制造技术的快步发展,现有的职业技能鉴定教材在内容、标准等诸多方面,已明显不适应企业构建新型技能人才评价体系的要求。为此,公司决定修订、开发《轨道交通装备制造业职业技能鉴定指导丛书》。

本《丛书》的修订、开发,始终围绕打造世界一流企业的目标,努力遵循"执行国家标准与体现企业实际需要相结合、继承和发展相结合、质量第一、岗位个性服从于职业共性"四项工作原则,以提高中国中车技术工人队伍整体素质为目的,以主要和关键技术职业为重点,依据《国家职业标准》对知识、技能的各项要求,力求通过自主开发、借鉴吸收、创新发展,进一步推动企业职业技能鉴定教材建设,确保职业技能鉴定工作更好地满足企业发展对高技能人才队伍建设工作的迫切需要。

本《丛书》修订、开发中,认真总结和梳理了过去12年企业鉴定工作的经验以及对鉴定工作规律的认识,本着"紧密结合企业工作实际,完整贯彻落实《国家职业标准》,切实提高职业技能鉴定工作质量"的基本理念,以"核心技能要素"为切入点,探索、开发出了中国中车《职业技能鉴定技能操作考核框架》;对于暂无《国家职业标准》、又无相关行业职业标准的38个职业,按照国家有关《技术规程》开发了《中国中车职业标准》。自2014年以来近两年的试用表明:该《框架》既完整反映了《国家职业标准》对理论和技能两方面的要求,又适应了企业生产和技术工人队伍建设的需要,突破了以往技能鉴定实作考核缺乏水平评估标准的"瓶颈",统一了不同产品、不同技术含量企业的鉴定标准,提高了鉴定考核的技术含量,提高了职业技能鉴定工作质量和管理水平,保证了职业技能鉴定的公平性和公信力,已经成为职业技能鉴定工作、进而成为生产操作者综合技术素质评价的新标尺。

本《丛书》共涉及99个职业(工种),覆盖了中国中车开展职业技能鉴定的绝大部分职业(工种)。《丛书》中每一职业(工种)又分为初、中、高3个技能等级,并按职业技能鉴定理论、技能考试的内容和形式编写。其中:理论知识部分包括知识要求练习题与答案;技能操作部分包括《技能考核框架》和《样题与分析》。本《丛书》按职业(工种)分册,已按计划出版了第一批75个职业(工种)。本次计划出版第二批24个职业(工种)。

本《丛书》在修订、开发中,仍侧重于相关理论知识和技能要求的应知应会,若要更全面、系统地掌握《国家职业标准》规定的理论与技能要求,还可参考其他相关教材。

本《丛书》在修订、开发中得到了所属企业各级领导、技术专家、技能专家和培训、鉴定工作人员的大力支持;人力资源和社会保障部职业能力建设司和职业技能鉴定中心、中国铁道出版社等有关部门也给予了热情关怀和帮助,我们在此一并表示衷心感谢。

本《丛书》之《橡胶硫化工》由原青岛四方车辆研究所有限公司《橡胶硫化工》项目组编写。主编曾凡伟;主审孔军,副主审宋爱武、刘兴臣;参编人员宋红光、刘志坡。

由于时间及水平所限,本《丛书》难免有错、漏之处,敬请读者批评指正。

中国中车职业技能鉴定教材修订、开发编审委员会

二〇一五年十二月三十日

目　　录

橡胶硫化工(职业道德)习题

一、填空题

1. 从业人员在职业活动中,为了履行职业道德义务,克服障碍,坚持或改变职业道德行为的一种精神力量,被称作职业道德(　　)。

2. 做人的起码要求,也是个人道德修养境界和社会道德风貌的表现是(　　)。

3. "人无信不立"这句话在个人的职业发展中是指(　　)是获得成功的关键。

4. 在无人监督的情况下,也要坚持自己的内心真诚、光明磊落的道德信念,不做不道德的事就是(　　)。

5. 表面上(　　)是职业本身赋予从业人员的一种权利,但实际上是社会职业分工分配给你这个职业的一种权利。

6. 社会主义职业道德与其他社会制度最本质的区别就是(　　)。

7. 职业义务可以分为对他人的职业义务和对(　　)的职业义务两类。

8. 职业道德的"五个要求",既包含基础性的要求,也有较高的要求,其中,最基本的要求是(　　)。

9. 职业是(　　)的结果,也是人类社会生产和生活进步的标志。

10. 职业道德行为的特点之一是对他人和(　　)影响重大。

11. 职业道德行为评价的根本标准是(　　)。

12. 要想立足社会并成就一番事业,从业人员除了要刻苦学习现代专业知识和技能外,还需要加强(　　)修养。

13. 齐家、治国、平天下的先决条件是(　　)。

14. 正确行使职业权利的首要要求是要树立正确的(　　)。

15. 社会主义道德的基本要求是爱祖国、爱人民、爱劳动、爱社会主义、(　　)。

16. 中国中车的英文缩写是(　　),与国际惯例一致,利于品牌在国际市场上的传播推广。

17. 中国中车使命是接轨世界,(　　)。

18. 中国中车愿景是成为(　　)装备行业世界级企业。

二、单项选择题

1. 学习职业道德的意义之一是(　　)。

(A)有利于自己工作　　(B)有利于反对特权

(C)有利于改善与领导的关系　　(D)有利于掌握道德特征

2. 服务群众要求做到(　　)。

(A)帮群众说好话,为群众做好事　　(B)讨群众喜欢,为群众办实事

(C)树立群众观念,为群众谋福利 (D)争取群众支持,为群众主持公道

3. 下列论述中,不属于"诚"的含义的是( )。

(A)"诚"指自然万物的客观实在 (B)"诚"就是尊重客观事实,忠于本心

(C)信实,忠于客观事情 (D)是指"天道"的真实反映

4. 下列选项中,( )是指从业人员在职业活动中对事物进行善恶判断所引起的情绪体验。

(A)职业道德认识 (B)职业道德意志 (C)职业道德情感 (D)职业道德信念

5. 下列选项中,对增强职业责任感的要求表达错误的是( )。

(A)要认真履行职业责任,搞好本职工作

(B)要熟悉业务,互相配合

(C)要正确处理个人、集体和国家之间的关系

(D)要只维护自己单位的利益

6. 下列选项中,对职业纪律具有的特点表述不正确的是( )。

(A)各行各业的职业纪律其基本要求具有一致性

(B)各行各业的职业纪律具有特殊性

(C)具有一定的强制性

(D)职业纪律不需要自我约束

7. 下面关于文明安全职业道德规范的表述,不正确是( )。

(A)职业活动中,文明安全已经有相关的法律规定,因此不需要通过职业道德来规范从业人员的职业行为

(B)可以提高文明安全生产和服务的自律意识

(C)可以提高保护国家和人民生命财产安全的意识

(D)可以提高生产活动中的自我保护意识

8. 下列选项中,不符合正确树立职业荣誉观的要求是( )。

(A)争取职业荣誉的动机要纯

(B)获得职业荣誉的手段要正

(C)社会主义市场经济就是竞争,因此对职业荣誉要竞争,当仁不让

(D)对待职业荣誉的态度要谦

9. 学习职业道德的重要方法之一是( )。

(A)理论学习与读书笔记相结合 (B)个人自学与他人实践相结合

(C)知行统一与三德兼修相结合 (D)掌握重点与理解要点相结合

10. 职业道德从传统文明中继承的精华主要有( )。

(A)勤俭节约与艰苦奋斗精神 (B)开拓进取与公而忘私精神

(C)助人为乐与先人后己精神 (D)教书育人与拔刀相助精神

11. 职业荣誉的特点是( )。

(A)多样性、层次性和鼓舞性 (B)集体性、阶层性和竞争性

(C)互动性、阶级性和奖励性 (D)阶级性、激励性和多样性

12. 社会主义道德的基本要求是( )。

(A)社会公德、职业道德、家庭美德

(B)爱国主义、集体主义、社会主义
(C)爱祖国、爱人民、爱劳动、爱科学、爱社会主义
(D)有理想、有道德、有文化、有纪律
13.“庖丁解牛”体现了职业道德行为的(　　)规范。
(A)爱岗敬业,忠于职守　　(B)讲究质量,注重信誉
(C)精通业务,技艺精湛　　(D)团结协作,互帮互助
14.“不想当将军的士兵不是好士兵”,这句话体现了(　　)职业道德准则。
(A)忠诚　　(B)诚信　　(C)敬业　　(D)追求卓越
15. 职业道德修养最有生命力、最重要的内容是(　　)。
(A)职业道德自育　　(B)职业道德品质　　(C)职业道德规范　　(D)职业道德知识

三、多项选择题

1. 培养职业良心的要求有(　　)。
(A)职业活动前要进行筛选导向　　(B)职业活动中要进行监督调节
(C)职业活动后要进行总结评判　　(D)职业活动全过程要不断进行学习
2. 职业道德的社会作用有(　　)。
(A)有利于处理好邻里关系　　(B)规范社会秩序和劳动者职业行为
(C)促进企业文化建设　　(D)提高党和政府的执政能力
3. 职业义务的特点包括(　　)。
(A)义务性　　(B)利他性　　(C)有偿性　　(D)无偿性
4. 作为职业道德基本原则的集体主义,有着深刻的内涵,下列关于集体主义内涵的说法,正确的是(　　)。
(A)坚持集体利益和个人利益的统一
(B)坚持维护集体利益的原则
(C)集体利益要通过对个人利益的满足来实现
(D)坚持集体主义原则,就是要坚决反对个人利益
5. 下面关于集体主义的论述正确的是(　　)。
(A)我们应该“大力提倡把国家和人民的利益放在首位而又充分尊重公民的合法权益的利益观”
(B)个人利益就是个人主义,不讲集体主义
(C)讲集体主义原则就是要正确处理国家利益、集体利益和个人利益的关系
(D)要用集体主义的观点和集体主义的精神认识、处理职业人际关系
6. 诚实守信作为职业道德基本规范,下面表述正确的是(　　)。
(A)诚实守信就是要实事求是,敢于坚持真理
(B)守信就是言必行、行必果、言行统一
(C)诚实守信就是要重承诺、信守承诺,宽以待人
(D)诚实就是领导说干啥就干啥
7. 职业道德行为评价的方式有(　　)。
(A)下级评价　　(B)社会舆论　　(C)职业习俗　　(D)内心信念

8. 职业道德行为修养的方法有(　　)。

(A)认真学习职业道德理论　　(B)正确选择职业道德行为

(C)积极参加职业道德实践　　(D)不断提高职业道德境界

9. 遵守职业道德规范主要靠(　　)。

(A)通过自我控制、约束实现　　(B)通过社会舆论的监督实现

(C)提高自身职业道德修养实现　　(D)通过法律的手段强制实现

10. 遵守职业道德行为规范的意义有(　　)。

(A)有利于提高从业人员对法律和纪律的自我约束力

(B)有利于提高工作效率和增产增收,达到为人民服务的目的

(C)有利于提高从业人员职业道德修养,形成良好职业道德品质

(D)有利于提高产品质量,促使文明安全进步

11. 中国中车核心价值观是(　　)。

(A)诚信为本　　(B)创新为魂　　(C)崇尚行动　　(D)勇于进取

12. 中国中车团队建设目标是(　　)。

(A)实力　　(B)活力　　(C)生产力　　(D)凝聚力

四、判 断 题

1. 一个社会公德表现突出的人,他的职业道德表现也一定是优秀的。(　　)

2. 社会公德、职业道德和国家美德三者没有必然联系。(　　)

3. 法治和德治是社会主义治国的重要策略。(　　)

4. 社会主义职业道德规范如“敬业、忠于职守、勤俭节约”等是超越了社会形态和国界的。(　　)

5. 司机酒后开车只是违反了有关交通法规,但不违反职业道德。(　　)

6. 长远的职业理想具有相对稳定性,而近期的理想具有不确定性。(　　)

7. 从业人员对业务技术的掌握有“知”、“会”、“熟”、“精”四个层次。(　　)

8. 职业义务可以分为对他人的职业义务和对社会的职业义务两类。(　　)

9. 公民基本道德规范只包含了社会公德、职业道德的内容。(　　)

10. 学好职业道德必须四德兼修。(　　)

11. 职业权利是指从业人员在自己的执业范围内的职业活动中拥有的支配人、财、物的力量。(　　)

12.“公平原则”、“职业的诚信”、“职业活动中的协作、团队精神”、“忠于职守”等职业道德规范是超越国界的。(　　)

13. 评价职业荣誉既可以以从业人员对社会贡献的多少作为评判的标准,也可以以金钱的多少和社会地位的高低作为评判标准。(　　)

14. 职业道德行为评价可以分为社会评价、集体评价、自我评价和他人评价。(　　)

15. 为人民服务是区别其他社会形态职业道德的一般性特征。(　　)

16. 诚实守信是中国中车生存发展的根本,是全体中车人做人做事的根本准则。(　　)

橡胶硫化工(职业道德)答案

一、填 空 题

1. 意志　2. 文明礼让　3. 坚守诚信　4. 慎独
5. 职业权利　6. 为人民服务　7. 社会　8. 爱岗敬业
9. 社会分工　10. 社会　11. 善与恶　12. 职业道德
13. 修身　14. 职业权力观　15. 爱科学　16. CRRC
17. 牵引未来　18. 轨道交通

二、单项选择题

1. A　2. C　3. D　4. C　5. D　6. D　7. A　8. C　9. C
10. A　11. D　12. C　13. C　14. D　15. A

三、多项选择题

1. ABC　2. BCD　3. BD　4. AB　5. ACD　6. ABC　7. BCD
8. ABCD　9. ABC　10. ABCD　11. ABCD　12. ABD

四、判 断 题

1. ×　2. ×　3. √　4. √　5. ×　6. ×　7. √　8. √　9. ×
10. √　11. √　12. √　13. ×　14. ×　15. ×　16. √

橡胶硫化工(初级工)习题

一、填 空 题

1. 使用硫化仪测定的胶料硫化特性曲线中,转矩达到(　　)时所需时间 t_{90} 为工艺正硫化时间。

2. 使用硫化仪测定的胶料硫化特性曲线中,转矩达到(　　)时所需时间 t_H 为理论正硫化时间。

3. 使用硫化仪测定的胶料硫化特性曲线中,(　　)的值可以反映硫化反应速率,其值越小,硫化速度越快。

4. 硫化稍微不足(欠硫)的硫化胶其撕裂强度有增大趋势,因此利用这种性质来解决硫化制品(　　)也是一种好方法。

5. 一般半成品质量应大于成品质量的(　　),才能保证充满模具。

6. 胶片压延后往往出现顺压延方向拉伸强度高、伸长率小、收缩率大,而垂直于压延方向的拉伸强度低、伸长率大、收缩率小的现象,这种现象被称作(　　)。

7. 压延效应对加工性能不利,会导致半成品的(　　)。

8. 天然胶乳胶体粒子直径小于入射光的波长,产生了光散射现象,被称作(　　)效应。

9. 橡胶制品飞边修除的目的是(　　)。

10. 橡胶制品飞边的修除方法可以分为(　　)、机械和冷冻三类。

11. 操作者手持刀具,沿着产品的外缘,将飞边逐步修去的修边方法,被称为(　　)修边。

12. 在各种修边方法中,(　　)修边法采用设备修边,大大加快了修边的效率和质量,特别适合大批量橡胶制品的生产。

13. 使用带旋转刀刃的专用电动修边机进行修边的方法,被称为(　　)修边。

14. 无论什么橡胶制品,橡胶的加工工艺过程都要经过(　　)和硫化这两个过程。

15. 橡胶的加工工艺过程中,橡胶的(　　)使配方中各个组分混合均匀,制成混炼胶。

16. 橡胶加工的最后一道工序,在一定的温度、压力和时间条件下,使橡胶大分子发生化学反应、产生交联的过程是(　　)。

17. 橡胶按形态分类可分为(　　)、液体橡胶和粉末橡胶。

18. 橡胶按交联结构分类可分为化学交联的传统橡胶和(　　)。

19. 从天然植物中采集来的一种弹性材料是(　　)。

20. 含天然橡胶的植物很多,但具有采集价值的不多,天然橡胶的主要来源有(　　)、橡胶草、银色橡胶菊和杜仲树。

21. 橡胶模型制品平板硫化机按(　　)结构可分为柱式、框式和侧板式。

22. 橡胶模型制品平板硫化机按热板(　　)方式可分为电加热、过热水加热、热油加热等。

23. 危险化学品发生火灾事故进行扑救时,扑救人员应站在(　　)或侧风口。

24. 橡胶模型制品平板硫化机以(　　)加热和电加热为主。

25. NR中的含氮化合物都属于蛋白质,蛋白质分解出(　　)促进橡胶硫化。

26. 橡胶中能溶于丙酮的物质,主要是一些高级脂肪酸和固醇类物质,被称作(　　)。

27. 生胶一般由(　　)或带有支链的线型大分子构成,可以溶于有机溶剂。

28. 生胶与配合剂经加工混合均匀且未被交联的橡胶被称作(　　)。

29. 硫化剂、促进剂、活性剂、补强填充剂、防老剂等都是(　　)常用的配合剂。

30. 混炼胶在一定的温度、压力和时间作用下,经交联由线型大分子变成三维网状结构而得到的橡胶被称作(　　)。

31. 根据制品的性能要求,考虑加工工艺性能和成本等因素,把生胶和配合剂组合在一起的过程被称作橡胶的(　　)。

32. 一般的橡胶配合体系包括生胶、(　　)、补强体系、防护体系、增塑体系等。

33. 硫化条件通常指硫化压力、温度和(　　)。

34. 线性的高分子在物理或化学作用下,形成三维网状体型结构的过程被称为(　　)。

35. 橡胶材料的特点有(　　)、黏弹性、电绝缘性、有老化现象及必须进行硫化才能使用。

36. 橡胶的弹性模量低,伸长变形大,有可恢复的变形,并能在很宽的温度(−50～150 ℃)范围内保持弹性,表现出了(　　)。

37. 橡胶材料在产生形变和恢复形变时受温度和时间的影响,表现有明显的应力松弛和蠕变现象,在振动或交变应力作用下,产生滞后损失,表现出了(　　)。

38. 橡胶是一种材料,具有特定的使用性能和加工性能,属有机(　　)材料。

39. 橡胶能够被改性是指它能够被(　　)。

40. 没有加入配合剂且尚未交联的橡胶被称为(　　)。

41. 能降低硫化温度、缩短硫化时间、减少硫黄用量,又能改善硫化胶的物理性能的物质,被称为(　　)。

42. 未来促进剂的发展方向是(　　),即兼备硫化剂、活性剂、促进剂、防焦功能及对环境无污染的特点。

43. 橡胶常见的老化方式是热氧老化、光氧老化、臭氧老化和(　　)老化。

44. 在多次变形条件下,使橡胶大分子发生断裂或者氧化,结果使橡胶的物性及其他性能变差,最后完全丧失使用价值,这种现象称为(　　)老化。

45. 填料的活性越大对橡胶分子吸附作用越强,在粒子表面形成一层致密结构,使体系中大分子运动性下降,应力松弛能力下降,易产生应力集中,容易导致(　　)老化。

46. 防老剂按化学结构可分为(　　)、酚类、杂环类及其他类。

47. 防老剂按防护效果可分为抗氧、(　　)、抗疲劳、抗有害金属和抗紫外线等防老剂。

48. 对热氧老化、臭氧老化、重金属及紫外线的催化氧化以及疲劳老化都有显著的防护效果的是(　　)类防老剂。

49. 有污染性,不宜用于白色或浅色橡胶制品的防老剂是(　　)类防老剂。

50. 在橡胶中加入一种物质后,使硫化胶的耐磨性、抗撕裂强度、拉伸强度、模量、抗溶胀性等性能获得较大提高,凡具有这种作用的物质被称为(　　)。

51. 某一橡胶模型制品平板硫化机的铭牌为 QLB-D 600×600×2,参数 Q 代表(　　)。

52. 某一橡胶模型制品平板硫化机的铭牌为 QLB-D 600×600×2,参数 L 代表(　　)。

53. 某一橡胶模型制品平板硫化机的铭牌为 QLB-D 600×600×2,参数 B 代表(　　)硫化机。

54. 由许多烃类物质经不完全燃烧或裂解生成的物质是(　　)。

55. 粒径在 40 nm 以下,补强性高的炭黑,属于(　　)炭黑。

56. 炭黑按 ASTM 标准分类由四个字组成,第一个符号为 N 或 S,代表(　　)。

57. 炭黑按 ASTM 标准分类由四个字组成,第一个符号 N 表示(　　)。

58. 炭黑按 ASTM 标准分类由四个字组成,第一位数表示炭黑的平均(　　)范围。

59. 注射硫化法,在注胶过程中,胶料通过(　　)时,由于摩擦生热,胶料可以升到 120 ℃以上,再继续加热就可以在很短时间内完成硫化。

60. 图 1 为带锥度的不溢式模具,该模具锥度的作用是便于(　　)操作。

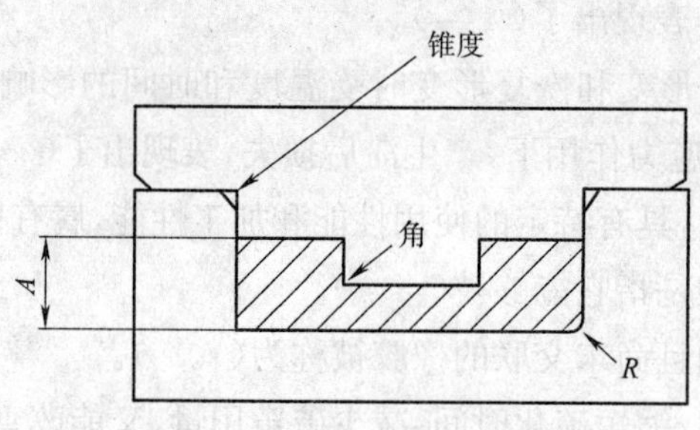

图 1

61. 橡胶模型制品的尺寸,按尺寸性质分类可以分为功能尺寸和(　　)。

62. 橡胶模型制品的尺寸,按模具成型特征分类可以分为封模尺寸、定位尺寸以及(　　)。

63. 如图 2 所示,该硫化设备属于(　　)式硫化机。

64. 橡胶注射模具表面的聚四氟乙烯涂层,经过一些周期后,涂层会部分损坏而失效,造成涂层损坏的主要原因是高温硫化和(　　)。

65. 产生最初模具污垢的根源是(　　)的形成。

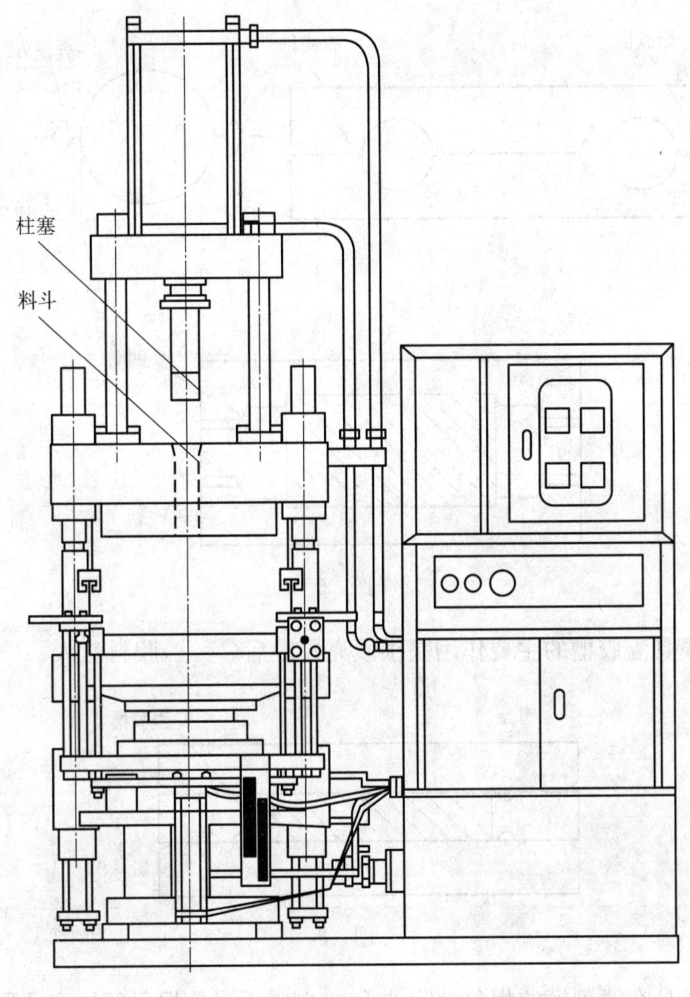

图 2

66. 在橡胶配方的混合物中,降低(　　)的水平可以减少模具结垢。

67. 图 3 为带锥度的不溢式模具,该模具的棱角设计成 R 形是为了防止(　　)。

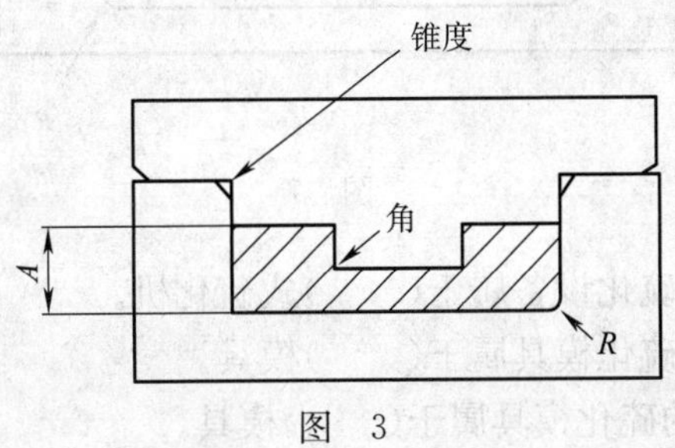

图 3

68. 图 4 中模具制品与飞边之间像刀刃,该模具硫化的制品修飞边简单,该模具被称作(　　)模具。

69. 图 5 中模具是一种凹窝模具,采用凹窝结构具有不用导柱、导套就能(　　)的优点,在硫化大型橡胶制品的模具中,凹窝模具最为合适。

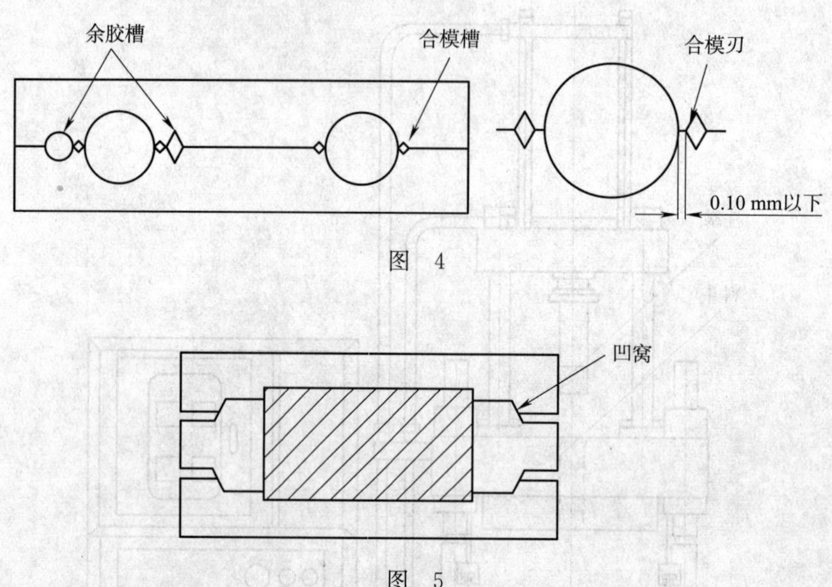

图 4

图 5

70. 图 6 中模具溢胶槽的主要作用是供填充模腔后(　　)胶料流入。

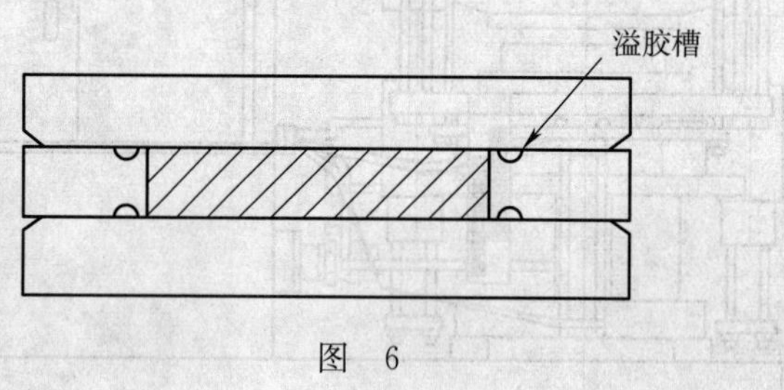

图 6

71. 图 7 中模具在凿刻模的拐角处附加 R 的主要原因是拐角部位容易积存(　　)。

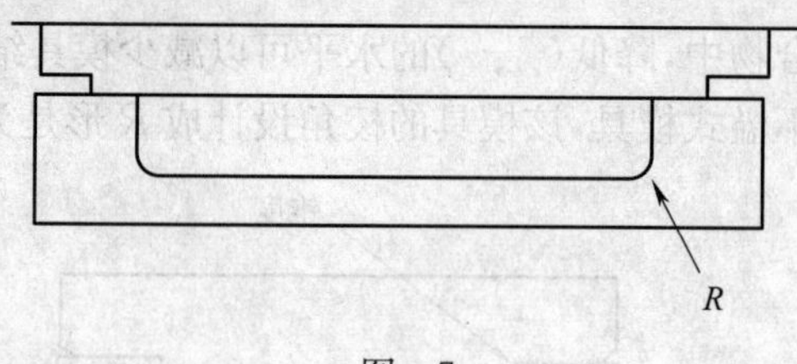

图 7

72. 图 8 中结构所示的硫化设备属于(　　)式硫化机。
73. 图 9 中结构所示的硫化模具属于(　　)模具。
74. 图 10 中结构所示的硫化模具属于(　　)模具。
75. 图 11 中结构所示的硫化模具属于(　　)模具。
76. 不溢式模具的主要优点是不出现(　　)。
77. 胶料的流动性对模具内的流痕有影响，在注射模具内，流痕的生成与注射成型时(　　)的位置有很大关系。

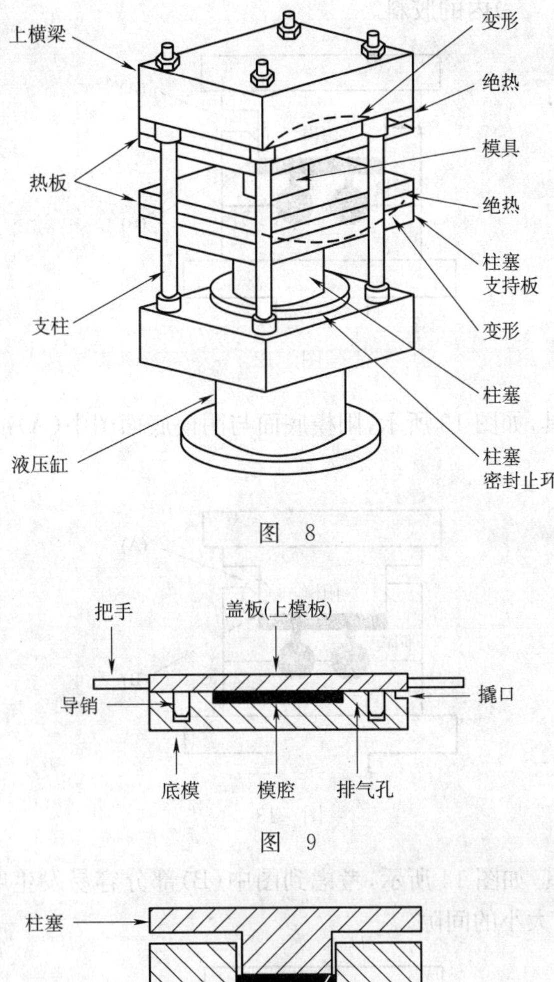

图 8

图 9

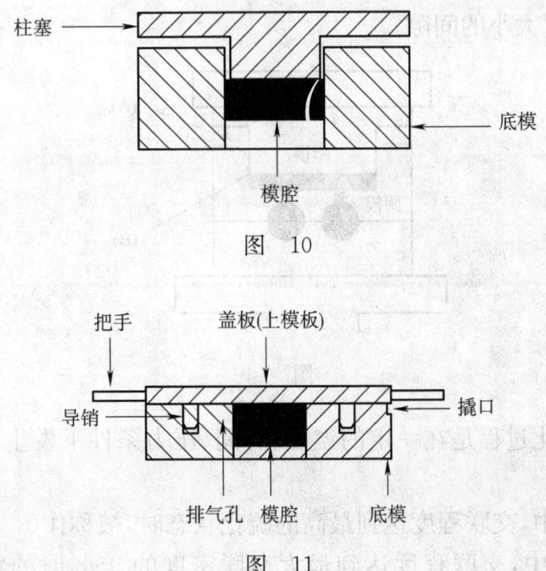

图 10

图 11

78. 在制品的外观缺陷中,(　　)现象是由于从不同方向流动的胶料会合,且沿着模腔厚壁内侧折弯形成的。

79. 料槽式浇注模具,如图 12 所示,阳模和阴模间脱离接触,保留了 1～2 mm 大小的间隙,其目的是容易去除(　　)内的胶料。

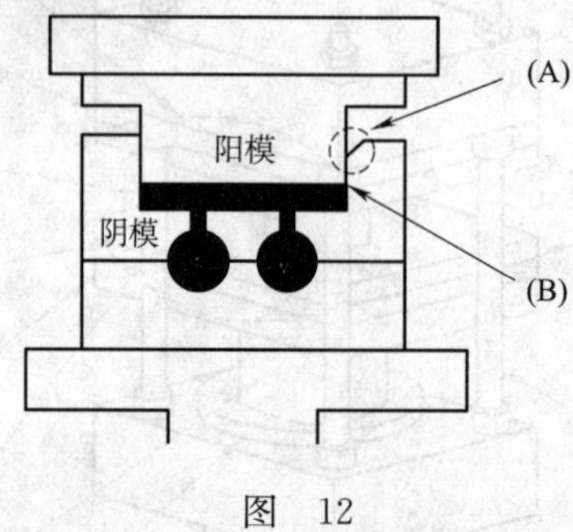

图　12

80. 料槽式浇注模具,如图 13 所示,阳模底面与阴模底面图中(A)部分设计成锥形退刀槽的目的是(　　)。

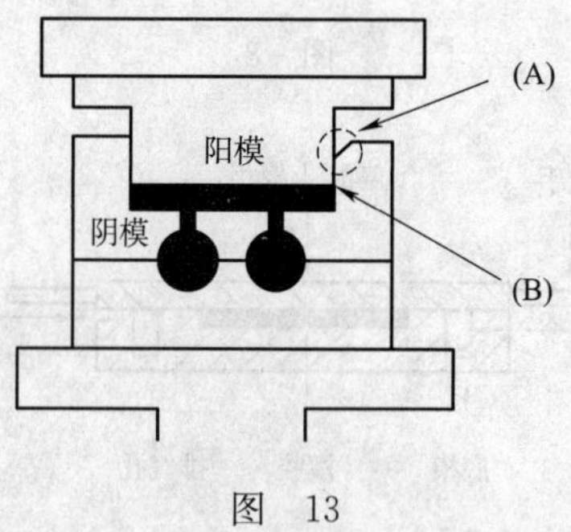

图　13

81. 料槽式浇注模具,如图 14 所示,考虑到图中(B)部分容易发生磨耗,采用压机抽出阳模时,需设置(　　)mm 大小的间隙。

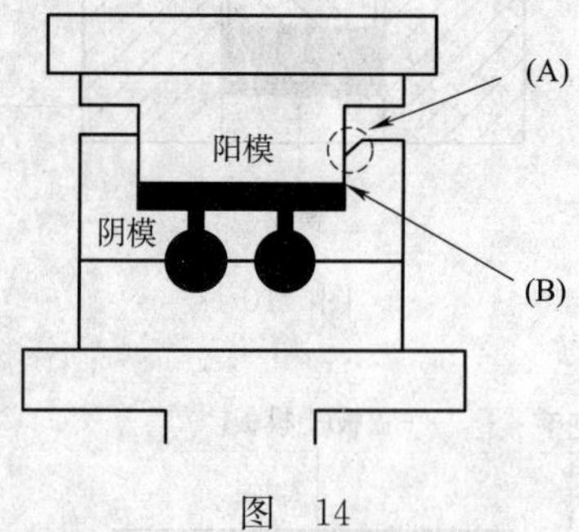

图　14

82. 橡胶制品的硫化过程是在一定的温度、时间、压力条件下发生和完成的,这些条件称为(　　)。

83. 橡胶硫化过程中,交联程度达到最高的硫化状态时,被称作(　　)正硫化。

84. 橡胶硫化过程中,交联程度达到最大交联密度的 90%时的状态,被称作(　　)正硫化。

85. 硫化仪所测试的硫化特性曲线中,常用 t_{90} 表示(　　)。

86. 对于形状较简单、厚度在 6 mm 以下的橡胶制品,可以选择(　　)作为其硫化时间。

87. 目前测定胶料硫化程度的方法一般分为三大类,即物理—化学法、物理机械性能法以及(　　)。

88. 目前最常用的测定橡胶的硫化程度的试验仪器是(　　)硫化仪。

89. 硫化是橡胶与交联体系助剂之间复杂的化学反应过程,其中(　　)是热硫化交联反应的必要条件。

90. 橡胶制品采用模压成型时,使用硅油涂模具的目的是(　　)。

91. 在设定硫化温度时,需要考虑橡胶品种对温度的耐受性,一般天然橡胶最适宜的硫化温度是(　　)℃。

92. 橡胶硫化模具的型腔由两瓣以上的拼块组成时,被称作(　　)式成型模具。

93. 橡胶硫化时,采用哈呋式硫化模具的主要优点是便于制品的(　　)。

94. 在硫化模具分型面上设置特殊结构,可使得硫化成型制品没有或只有极薄小的飞边,这种模具被称作(　　)模具。

95. 在橡胶硫化模具上,将型腔分成两个或两个以上可分离部分的分割面被称作(　　)。

96. 同塑料、纤维并称为三大合成材料,并具有高强度伸缩性与极好弹性的高聚物是(　　)。

97. 机械设备操作前要进行检查,首先进行(　　)运转。

98. 橡胶是高分子材料中的一种,常温下的(　　)是橡胶材料的独有特征,是其他任何材料所不具备的。

99. 按制取来源与方法,可将橡胶分为天然橡胶和(　　)两大类。

100. 按应用范围及用途,合成橡胶可分为通用合成橡胶、半通用合成橡胶和(　　)三档。

101. 根据橡胶分子链上有无双键存在,分为不饱和橡胶和饱和橡胶两大类,天然橡胶属于(　　)。

102. 天然橡胶大分子链的结构单元是(　　)。

103. 硫化过程可分为三个阶段,在(　　)阶段中,先是硫黄、促进剂、活性剂的相互作用,使氧化锌在胶料中溶解度增加,活化促进剂,使促进剂与硫黄之间反应生成活性更大的中间产物,然后进一步引发橡胶分子链,产生可交联的橡胶大分子自由基。

104. 硫化过程的三个阶段中,在(　　)阶段,交联反应初始形成的交联键发生短化、重排和裂解反应,最后网络趋于稳定,获得网络相对稳定的硫化胶。

105. 橡胶在硫化时,其性能随硫化时间变化而变化的曲线,称为(　　)。

106. 从硫化时间影响胶料定伸强度的过程来看,可以将整个硫化时间分为四个阶段:硫化起步阶段、欠硫阶段、正硫阶段和(　　)。

107. 橡胶厚制品的硫化时间,通常比其胶料的理论正硫化时间(　　)。

108. 一般随着臭氧浓度的增大,橡胶臭氧劣化的速度明显(　　)。

109. 在硫化曲线中,转矩达到$M_L+(M_H-M_L)\times 90\%$时所需时间t_{90}为(　　)时间。

110. 正硫化时间与焦烧时间的差值($t_{90}-t_{10}$)为(　　),其值越小,硫化速度越快。

111. 对于硫黄硫化而言,硫化起步阶段的长短取决于所用配合剂,特别是(　　)的种类。

112. 胶料在硫化过程中,随着交联密度的增加,结合硫含量逐渐增加,而(　　)含量逐渐减小。

113. 将不同硫化时间的试片,置于适当的溶剂中,在恒温下,经一定时间达到溶胀平衡后,取出试片进行称量,根据计算出的溶胀率绘成溶胀曲线,该判定正硫化时间方法称作(　　)法。

114. 采用溶胀法判定正硫化时间时,溶胀率的计算公式为,溶胀率=(　　),试片在溶胀前的质量用 m_1 表示,试片在溶胀后的质量用 m_2 表示,单位均为 g。

115. 采用溶胀法判定正硫化时间时,天然橡胶的溶胀曲线呈"U"形,曲线的(　　)点对应时间即为正硫化时间。

116. 采用溶胀法判定正硫化时间时,合成橡胶的溶胀曲线类似于渐近线,其(　　)点即为正硫化时间。

117. 橡胶在溶剂中的溶胀程度是随(　　)的增大而减小的,在充分交联时,将出现最低值。

118. 采用定伸应力法判定正硫化时间的理论依据是在一般情况下,定伸应力是与(　　)成正比的。

119. 胶料的拉伸强度是随交联密度的增加而增大,但达到最大值后,便随交联密度的增加而降低,这是因为交联密度的进一步增加,会使分子链的(　　)发生困难所致。

120. 采用压缩永久变形法判定正硫化时间时,是根据不同硫化时间试样的压缩永久变形值绘成曲线,曲线中(　　)点对应的时间即为正硫化时间。

121. 在一般情况下,压缩永久变形与(　　)成反比关系,因此可用压缩永久变形的变化曲线来确定硫化程度,且所测得的正硫化时间与理论正硫化时间相一致。

122. 采用综合取值法判定正硫化时间时,需要分别测出不同硫化时间试样的拉伸强度、定伸应力、硬度和(　　)四项性能的最佳值所对应的时间。

123. 采用综合取值法判定正硫化时间时,正硫化时间的加权计算公式为:正硫化时间=(　　),拉伸强度最高值对应的时间用 T 表示,压缩永久变形最低值对应的时间用 S 表示,定伸应力最高值对应的时间用 M 表示,硬度最高值对应的时间用 H 表示,单位均为 min。

124. 橡胶的导热性较金属低几个数量级,是一种热的(　　)导体。

125. 橡胶的三种聚集状态是玻璃态、高弹态和(　　)。

126. 橡胶弹性是由(　　)引起的。

127. 橡胶在加工、储存和使用过程中,由于受到各种外界因素的作用,而逐步失去其原有的优良性能,以至最后丧失了使用价值,称作(　　)。

128. 橡胶硫化过程中,过硫化刚开始前,有一阶段时间,橡胶各项物理机械性能保持稳定,此阶段时间为(　　)。

129. 橡胶的独特加工工艺,是通过(　　)将线型高分子交联成三维网状高分子量聚合物。

130. 天然橡胶和合成橡胶相比,(　　)具有更好的耐老化性能。

131. 配合剂喷出混炼胶或硫化制品表面引起的发白现象叫(　　)。

132. 胶料在加工过程中由于热积累效应所消耗的焦烧时间被称作(　　)焦烧时间。

133. 胶料在模具内保持流动的时间被称作(　　)焦烧时间。

134. 橡胶受到冲击后,能够从变形状态迅速恢复原状的能力被称作(　　)。

135. BR 生胶或未硫化胶在停放过程中因为自身重量而产生流动的现象被称作(　　)。

136. 生胶或橡胶制品在储存、加工和使用过程中由于受到热、氧、应力应变等作用性能不断下降的现象被称作(　　)。

137. 在一定的硫化温度和压力的作用下,只有经过一定的(　　)才能达到符合设计要求的硫化程度。

138. 橡胶的(　　)性能使其具有良好的减振、隔音和缓冲性能,使橡胶减振器产生良好的阻尼特性。

139. 在外力作用下,高聚物材料的形变行为介于弹性材料和(　　)材料之间,其物理性能受到力、形变、温度和时间 4 个因素的影响。

140. 橡胶材料在受外力作用时,在一定温度下,当应力不变时,变形随时间延长而逐渐增大的现象为(　　)。

141. 橡胶材料在受外力作用时,在一定温度下,当应变不变时,应力随时间延长而逐渐衰减的现象为(　　)。

142. 橡胶材料在受外力作用时,在一定的温度和循环(交变)应力作用下,观察形变滞后于应力的现象为(　　)。

143. 蠕变和应力松弛是橡胶(　　)表现的一种,即基于分子链移动或分子重排时产生的特定现象,而且跟橡胶加工和使用过程都相关。

144. 橡胶材料在周期性应力或应变的作用下,硫化胶的结构和性能的变化叫做(　　)现象。

145. 硫化胶疲劳现象的主要表现是(　　)或弹性模量逐渐减小。

146. 橡胶的(　　)寿命是指在周期性应力和应变作用下,胶料试验至断裂所经历的时间。

147. 橡胶制品的(　　)寿命是从开始使用到丧失使用功能所经历的时间。

148. 使用硫化仪测定的胶料硫化特性曲线中,(　　)反映胶料在一定温度下的可塑性。

149. 使用硫化仪测定的胶料硫化特性曲线中,(　　)反映硫化胶的模量。

150. 使用硫化仪测定的胶料硫化特性曲线中,(　　)可以反应硫化胶的相对交联密度。

151. 使用硫化仪测定的胶料硫化特性曲线中,转矩达到(　　)时所需时间 t_{10} 为焦烧时间。

152. 橡胶模型制品平板硫化机目前以使用(　　)机械式为主。

153. 卧式硫化罐属于(　　)压力容器,其设计、制造必须遵守国家标准 GB 150—89 钢制压力容器的规定。

154. 卧式硫化罐主要受压零部件的对接焊缝经外观检验合格后,必须按国家标准 GB 150—89 有关规定进行(　　)检查。

155. 卧式硫化罐采用(　　)探伤时,其焊缝质量按国家标准 GB 3323 评定。

二、单项选择题

1. 制造橡胶制品使用的模具中,按成型硫化方法不同,半溢式模具属于(　　)。

(A)模压法模具　　(B)注射法模具　　(C)移模法模具　　(D)挤出法模具

2. 具有阻碍硫化制品取出倾向的壁面的略微斜度,被称作(　　)。

(A)拔模斜度　　(B)反拔模斜度　　(C)正锥度　　(D)反锥度

3. 便于硫化制品从模具中取出所预测的斜度量,被称作(　　)。

(A)拔模斜度　(B)反拔模斜度　(C)正锥度　(D)反锥度

4. 硫化模具同模制品形状相当的空间部分,有时也指形成该空间的阴模,被称作(　　)。

(A)型腔　(B)模芯　(C)嵌件　(D)镶块

5. 用于形成硫化制品内侧形状或中空制品内侧形状的模具部件,被称作(　　)。

(A)型腔　(B)模芯　(C)嵌件　(D)镶块

6. 安装在注射机或挤出机机筒端头上的装置,混炼胶通过该装置向模具或口型流动,被称作(　　)。

(A)喷嘴　(B)主流道　(C)分流道　(D)流道

7. 连接模具注胶口和模腔浇口的一种流道,一般多为圆锥形,被称作(　　)。

(A)喷嘴　(B)主流道　(C)分流道　(D)溢胶道

8. 模具内流道的一部分,是连接主流道与浇口的流道,多为槽形或半圆形,被称作(　　)。

(A)喷嘴　(B)主流道　(C)分流道　(D)溢胶道

9. 模压硫化模具中,一种容易除去胶边的结构,在连接制品主体的薄胶边外侧制作的厚壁部分,利用厚薄强度差除去胶边,被称作(　　)。

(A)合模刃槽　(B)流胶槽　(C)启模槽　(D)排气槽

10. 为在硫化过程中能使多余的混炼胶泄漏出来而设在模具中的槽,被称作(　　)。

(A)合模刃槽　(B)流胶槽　(C)启模槽　(D)排气槽

11. 下列只通过温度和压力进行硫化的最简单设备是(　　)硫化机,其热源可使用蒸汽、热水、电能。

(A)螺杆预塑柱塞式　(B)注压式

(C)平板式　(D)往复螺杆式

12. 利用注射机筒的热和螺杆的作用对胶料进行塑化、计量,并通过注射机筒前进运动将留在螺杆头部的胶料注射到模具内的注射成型机是(　　)注射成型机。

(A)螺杆预塑柱塞式　(B)注压式

(C)螺杆式　(D)螺杆往复式

13. 由于(　　)的缘故,合模面上早期硫化的薄层橡胶,封住了模腔内部的胶料,模内压力从胶料起硫时就开始上升,在硫化饱和时达到平衡。

(A)堆砌效应　(B)硫化压力　(C)胶料焦烧　(D)流动性差

14. 常见的爆炸有(　　)。

(A)物理爆炸和化学爆炸　(B)物理爆炸和核爆炸

(C)人为爆炸和化学爆炸　(D)化学爆炸和气体爆炸

15. 无论什么橡胶制品,橡胶的加工工艺过程都要经过(　　)和硫化这两个过程。

(A)塑炼　(B)混炼　(C)压出　(D)压延

16. 橡胶的加工工艺过程中,橡胶的(　　)可降低生胶的分子量,增加塑性,提高可加工性。

(A)塑炼　(B)硫化　(C)压出　(D)压延

17. 橡胶的加工工艺过程中,橡胶的(　　)使配方中各个组分混合均匀,制成混炼胶。

(A)塑炼　(B)混炼　(C)压出　(D)压延

18. 橡胶的加工工艺过程中,橡胶加工的最后一道工序,通过一定的温度、压力和时间后,使橡胶大分子发生化学反应产生交联的过程是(　　)。

(A)塑炼　(B)混炼　(C)硫化　(D)压延

19. 下列各种橡胶中,(　　)的用量最大,其次是 SBR、BR、IIR、NBR。

(A)CR　(B)NR　(C)EPDM　(D)MVQ

20. 下列属于从天然植物中采集来的一种弹性材料是(　　)。

(A)CR　(B)NR　(C)EPDM　(D)SBR

21. NR 中的含氮化合物都属于蛋白质,蛋白质有(　　)作用。

(A)降低力学性能　(B)提高力学性能

(C)防止老化　(D)加速老化

22. NR 中的含氮化合物都属于蛋白质,蛋白质分解出氨基酸(　　)橡胶硫化。

(A)促进　(B)延迟　(C)阻止　(D)不影响

23. 橡胶中能溶于丙酮的物质,主要是一些高级脂肪酸和固醇类物质,被称作(　　)。

(A)水分　(B)丙酮抽出物　(C)灰分　(D)蛋白质

24. 一些无机盐类物质,主要成分是 Ca、Mg、K、Na、Cu、Mn 等,被称作(　　)。

(A)水分　(B)丙酮抽出物　(C)灰分　(D)蛋白质

25. 对橡胶的性能影响不大,若含量高,可能会使制品产生气泡的是(　　)。

(A)水分　(B)丙酮抽出物　(C)灰分　(D)蛋白质

26. 天然橡胶拉伸条件下结晶、无定形与取向结构共存,属于(　　)橡胶。

(A)非自补强　(B)饱和　(C)自补强　(D)极性

27. 在不加补强剂的条件下,橡胶能结晶或在拉伸过程中取向结晶,晶粒分布于无定形的橡胶中起物理交联点的作用,使本身的强度提高的性质被称为(　　)性。

(A)非自补强　(B)饱和　(C)自补强　(D)应力强化

28. NR 有良好的弹性,NR 的弹性和回弹性在通用橡胶中仅次于(　　)。

(A)CR　(B)BR　(C)EPDM　(D)SBR

29. 弹性表示橡胶弹性变形能力的大小,受配方、硫化条件的影响,决定于(　　)。

(A)交联密度　(B)硫化时间　(C)硫化压力　(D)硫化温度

30. 回弹受橡胶内耗的影响,内耗越大,回弹(　　)。

(A)越慢　(B)越大　(C)越快　(D)越小

31. 电线接头外包的绝缘胶布就是纱布浸 NR 胶糊或压延而成的,体现了天然橡胶优秀的(　　)性能。

(A)导热　(B)耐老化　(C)绝缘　(D)半导体

32. NR 中有(　　),能够与自由基、氧、过氧化物、紫外光及自由基抑制剂反应。

(A)单键　(B)双键　(C)三键　(D)单硫键

33. 硫化条件通常指硫化压力、温度和(　　)。

(A)设备　(B)介质　(C)模型　(D)时间

34. 线性的高分子在物理或化学作用下,形成三维网状体型结构的过程被称为(　　)。

(A)老化　(B)硫化　(C)氧化　(D)氯化

35. 能够把塑性的胶料转变成具有高弹性橡胶的过程,被称作(　　)。

(A)硫化　(B)老化　(C)氧化　(D)氯化

36. 硫黄一般有两种,作硫化剂常用的一般为(　)硫黄。

(A)单晶型　(B)多晶型　(C)非结晶性　(D)结晶性

37. 硫黄在橡胶中的溶解度随温度升高而增大,但温度降低时,硫黄会从橡胶中结晶析出,形成(　)现象。

(A)老化　(B)返原　(C)喷霜　(D)粉化

38. 硫黄在胶料中的配合量超过了它的溶解度达到过饱和,就从胶料内部析出到表面上,形成一层白霜,这种现象叫(　)。

(A)返原　(B)喷霜　(C)粉化　(D)老化

39. 硫黄在胶料中的用量应根据具体橡胶制品的性质而定,(　)橡胶硫黄用量一般为0.2～5.0份。

(A)软质　(B)半硬质　(C)硬质　(D)超硬质

40. 硫黄在胶料中的用量应根据具体橡胶制品的性质而定,(　)橡胶硫黄用量一般为8～10份。

(A)软质　(B)半硬质　(C)硬质　(D)超硬质

41. 硫黄在胶料中的用量应根据具体橡胶制品的性质而定,(　)橡胶硫黄用量一般为25～40份。

(A)软质　(B)半硬质　(C)硬质　(D)超硬质

42. 硫黄在自然界中主要以两种形式存在,(　)作为硫化剂使用。

(A)多晶型硫　(B)单晶型硫　(C)单斜晶硫　(D)菱形硫

43. 硫的元素形式为 S_8,一个分子中有8个硫,不易反应,为使硫易于反应,必须使硫环裂解,裂解的方式可能是均裂成(　),也可能是异裂成离子。

(A)原子　(B)α-H　(C)自由基　(D)双键

44. 橡胶老化最主要的因素是(　)作用,它使橡胶分子结构发生裂解或结构化,致使橡胶材料性能变坏。

(A)疲劳　(B)臭氧破坏　(C)氧化　(D)变价金属离子

45. 硫黄硫化胶生成的(　)不稳定,易分解重排,所以硫化胶的耐热性较差。

(A)单硫键　(B)双硫键　(C)多硫键　(D)碳碳键

46. 目前使用的防焦剂的品种主要是(　)类。

(A)异丙醇　(B)硫氮　(C)硫醇　(D)丙烯醇

47. 美国孟山都公司开发的(　),由于其防焦效果明显,卫生安全性好,从而使其成为应用最多的防焦剂。

(A)HVA-2　(B)PVI　(C)NOBS　(D)TMTD

48. 能降低硫化温度、缩短硫化时间、减少硫黄用量,又能改善硫化胶的物理性能的物质,被称为(　)。

(A)促进剂　(B)活性剂　(C)硫化剂　(D)防焦剂

49. 一般不直接参与硫黄与橡胶的反应,但对硫化胶中化学交联键的生成速度和数量有重要影响的物质,被称为(　)。

(A)促进剂　(B)活性剂　(C)硫化剂　(D)防焦剂

50. 噻唑类、秋兰姆类、二硫代氨基甲酸盐类、黄原酸盐类等促进剂,属于(　　)促进剂。

(A)碱性　(B)中性　(C)酸性　(D)慢速

51. 次磺酰胺类、硫脲类促进剂属于(　　)促进剂。

(A)碱性　(B)中性　(C)酸性　(D)慢速

52. 橡胶的基本结构,如天然橡胶的单元异戊二烯,存在(　　)及活泼氢原子,所以易发生老化反应。

(A)双键　(B)甲基　(C)碳碳键　(D)单硫键

53. 硫化胶的下列交联键类型中,耐老化性能最差的是(　　)。

(A)—S—　(B)—S_2—　(C)—S_x—　(D)—C—C—

54. 橡胶的品种不同,耐热氧老化的程度不同,这主要是由于过氧自由基从橡胶分子链上夺取(　　)的速度不同所造成的。

(A)碳　(B)氢　(C)氧　(D)硫

55. 操作者手持刀具,沿着产品的外缘,将飞边逐步修去的修边方法,被称为(　　)。

(A)冷冻修边　(B)手工修边

(C)机械修边　(D)电热切除修边法

56. 使用带旋转刀刃的专用电动修边机进行修边的方法,被称为(　　)。

(A)冷冻修边　(B)手工修边

(C)机械修边　(D)电热切除修边法

57. 炭黑的牌号中,N375、N339、N352、N234、N299 等均为(　　)。

(A)接触法炭黑　(B)炉法炭黑　(C)热裂法炭黑　(D)新工艺炭黑

58. 高耐磨炭黑属于(　　)。

(A)热裂法炭黑　(B)槽法炭黑　(C)硬质炭黑　(D)软质炭黑

59. 炭黑按 ASTM 标准分类,由四个字组成如 N990,第一个符号 N 的含义是(　　)。

(A)生产方式　(B)平均粒径范围　(C)正常硫化速度　(D)硫化速度慢

60. 炭黑按 ASTM 标准分类,由四个字组成如 N990,第一位数字的含义是(　　)。

(A)生产方式　(B)平均粒径范围　(C)正常硫化速度　(D)硫化速度慢

61. 在胶料硫化的过硫化阶段中,可能会出现曲线转为下降的现象,这是胶料在过硫化阶段中发生网状结构的热裂解,产生(　　)现象所致。

(A)喷霜　(B)焦烧　(C)硫化返原　(D)过度交联

62. 在胶料硫化的过硫化阶段中,可能会出现曲线转为下降的现象,会出现这种情况的橡胶种类是(　　)。

(A)天然橡胶　(B)氯丁橡胶　(C)丁腈橡胶　(D)硅橡胶

63. 在胶料硫化的过硫化阶段中,可能会出现曲线继续上升的现象,会出现这种情况的橡胶种类是(　　)。

(A)天然橡胶　(B)异戊橡胶　(C)丁腈橡胶　(D)丁基橡胶

64. 硫化过程中胶料综合性能达到最佳值时的硫化状态,被称作(　　)。

(A)过硫化　(B)正硫化　(C)欠硫化　(D)硫化返原

65. 橡胶的下列性能中,(　　)在达到正硫化时间前稍微欠硫时最好。

(A)撕裂强度　(B)压缩永久变形　(C)回弹性　(D)拉伸强度

66. 从硫化反应的动力学角度看，正硫化是指胶料达到最大（ ）时的硫化状态。

(A)门尼黏度 (B)交联密度 (C)硫黄用量 (D)游离硫含量

67. 测定胶料的硫化程度和正硫化时间的方法很多，游离硫测定法和溶胀法属于（ ）。

(A)物理—化学法 (B)物理机械性能法

(C)专用仪器法 (D)同位素法

68. 采用游离硫测定法研究胶料的硫化过程时，当（ ）含量降至最低值时，即达到最大的交联程度。

(A)结合硫 (B)多硫键 (C)游离硫 (D)单硫键

69. 橡胶在溶剂中的溶胀程度是随（ ）的增大而减小的，在充分交联时，将出现最低值。

(A)门尼黏度 (B)游离硫含量 (C)硫黄用量 (D)交联密度

70. 定伸应力法判定正硫化时间，是根据不同硫化时间试片的（ ）定伸应力绘出曲线，曲线在强度轴的转折点所对应的时间即为正硫化时间。

(A)50％ (B)100％ (C)200％ (D)300％

71. 胶料的拉伸强度是随交联密度的增加而增大，但达到最大值后，便随交联密度的增加而降低，这是因为交联密度的进一步增加，会使分子链的（ ）发生困难所致。

(A)构象 (B)构造 (C)旋转 (D)取向

72. 目前橡胶工业中，测试橡胶硫化特性的专用仪器是（ ）。

(A)硫化仪 (B)门尼黏度仪 (C)泡点分析仪 (D)热分析仪

73. 橡胶是高弹性的高分子材料，由于橡胶具有其他材料所没有的高弹性，因而也称作（ ）。

(A)黏弹体 (B)黏性体 (C)热塑性弹性体 (D)弹性体

74. 通过长期不断的实践，（ ）在1839年发明了硫化方法，为橡胶制品的工业化生产打下了基础。

(A)Michelin (B)Dunlop (C)Goodyear (D)Thomson

75. 充气橡胶轮胎的发明人和奠基人是（ ）。

(A)Michelin (B)Dunlop (C)Goodyear (D)Benz

76. 在外力作用下，橡胶分子链由卷曲状态变为伸展状态，熵（ ）。

(A)增大 (B)先增大后减小 (C)减小 (D)先减小后增大

77. 下列橡胶的硫化胶中，综合性能最好的是（ ）。

(A)天然橡胶 (B)氯丁橡胶 (C)丁腈橡胶 (D)硅橡胶

78. 下列橡胶的硫化胶中，强度高、耐臭氧性能最好的是（ ）。

(A)天然橡胶 (B)氯丁橡胶 (C)丁腈橡胶 (D)硅橡胶

79. 下列橡胶的硫化胶中，耐油性能最好的是（ ）。

(A)天然橡胶 (B)氯丁橡胶 (C)丁腈橡胶 (D)硅橡胶

80. 下列橡胶的硫化胶中，耐高温和耐低温性能都好的是（ ）。

(A)天然橡胶 (B)氯丁橡胶 (C)丁腈橡胶 (D)硅橡胶

81. 橡胶在加工、储存和使用过程中，由于受到各种外界因素的作用，而逐步失去其原有的优良性能，以至最后丧失了使用价值，称作（ ）。

(A)老化　(B)硫化返原　(C)焦烧　(D)氧化

82. 在下列交联键型中,不属于硫黄硫化体系中生成的交联键结构为(　　)。

(A)—C—S—C—　(B)—C—S_2—C—

(C)—C—S_x—C—　(D)—C—C—

83. 在橡胶硫化的过程中,交联键发生重排、裂解反应的阶段属于(　　)。

(A)硫化起步阶段　(B)欠硫阶段　(C)正硫化阶段　(D)过硫阶段

84. 在橡胶硫化的过程中,胶料开始变硬,不能进行热塑性流动之前的阶段属于(　　)。

(A)硫化起步阶段　(B)欠硫阶段　(C)正硫化阶段　(D)过硫阶段

85. 在橡胶硫化的过程中,硫化起步和正硫化之间的阶段,橡胶交联度低,制品综合性能差,无应用价值,该阶段被称作(　　)。

(A)硫化起步阶段　(B)欠硫阶段　(C)正硫化阶段　(D)过硫阶段

86. 在橡胶硫化的过程中,抗撕裂性能、耐磨耗性能和动态裂口性能最好的阶段属于(　　)。

(A)严重欠硫阶段　(B)轻微欠硫阶段　(C)正硫化阶段　(D)过硫阶段

87. 在橡胶硫化的过程中,橡胶制品硫化过程中达到适当交联密度,硫化胶各项性能达到或接近最佳点,综合性能取得最佳平衡的阶段属于(　　)。

(A)硫化起步阶段　(B)欠硫阶段　(C)正硫化阶段　(D)过硫阶段

88. 橡胶硫化过程中,过硫化刚开始前,有一阶段时间,橡胶各项物理机械性能保持稳定,此阶段时间为(　　)。

(A)焦烧期　(B)平坦期　(C)返原期　(D)欠硫期

89. 属于三大合成材料之一,唯一具有高强度伸缩性与极好弹性的高聚物是(　　)。

(A)橡胶　(B)纤维　(C)塑料　(D)黏合剂

90. 橡胶的独特加工工艺是通过(　　)将线型高分子交联成三维网状高分子量聚合物。

(A)活化　(B)老化　(C)氧化　(D)硫化

91. 橡胶的高弹性本质是由大分子构象变化而来的(　　)。

(A)虎克弹性　(B)普弹性　(C)熵弹性　(D)黏弹性

92. 按制取来源与方法,可将橡胶分为天然橡胶和(　　)两大类。

(A)合成橡胶　(B)特种橡胶　(C)集成橡胶　(D)硫化橡胶

93. 按应用范围及用途,除天然橡胶外,合成橡胶可分为通用合成橡胶、半通用合成橡胶和(　　)三档。

(A)合成天然橡胶　(B)特种橡胶　(C)集成橡胶　(D)硫化橡胶

94. 根据橡胶分子链上有无双键存在,可将橡胶分为不饱和橡胶和(　　)两大类。

(A)饱和橡胶　(B)特种橡胶　(C)自补强橡胶　(D)结晶橡胶

95. 硫化过程中,胶料开始变硬,(　　)阶段内,交联尚未开始,胶料在模型内有良好的流动性。

(A)硫化起步　(B)欠硫　(C)正硫　(D)过硫

96. 对下面液体介质而言,天然橡胶对(　　)具有较好的抗耐性。

(A)酸　(B)碱　(C)汽油　(D)ASTM3 号油

97. 在硫化模压制品时,总是希望有较长的(　　),使胶料有充分时间在模型内进行流动,而不致使制品出现花纹不清晰或缺胶等到缺陷。

(A)焦烧时间 (B)操作时间 (C)正硫化时间 (D)后硫化时间

98. 制品轻微( )时,尽管制品的抗张强度、弹性、伸长率等尚未达到预想的水平,但其抗撕裂性、耐磨性和抗动态裂口性等则优于正硫化胶料。

(A)正硫化 (B)欠硫 (C)后硫化 (D)过硫

99. 下列橡胶中,( )作为一种通用型特种橡胶,除具有一般橡胶的良好物性外,还具有耐候、耐燃、耐油、耐化学腐蚀等优异特性。

(A)天然橡胶 (B)丁苯橡胶 (C)顺丁橡胶 (D)氯丁橡胶

100. 下列成型方式中,( )是最常见、最古老的成型方式,操作方便,对设备要求简单且通用性高,几乎可以适用于所有带热板的硫化设备。

(A)转注成型 (B)注射成型 (C)模压成型 (D)浇注成型

101. 对丁苯橡胶,最适宜的硫化温度为( ),一般不高于 180 ℃。

(A)140 ℃ (B)143 ℃ (C)151 ℃ (D)155 ℃

102. 从( )影响胶料定伸强度的过程来看,可以将整个硫化时间分为四个阶段:硫化起步阶段、欠硫阶段、正硫阶段和过硫阶段。

(A)硫化压力 (B)硫化时间 (C)硫化设备 (D)硫化温度

103. 天然橡胶在常温下具有较高的( ),稍带塑性,具有非常好的机械强度,滞后损失小,在多次变形时生热低,因此其耐屈挠性很好。

(A)弹性 (B)耐油性 (C)耐热性 (D)耐臭氧性

104. 注压硫化成型之前,一般都会对已成型的胶坯在烘箱中预热,不正确的做法是( )。

(A)烘胶前检查胶料的生产日期,避免使用过期胶料

(B)胶料较多时,应该平铺烘胶,避免叠放导致中间胶料受热不均

(C)将不同胶料一起预热,以便节约空间

(D)及时填写标识卡,以免拿错胶

105. 硫化前的准备工作不正确的是( )。

(A)开动设备,直接硫化生产,不耽误时间

(B)调整工艺文件所要求的硫化工艺参数:温度、时间及压力

(C)模温的量测,做好测温记录

(D)硫化之前先检查所用胶坯的重量是否复合工艺要求

106. 硫化工交接班后,硫化生产工作之前,要对热板加热开关例行( ),以检查设备的表显温度是否正常。

(A)调整工艺参数 (B)硫化生产 (C)观察模具 (D)先关再开

107. 硫化结束,出模时应注意的事项,说法不正确的是( )。

(A)准备好必要的出模工装

(B)对硫化完的每一件产品进行仔细的外观检查

(C)出模时,敲打橡胶部分,以便出模

(D)出模时,不可敲打骨架的表面镀锌部分

108. 在橡胶制品硫化工位加强通风措施可减小环境中( )含量。

(A)苯　(B)亚硝胺　(C)二氧化氮　(D)重金属

109. 橡胶工业生产中,会产生一些有毒有害致癌物质,不属于橡胶硫化中产生的有害物质的是(　　)。

(A)β-萘胺　(B)重金属　(C)氨基联苯　(D)乙烯基硫脲

110. 橡胶工业生产中,减小亚硝胺化合物生成量的措施中无明显效果的是(　　)。

(A)加强通风措施　(B)胶料中加入亚硝胺抑制剂

(C)员工接受职业技能培训　(D)使用非胺类硫化剂和促进剂

111. 当橡胶厚制品硫化完出模以后,由于橡胶导热性差,传热时间长,制品降温也就较慢,所以它还可以继续进行硫化,被称为(　　)。

(A)正硫化　(B)欠硫　(C)后硫化　(D)过硫化

112. 在橡胶的加工工序或胶料停放过程中,可能出现早期硫化现象,即胶料塑性下降、弹性增加、无法进行加工的现象,称为(　　)。

(A)喷霜　(B)焦烧　(C)硫化返原　(D)老化

113. 配合剂喷出混炼胶或硫化制品表面引起的发白现象叫(　　)。

(A)喷霜　(B)焦烧　(C)硫化返原　(D)老化

114. 胶料在硫化之前,由于操作等热积累效应所消耗的焦烧时间被称作(　　)。

(A)操作焦烧时间　(B)剩余焦烧时间　(C)正硫化时间　(D)后硫化时间

115. 胶料在硫化之前,胶料在模具内保持流动的时间被称作(　　)。

(A)操作焦烧时间　(B)剩余焦烧时间　(C)正硫化时间　(D)后硫化时间

116. 橡胶结晶或在拉伸过程中取向结晶,晶粒分布于无定形的橡胶中起物理交联点的作用,使本身的强度提高的性质,被称作橡胶的(　　)。

(A)结晶性　(B)取向性　(C)自补强性　(D)自硫化性

117. BR 生胶或未硫化胶在停放过程中因为自身重量而产生流动的现象被称作(　　)。

(A)冷流性　(B)黏流性　(C)流变性　(D)湍流性

118. 生胶或橡胶制品在储存、加工和使用过程中由于受到热、氧、应力应变等作用性能不断下降的现象被称作(　　)。

(A)老化　(B)硫化　(C)氧化　(D)结构化

119. 在一定的硫化温度和压力的作用下,只有经过一定的(　　)才能达到符合设计要求的硫化程度。

(A)硫化介质　(B)硫化强度　(C)硫化生热　(D)硫化时间

120. 橡胶的(　　)使其具有良好的减振、隔音和缓冲性能,使橡胶减振器产生良好的阻尼特性。

(A)高弹性　(B)黏流性　(C)黏弹性　(D)流变性

121. 使用硫化仪测定的胶料硫化特性曲线中,(　　)反映胶料在一定温度下的可塑性。

(A)最小转矩　(B)最大转矩　(C)焦烧时间　(D)正硫化时间

122. 使用硫化仪测定的胶料硫化特性曲线中,(　　)反映硫化胶的模量。

(A)最小转矩　(B)最大转矩　(C)焦烧时间　(D)正硫化时间

123. 使用硫化仪测定的胶料硫化特性曲线中,(　　)可以反应硫化胶的相对交联密度。

(A)$M_L+(M_H-M_L)\times10\%$　(B)$M_L+(M_H-M_L)\times90\%$

(C)$M_H - M_L$　　(D)$t_{90} - t_{10}$

124. 使用硫化仪测定的胶料硫化特性曲线中，转矩达到(　　)时所需时间为焦烧时间。

(A)$M_L + (M_H - M_L) \times 10\%$　　(B)$M_L + (M_H - M_L) \times 90\%$

(C)$M_H - M_L$　　(D)$t_{90} - t_{10}$

125. 使用硫化仪测定的胶料硫化特性曲线中，转矩达到(　　)时所需时间为工艺正硫化时间。

(A)$M_L + (M_H - M_L) \times 10\%$　　(B)$M_L + (M_H - M_L) \times 90\%$

(C)$M_H - M_L$　　(D)$t_{90} - t_{10}$

126. 使用硫化仪测定的胶料硫化特性曲线中，转矩达到(　　)时所需时间为理论正硫化时间。

(A)$M_L + (M_H - M_L) \times 10\%$　　(B)$M_L + (M_H - M_L) \times 90\%$

(C)$M_H - M_L$　　(D)M_H

127. 使用硫化仪测定的胶料硫化特性曲线中，(　　)的值可以反映硫化反应速率，其值越小，硫化速度越快。

(A)$M_L + (M_H - M_L) \times 10\%$　　(B)$M_L + (M_H - M_L) \times 90\%$

(C)$M_H - M_L$　　(D)$t_{90} - t_{10}$

128. 下列各橡胶注射机类型中，属于螺杆预塑柱塞式的是(　　)。

(A) 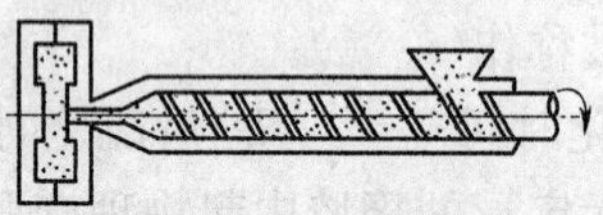　　(B)

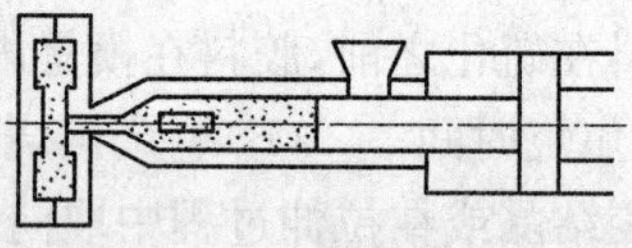

(C) 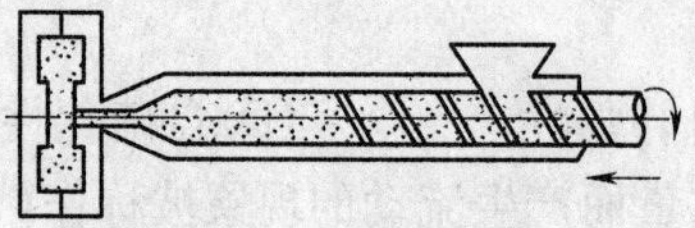　　(D)

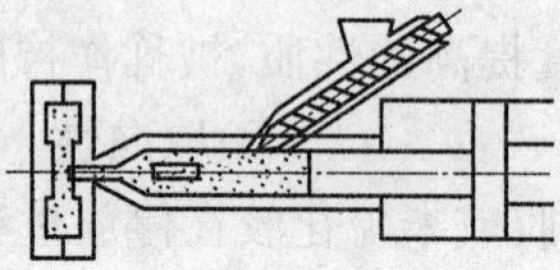

129. 橡胶模型制品的尺寸，按尺寸性质分类可以分为功能尺寸和(　　)。

(A)密封性能尺寸　　(B)力学性能尺寸　　(C)结构尺寸　　(D)固定尺寸

130. 橡胶模型制品的尺寸，按模具成型特征分类可以分为封模尺寸、定位尺寸以及(　　)。

(A)密封性能尺寸　　(B)力学性能尺寸　　(C)结构尺寸　　(D)固定尺寸

131. 不溢式模具的主要优点是(　　)。

(A)不出现合模线　　(B)便于操作　　(C)利于排气　　(D)成本低廉

132. 排气孔溢料面长度对橡胶模制品的生产有较大影响，热塑性弹性体材料排气孔溢料面宜采用(　　)。

(A)较长的　　(B)较短的　　(C)双重的　　(D)无飞边的

133. 排气孔的溢料面长度对橡胶模制品的生产有较大影响，为防止制品出现凹缩现象，应采用(　　)。

(A)单排气孔　　(B)双排气孔　　(C)长溢料面排气孔　　(D)短溢料面排气孔

134. 排气孔溢料面长度与模腔内压有一定关系，排气孔溢料面长度增加，模腔内压(　　)。

(A)减小　　(B)增加　　(C)先增大后减小　　(D)先减小后增大

135. 胶料的流动性对模具内的流痕有影响,在注射模具内,流痕的生成与注射成型时(　　)的位置有很大关系。

(A)排气孔　　(B)定位点　　(C)合模线　　(D)注胶口

136. 模具内的流道之一,连接流道和模腔的部分被称作(　　)。

(A)浇口　　(B)盘形浇口　　(C)针形浇口　　(D)膜状浇口

137. 注压成型硫化圆形橡胶制品时,在中心部配置浇口使混炼胶流入模腔的浇口方式被称为(　　)。

(A)侧向浇口　　(B)盘形浇口　　(C)针形浇口　　(D)膜状浇口

138. 用于注射成型硫化小型齿轮等较小橡胶制品和流动性好的混炼胶的小口径浇口被称作(　　)。

(A)浇口　　(B)盘形浇口　　(C)针形浇口　　(D)膜状浇口

139. 用于注射制造板状橡胶制品,在注射成型硫化模具中的一种形状长而浅的浇口被称作(　　)。

(A)浇口　　(B)盘形浇口　　(C)针形浇口　　(D)膜状浇口

140. 在注射成型中,于模腔侧面配置浇口对混炼胶进行填充的方式被称作(　　)。

(A)侧向浇口　　(B)盘形浇口　　(C)针形浇口　　(D)膜状浇口

141. 在注射用多模腔模具中,为了使模制品形状一致,对混炼胶同时流向模腔的各个浇口的尺寸进行调节,被称作(　　)。

(A)浇口调整　　(B)浇口平衡　　(C)流道调整　　(D)流道组合

142. 料槽式浇注模具,如图 15 所示,考虑到图中(B)部分容易发生磨耗,采用手工抽出阳模时,需设置(　　)mm 大小的间隙。

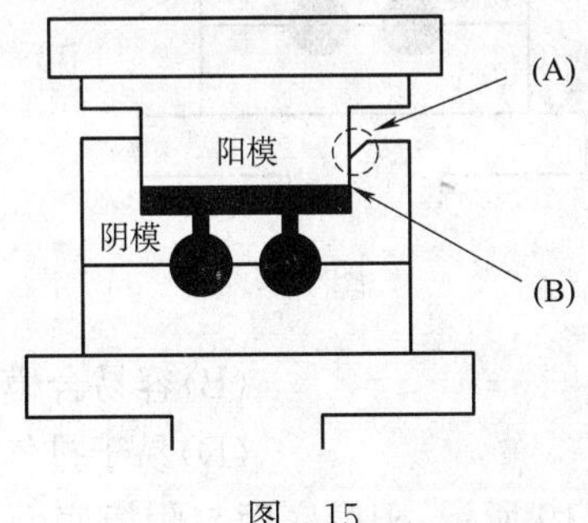

图　15

(A)0.01～0.02　　(B)0.1～0.2　　(C)0.3　　(D)0.5

143. 图 16 中所示模具属于(　　)。

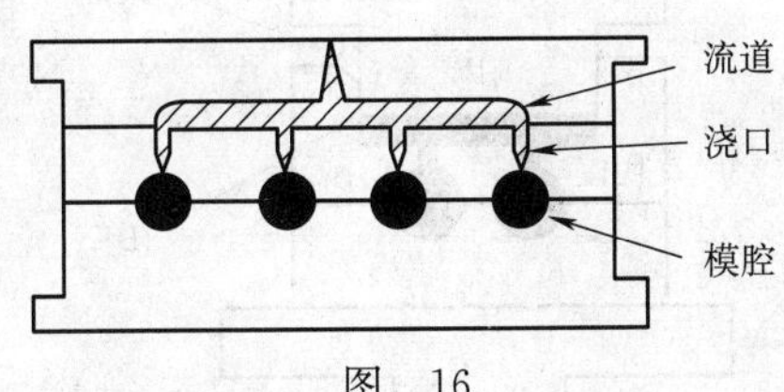

图　16

(A)压铸模具　　(B)热流道模具　　(C)压制模具　　(D)凹窝模具

144. 如图 17 所示，通过(　　)模具流道的胶料会黏附在流道壁上，装置连续工作时这些胶料会成为焦烧杂质而不能进入模腔。

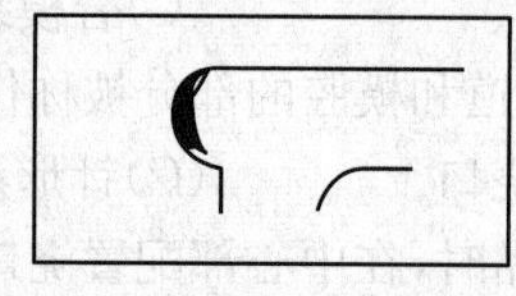

图　17

(A)热流道式　　(B)溢料式　　(C)不溢式　　(D)半溢式

145. 橡胶制品多半是在比(　　)温度高的温度条件下使用的。

(A)黏流　　(B)结晶　　(C)分解　　(D)玻璃化

146. 几乎所有的胶种都会对模具产生污染，为防止模具被污染，一般可在模具的内表面涂布(　　)，但这也成为模具污染的原因之一。

(A)分散剂　　(B)脱模剂　　(C)消泡剂　　(D)去污液

147. 由割胶采集的胶乳制造的生胶分为(　　)和皱片胶两种。

(A)脱蛋白胶　　(B)颗粒胶　　(C)烟片胶　　(D)标准胶

148. 料槽式浇注模具，如图 18 所示，阳模和阴模间脱离接触，保留了 1～2 mm 大小的间隙，其目的是(　　)。

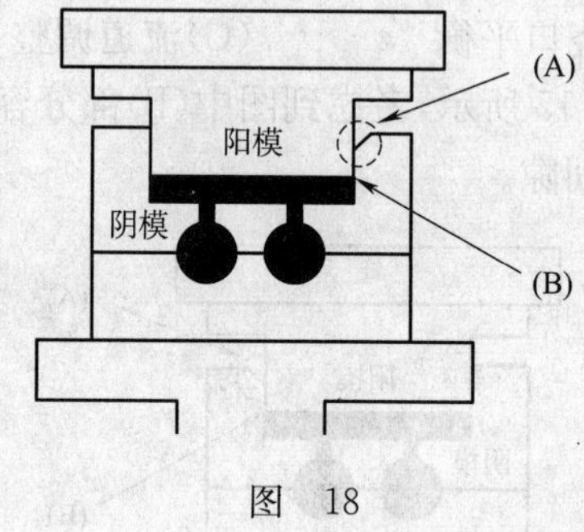

图　18

(A)容易除去料槽内的胶料　　(B)容易合模

(C)便于修边　　(D)易于排气

149. 料槽式浇注模具，如图 19 所示，阳模底面与阴模底面图中(A)部分设计成锥形退刀槽的目的是(　　)。

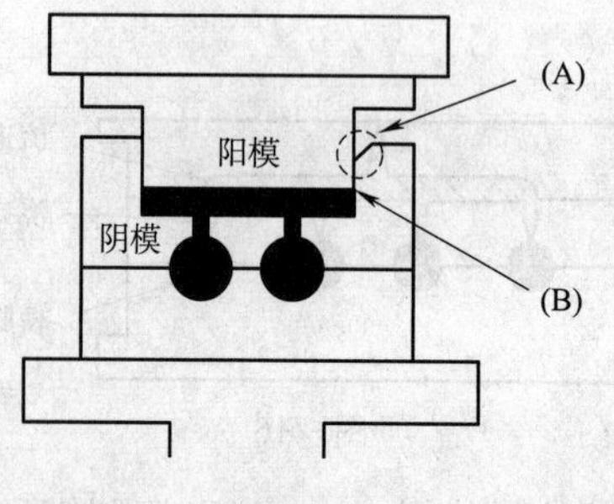

图　19

(A)易于排气　(B)容易合模　(C)便于修边　(D)便于加工

150. 图 20 中模具是一种凹窝模具，采用凹窝结构具有(　　)的优点，因此，可准确方便地进行合模操作，在硫化大型橡胶制品的模具中，凹窝模具最为合适。

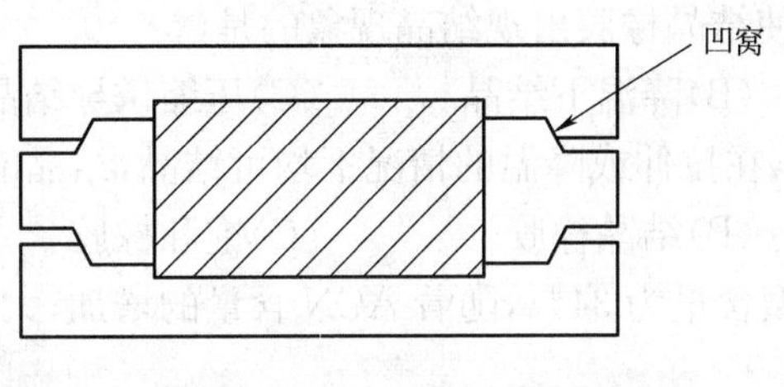

图　20

(A)不用导销、导套就能合模　(B)加工简单

(C)模具重量小　(D)操作简单

151. 图 21 中模具溢胶槽的主要作用是(　　)。

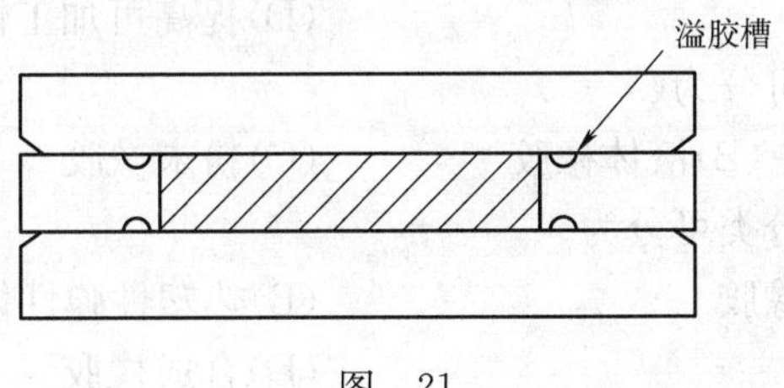

图　21

(A)便于操作　(B)减少飞边

(C)供填充模腔后剩余胶料流入　(D)减少胶料用量

152. 硫化罐的压力试验一般采用相当于工作压力(　　)倍的水压进行试验，保持 5 min，不能有渗漏现象。

(A)1.2　(B)1.5　(C)1.8　(D)2.5

153. 新模具制造后，(　　)是全面鉴定模具设计、模具结构、制造质量优劣的手段，也是掌握合理使用模具的关键。

(A)试模　(B)试压　(C)预热　(D)测量尺寸

三、多项选择题

1. 柱塞式注射机的缺点有(　　)。

(A)间歇式工作　(B)没有搅拌装置

(C)不能给胶料均匀预热　(D)注射前必须给胶料预热到 60～90 ℃

2. 橡胶硫化过程通常会施加压力，硫化压力的作用是(　　)。

(A)提高胶料的致密性　(B)提高橡胶的物理机械性能

(C)提高胶料的硫化速度　(D)提高橡胶与骨架材料的粘接力

3. 注压成型时，胶料通过喷嘴进入模具后温度迅速升高，升高幅度取决于(　　)。

(A)喷嘴结构尺寸　(B)热板面积　(C)胶料性质　(D)硫化介质

4. 橡胶注压成型主要经历(　　)两个阶段。

(A)塑化注射　(B)热压硫化　(C)胶料塑炼　(D)胶料预成型

5. 橡胶注压成型过程中,要同时考虑胶料的(　　)。

(A)高温特性　(B)低温特性　(C)流动特性　(D)硫化特性

6. 下列情形中,可以使结晶橡胶出现结晶现象的是(　　)。

(A)高温下结晶　(B)降温下结晶　(C)压缩诱导结晶　(D)拉伸诱导结晶

7. CR 分子规整度高,在拉伸或降温的情况下均可结晶,结晶能力高于 NR,属于(　　)。

(A)自补强橡胶　(B)结晶橡胶　(C)饱和橡胶　(D)特种橡胶

8. NBR 的丙烯腈典型含量为 34%,随着 ACN 含量的增加,大分子极性增加,带来的变化有(　　)。

(A)内聚能密度增加　(B)极性增加

(C)耐低温性差　(D)耐油性增加

9. 橡胶的加工工艺过程中,橡胶混炼的目的有(　　)。

(A)增加塑性　(B)使配方中各个组分混合均匀

(C)制成混炼胶　(D)提高可加工性

10. 橡胶按形态分类可分为(　　)。

(A)固体橡胶　(B)液体橡胶　(C)粉末橡胶　(D)烟片橡胶

11. 橡胶按交联结构分类可分为(　　)。

(A)化学交联的传统橡胶　(B)热塑性弹性体

(C)天然橡胶　(D)合成橡胶

12. 含天然橡胶的植物很多,但具有采集价值的不多,天然橡胶的主要来源有(　　)。

(A)巴西橡胶树　(B)橡胶草　(C)银色橡胶菊　(D)杜仲树

13. 天然橡胶的分级方法主要有(　　)两种。

(A)按照交联结构分级　(B)按照形态分级

(C)按照外观质量分级　(D)按照理化指标分级

14. 天然橡胶按照外观质量分级,可分为(　　)。

(A)固体橡胶　(B)绉片胶　(C)液体橡胶　(D)烟片胶

15. NR 中的含氮化合物都属于蛋白质,蛋白质有对橡胶的影响是(　　)。

(A)防止老化　(B)促进橡胶硫化　(C)容易吸收水分　(D)易发霉

16. 橡胶中能溶于丙酮的物质,被称作丙酮抽出物,主要是一些(　　)物质。

(A)Ca、Mg、K　(B)高级脂肪酸　(C)固醇类　(D)Na、Cu、Mn

17. 天然橡胶内的一些无机盐类物质,被称作灰分,主要成分是(　　)等。

(A)Ca、Mg、K　(B)高级脂肪酸　(C)固醇类　(D)Na、Cu、Mn

18. 弹性表示橡胶弹性变形能力的大小,其影响因素有(　　)。

(A)受配方的影响　(B)受硫化条件的影响

(C)受橡胶强度的影响　(D)决定于交联密度

19. 属于橡胶定义的描述是(　　)。

(A)橡胶是一种材料,它在大的变形下能迅速而有力地恢复其变形,能够被改性

(B)改性的橡胶实质上不溶于沸腾的苯、甲乙酮、乙醇—甲苯混合物等溶剂中

(C)改性的橡胶室温下被拉伸到原来长度的 2 倍并保持 1 min 后除掉外力,它能在 1 min

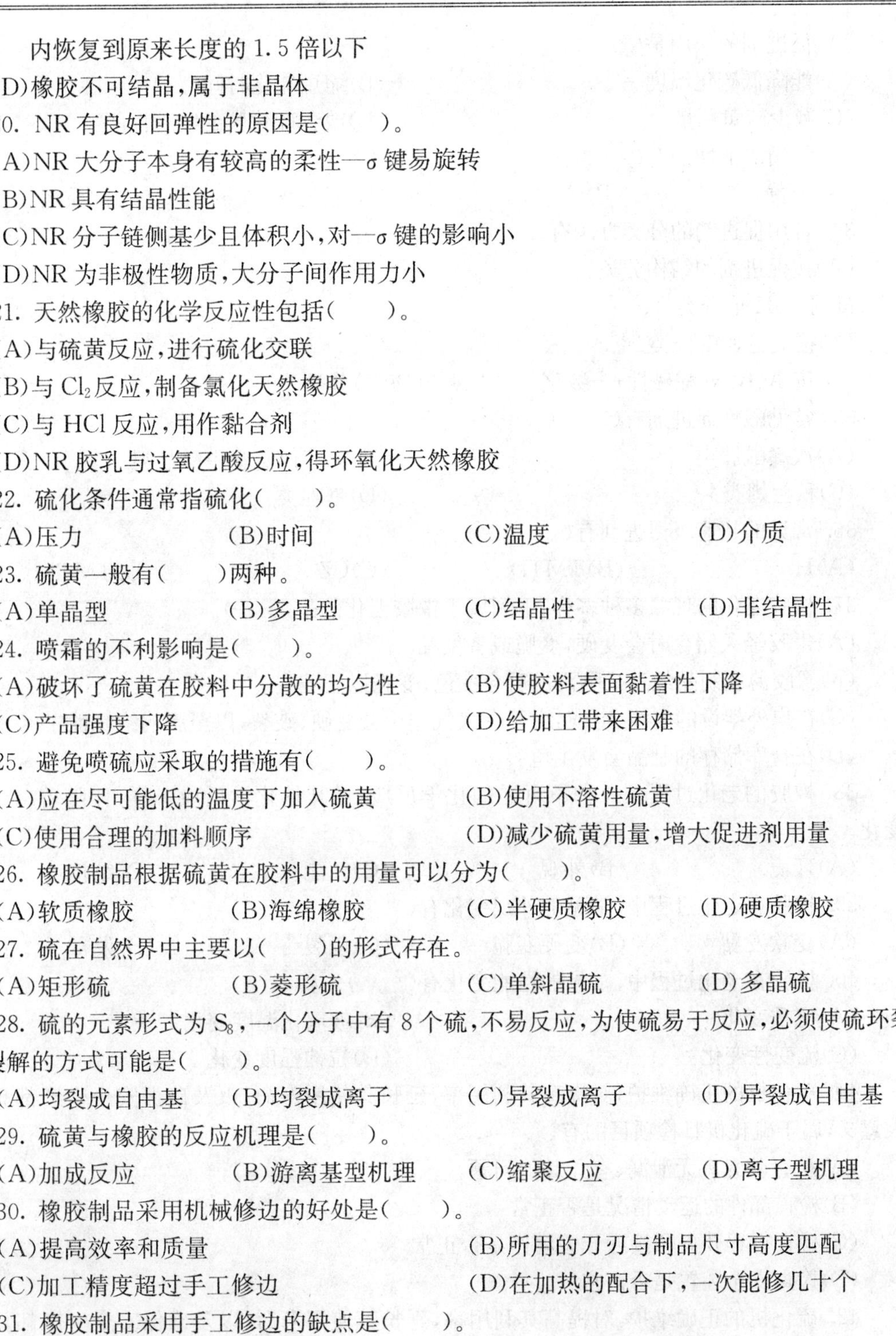

内恢复到原来长度的1.5倍以下

(D)橡胶不可结晶,属于非晶体

20. NR有良好回弹性的原因是(　　)。

(A)NR大分子本身有较高的柔性—σ键易旋转

(B)NR具有结晶性能

(C)NR分子链侧基少且体积小,对—σ键的影响小

(D)NR为非极性物质,大分子间作用力小

21. 天然橡胶的化学反应性包括(　　)。

(A)与硫黄反应,进行硫化交联

(B)与Cl_2反应,制备氯化天然橡胶

(C)与HCl反应,用作黏合剂

(D)NR胶乳与过氧乙酸反应,得环氧化天然橡胶

22. 硫化条件通常指硫化(　　)。

(A)压力　(B)时间　(C)温度　(D)介质

23. 硫黄一般有(　　)两种。

(A)单晶型　(B)多晶型　(C)结晶性　(D)非结晶性

24. 喷霜的不利影响是(　　)。

(A)破坏了硫黄在胶料中分散的均匀性　(B)使胶料表面黏着性下降

(C)产品强度下降　(D)给加工带来困难

25. 避免喷硫应采取的措施有(　　)。

(A)应在尽可能低的温度下加入硫黄　(B)使用不溶性硫黄

(C)使用合理的加料顺序　(D)减少硫黄用量,增大促进剂用量

26. 橡胶制品根据硫黄在胶料中的用量可以分为(　　)。

(A)软质橡胶　(B)海绵橡胶　(C)半硬质橡胶　(D)硬质橡胶

27. 硫在自然界中主要以(　　)的形式存在。

(A)矩形硫　(B)菱形硫　(C)单斜晶硫　(D)多晶硫

28. 硫的元素形式为S_8,一个分子中有8个硫,不易反应,为使硫易于反应,必须使硫环裂解,裂解的方式可能是(　　)。

(A)均裂成自由基　(B)均裂成离子　(C)异裂成离子　(D)异裂成自由基

29. 硫黄与橡胶的反应机理是(　　)。

(A)加成反应　(B)游离基型机理　(C)缩聚反应　(D)离子型机理

30. 橡胶制品采用机械修边的好处是(　　)。

(A)提高效率和质量　(B)所用的刀刃与制品尺寸高度匹配

(C)加工精度超过手工修边　(D)在加热的配合下,一次能修几十个

31. 橡胶制品采用手工修边的缺点是(　　)。

(A)效率低、质量难保证

(B)往往留下齿痕、缺口,从而留下漏油、漏气等影响密封的后遗问题

(C)特别对构型复杂、精度要求高的产品难以做到彻底、干净

(D)很容易损及产品本体与飞边的连接部

32. 促进剂的作用是(　　)。

(A)能降低硫化温度　　(B)缩短硫化时间

(C)减少硫黄用量　　(D)改善硫化胶的物理性能

33. 常用的活性剂有(　　)。

(A)硫黄　　(B)CTP　　(C)氧化锌　　(D)硬质酸

34. 常用促进剂的分类方法有(　　)。

(A)按促进剂的结构分类

(B)按 pH 值分类

(C)按促进速度分类

(D)按 A、B、N(酸碱性)＋数字 1、2、3、4、5(速级)分类

35. 常见酸性促进剂有(　　)。

(A)次磺酰胺类　　(B)二硫代氨基甲酸盐类

(C)秋兰姆类　　(D)噻唑类

36. 常见的超速级促进剂有(　　)。

(A)H　　(B)TMTD　　(C)CZ　　(D)TMTM

37. 橡胶老化的现象多种多样,下列属于橡胶老化的是(　　)。

(A)生胶经久储存时会变硬,变脆或者发黏

(B)橡胶薄膜制品经过日晒雨淋后会变色,变脆以至破裂

(C)在户外架设的电线、电缆,由于受大气作用会变硬、破裂,以至影响绝缘性

(D)在仓库储存的制品会发生龟裂

38. 橡胶的老化过程是一种不可逆的化学反应,像其他化学反应一样,伴随着(　　)的变化。

(A)环境　　(B)外观　　(C)性能　　(D)结构

39. 橡胶在老化过程中,常见的外观变化有(　　)。

(A)变软发黏　　(B)变硬变脆　　(C)龟裂　　(D)发霉

40. 橡胶在老化过程中,常见的性能变化有(　　)。

(A)比重变化　　(B)玻璃化温度变化

(C)流变性变化　　(D)拉伸强度变化

41. 硫化机的正确维护,对提高其利用率,延长其使用寿命,以及确保安全生产都具有重大意义,属于硫化机日检项目的有(　　)。

(A)检查胶囊有无泄漏、有无其他问题

(B)检查部件的运动情况是否正常

(C)检查行程开关和接近开关动作是否正常

(D)检查安全装置是否正常

42. 硫化机的正确维护,对提高其利用率,延长其使用寿命,以及确保安全生产都具有重大意义,属于硫化机周检项目有(　　)。

(A)观察润滑系统状况

(B)检查操作安全杆

(C)检查电气接线盒、压力开关、极限开关等

(D)硫化机开、合模运动过程中,观察横梁左、右、前、后运动倾向

43. 硫化机的正确维护,对提高其利用率,延长其使用寿命,以及确保安全生产都具有重大意义,属于硫化机月检项目有(　　)。

(A)检查中心机构的动作

(B)机械手升降停止时,检查接近开关是否正常动作,并能准确停止

(C)检查各主要部件的密封性能,热板、中心机构及各管道接头有无泄漏

(D)检查脱模机构和卸胎机构

44. 硫化机的正确维护,对提高其利用率,延长其使用寿命,以及确保安全生产都具有重大意义,属于硫化机年检项目有(　　)。

(A)检查所有轴承润滑及磨损,注意曲柄齿轮运动等,这些检查分别在硫化机有或无锁模力的情况下进行,拆卸齿轮检查润滑情况及齿面磨损情况

(B)检查中心机构与活塞导套内导向环的间隙,如磨损过度,则更换导向环

(C)更换蜗轮减速机润滑油,需要时,目测密封性能和更换密封件

(D)检查曲柄齿轮、连杆及轴承的各端盖及其连接的安全性

45. 橡胶硫化机需要润滑的部位有(　　)。

(A)干油自动润滑系统各润滑点　　(B)蜗轮减速机

(C)墙板主、副导轨面　　(D)上下热板

46. 橡胶硫化机不需要润滑的部位有(　　)。

(A)中心机构水缸外套　　(B)上下热板

(C)限位器　　(D)硫化室调模机构及齿轮导杆

47. 橡胶硫化机需要使用3号锂基脂润滑的部位有(　　)。

(A)干油自动润滑系统　　(B)墙板主、副导轨面

(C)脱模机构各铰纸轴承　　(D)机械手各运动副

48. 天然橡胶的性能优点是(　　)。

(A)弹性大、定伸强度高　　(B)抗撕裂性和电绝缘性优良

(C)加工性佳　　(D)易与其他材料黏合

49. 天然橡胶的性能缺点是(　　)。

(A)耐氧和耐臭氧性差,容易老化变质　　(B)耐油和耐溶剂性不好

(C)抵抗酸碱的腐蚀能力低　　(D)耐热性不高

50. 天然橡胶的主要用途有(　　)。

(A)轮胎　　(B)胶鞋　　(C)胶管　　(D)胶带

51. 橡胶硫化机温控仪读数不准,出现乱码(如600多度)时,可能的原因有(　　)。

(A)可能接触不良,可拔插接插件　　(B)可能接口氧化,需更换接插件

(C)可能电缆断了,需更换电缆　　(D)测温元件损坏,需更换元件

52. 橡胶硫化机升温阶段,到一定温度后,温度升不上去时,可能的原因有(　　)。

(A)压力超压

(B)可能没放隔热板,需放隔热板

(C)电热丝断路

(D)隔热板受潮,需更换隔热板或把隔热板烘干

53. 橡胶硫化机压力升不上去时,可能的原因有(　　)。

(A)打压时有空气造成指针偏移　(B)油缸漏油

(C)设备上升行程到达　(D)可能隔热板有破损,需更换隔热板

54. 橡胶硫化机保养的意义有(　　)。

(A)提高其利用率　(B)延长其使用寿命

(C)确保安全生产　(D)提高产品性能

55. 橡胶硫化机需要润滑的部位有(　　)。

(A)上下热板　(B)机械手各运动副

(C)卸胎机构各运动副　(D)存胎器导轨

56. 无论什么橡胶制品,橡胶的加工工艺过程都要经过(　　)这两个过程。

(A)塑炼　(B)混炼　(C)压延　(D)硫化

57. 橡胶的加工工艺过程包括(　　)。

(A)塑炼　(B)混炼　(C)压延　(D)硫化

58. 橡胶的加工工艺过程中,橡胶塑炼的作用有(　　)。

(A)提高力学强度　(B)可降低生胶的分子量

(C)增加塑性　(D)提高可加工性

59. 关于增塑剂与不饱和橡胶相容性的说法,正确的是(　　)。

(A)增塑剂的不饱和性高低对增塑剂和不饱和橡胶的相容性有很大影响

(B)增塑剂的不饱和性越高,增塑剂与不饱和橡胶的相容性越好

(C)测定增塑剂不饱和性的方法是测其苯胺点

(D)测定增塑剂不饱和性的方法是测其闪点

60. 增塑剂对橡胶的塑化作用通常用橡胶的门尼黏度的降低值来衡量,主要评价方法有(　　)。

(A)相容性　(B)溶解度参数　(C)软化力　(D)填充指数

61. 下列橡胶制品中,需使用硫化罐硫化的是(　　)。

(A)胶管　(B)胶鞋　(C)减振器　(D)胶辊

62. 下列橡胶制品中,不能使用硫化罐硫化的是(　　)。

(A)轮胎　(B)胶鞋　(C)乳胶手套　(D)胶辊

63. 按硫化的橡胶制品分类,可将硫化罐分为(　　)。

(A)轮胎硫化罐　(B)胶鞋硫化罐

(C)胶管硫化罐　(D)胶布和胶辊硫化罐

64. 属于硫化罐的主要技术参数的是(　　)。

(A)罐体内径　(B)加热方式　(C)工作介质　(D)罐体长度

65. 合成增塑剂主要用于极性较强的橡胶或塑料中,合成增塑剂按结构分有(　　)。

(A)邻苯二甲酸酯类　(B)脂肪二元酸酯类

(C)脂肪酸类　(D)聚酯类

66. 常见的邻苯二甲酸酯类增塑剂有(　　)。

(A)DBP　(B)DOP　(C)DOA　(D)DOS

67. 常见的脂肪二元酸酯类增塑剂有(　　)。

(A)DBP (B)DOP (C)DOA (D)DOS

68. 图 22 为带锥度的不溢式模具,该模具拐角带 R 是为了防止空气伤害模具和便于对模具进行加工,模具锥度的作用是( )。

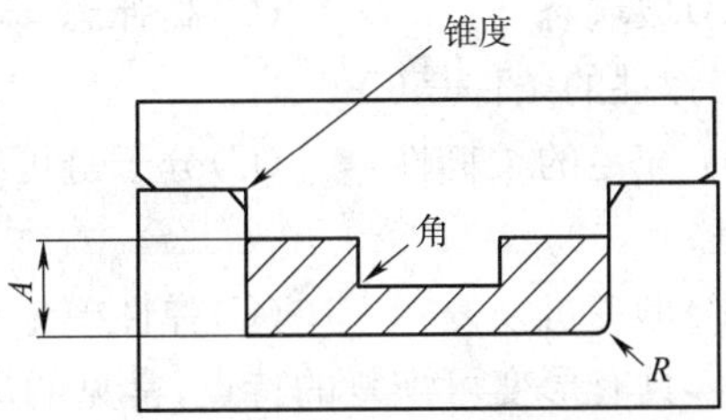

锥度
角
A
R

图 22

(A)便于加工 (B)便于合模 (C)便于减少飞边 (D)作余胶槽用

69. 图 23 中模具溢胶槽的主要作用是( )。

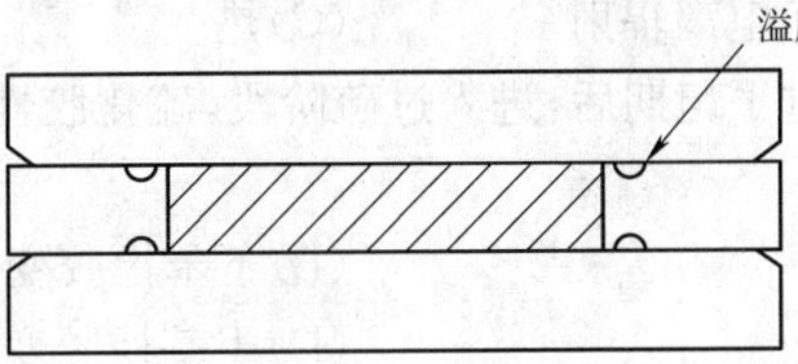

溢胶槽

图 23

(A)释放模腔内气体 (B)减少飞边
(C)供填充模腔后剩余胶料流入 (D)减少胶料用量

70. 从硫化时间影响胶料定伸强度的过程来看,可以将整个硫化时间分为若干个阶段,其中包含( )。

(A)硫化起步阶段 (B)欠硫阶段 (C)正硫阶段 (D)过硫阶段

71. 胶料的硫化在过硫化阶段中,可能会出现三种状态分别是( )。

(A)曲线继续上升 (B)曲线先下降后上升
(C)曲线转为下降 (D)曲线保持平坦

72. 胶料的硫化在过硫化阶段中,可能会出现曲线继续上升的现象,会出现这种情况的橡胶种类是( )。

(A)天然橡胶 (B)丁苯橡胶 (C)丁腈橡胶 (D)三元乙丙橡胶

73. 下列情形中,会使胶料的物理机械性能和耐老化性能下降的是( )。

(A)正硫化 (B)过硫化 (C)欠硫化 (D)硫化返原

74. 橡胶的下列性能中,( )在达到正硫化时间前稍微欠硫时最好。

(A)撕裂强度 (B)压缩永久变形 (C)回弹性 (D)耐割口性能

75. 测定胶料的硫化程度和正硫化时间的方法很多,但基本上可分为三大类,即( )。

(A)物理—化学法 (B)物理机械性能法
(C)专用仪器法 (D)同位素法

76. 采用综合取值法判定正硫化时间时,需要分别测出不同硫化时间试样的( )等性能的最佳值所对应的时间。

(A)拉伸强度　(B)定伸应力　(C)硬度　(D)压缩永久变形

77. 橡胶的三种聚集状态是(　　)。

(A)流变态　(B)玻璃态　(C)高弹态　(D)黏流态

78. 高分子材料具备橡胶弹性的条件是(　　)。

(A)长分子链　(B)充足的柔韧性　(C)分子链可结晶　(D)适度交联

79. 橡胶高弹性的特点是(　　)。

(A)形变量大　(B)形变可恢复　(C)弹性模量小　(D)形变有热效应

80. 橡胶作为高弹性材料,具有形变可恢复的特点,常见的形变类型是(　　)。

(A)拉伸　(B)压缩　(C)剪切　(D)扭转

81. 下列橡胶中,属于结晶型橡胶的是(　　)。

(A)天然橡胶　(B)丁苯橡胶　(C)丁腈橡胶　(D)氯丁橡胶

82. 下列各种因素中,能造成橡胶老化的是(　　)。

(A)臭氧　(B)电离辐射　(C)热　(D)光

83. 橡胶正硫化过程中,过平坦期后,进入过硫阶段,硫化胶性能发生显著变化,常见的现象为(　　)。

(A)天然橡胶变软发黏　(B)丁苯橡胶变软发黏

(C)丁腈橡胶变硬　(D)丁基橡胶变硬

84. 在硫化全过程中,交联和断链贯穿始终,到过硫阶段会出现的情形是(　　)。

(A)交联占优势,橡胶发硬　(B)交联占优势,橡胶发软

(C)断链占优势,橡胶发硬　(D)断链占优势,橡胶发软

85. 硫化平坦期的长短对橡胶的硫化具有重要影响,影响硫化平坦期长短的因素有(　　)。

(A)硫化温度　(B)硫化促进剂类型

(C)硫化剂类型　(D)硫化介质

86. 橡胶硫化过程中,正硫化过后,继续加热便进入过硫化阶段,此阶段交联键会发生(　　)反应。

(A)结晶　(B)重排　(C)裂解　(D)交联

87. 橡胶制品的硫化温度过高,易发生(　　)现象。

(A)结晶　(B)取向　(C)硫化返原　(D)焦烧

88. 据报道,促进剂 NA-22 的化学组成乙烯基硫脲有致肝癌之嫌,作为 CR 用促进剂 NA-22的替代品有(　　)。

(A)二甲基硫代氨基甲酰-2-咻唑叉硫酮

(B)间苯二酸二甲基氯铵

(C)氢-3,5-二甲基-4-氢-1,3,5-氧杂二嗪-4-硫酮

(D)二苯基硫脲

89. 有充分的事实证明,石棉可使人患肺癌、胸膜间和腹膜间皮瘤、胃肠道癌及喉癌,目前我国还在生产石棉橡胶密封件和含石棉的摩擦制品,其替代品有(　　)。

(A)柔性石墨密封件　(B)纤维化聚四氟乙烯密封垫片

(C)半金属基非石棉摩擦材料　　(D)非金属基非石棉摩擦材料

90. 人类流行病学研究报告充分证明,苯可能导致白血病,大量病例是急性非淋巴细胞性白血病,对此的解决措施有(　　)。

(A)使用苯工作场所加强通风　　(B)使用苯工作场所加强工人劳动保护

(C)开发无苯、低毒黏合剂　　(D)开发水基鞋用黏合剂

91. 螺杆式注射机实质相当于带有模具的挤出机,其特点是(　　)。

(A)注射压力较小,20～30 MPa　　(B)适用于低黏度胶料

(C)机筒可使胶料塑化和搅拌　　(D)胶料在螺杆中停留时间长

92. 柱塞式注射机结构简单,应用广泛,它的特点是(　　)。

(A)注射压力大,最高 200 MPa　　(B)注射速度快

(C)充模时间短　　(D)可注射高黏度胶料

四、判 断 题

1. 橡胶的高弹性本质是由大分子构象变化而来的胡克弹性。(　　)

2. 除天然橡胶外,合成橡胶可分为通用合成橡胶、半通用合成橡胶和特种橡胶三档。(　　)

3. 根据橡胶分子链上有无双键存在,分为不饱和橡胶和饱和橡胶两大类,后者有二烯类和非二烯类的硫化型橡胶,前者有非硫化型橡胶及其他弹性体之分。(　　)

4. 按橡胶功能可分为自补强性强的橡胶与自补强性弱的橡胶,前者又称为结晶性橡胶,后者又分为微结晶性橡胶和非结晶性橡胶。(　　)

5. 天然橡胶大分子的链结构单元是异戊二烯,大分子链主要是由反-1,4-聚异戊二烯构成的。(　　)

6. 天然橡胶有较好的耐热性能,但不耐浓强酸。(　　)

7. 氯丁橡胶具有规整的分子排列和可逆的结晶性能,因此用氯丁橡胶制成的橡胶制品具有良好的稳定性和耐老化性,生胶的储存性也很好。(　　)

8. 热法 NBR 中的,丙烯腈是可能致癌的物质,经过二十多年的观察发现,丙烯腈可使肺癌和结肠癌的发生率增大 3～4 倍。(　　)

9. 无论是动物试验还是人类流行病学研究都充分证明,4-氨基联苯是导致膀胱癌的有害物质,防老剂 BLE 中含有微量的 4-氨基联苯。(　　)

10. 促进剂 NA-22 是 W 型 CR 必需的促进剂和氯化聚乙烯橡胶主要的硫化剂,但促进剂 NA-22 的化学组成乙烯基硫脲有致肝癌之嫌。(　　)

11. 防焦剂 CTP 可以延长胶料的焦烧时间,也可以提高硫化胶的性能。(　　)

12. 当胶料冷却时过量的硫黄会析出胶料表面形成结晶,这种现象称为焦烧。(　　)

13. 橡胶制品在储存和使用一段时间以后,就会变硬、龟裂或发黏,以至不能使用,这种现象称之为"硫化"。(　　)

14. 一个橡胶配方起码包括生胶聚合物、硫化剂、促进剂、活性剂、防老剂、补强填充剂、软化剂等基本成分。(　　)

15. 一个完整的硫化体系主要由硫化剂、促进剂、活性剂所组成。(　　)

16. 橡胶的配合是根据制品的性能要求,考虑加工工艺性能和成本等因素,把生胶和配合

剂组合在一起的过程。( )

17. 一般的橡胶配合体系包括生胶、硫化体系、补强体系、防护体系、增塑体系等。( )

18. 无论什么橡胶制品,橡胶的加工工艺过程都要经过压延和硫化这两个过程。( )

19. 橡胶的完整加工工艺过程包括塑炼、压延和硫化。( )

20. 橡胶的塑炼降低生胶的分子量,增加塑性,提高可加工性。( )

21. 橡胶的混炼使配方中各个组分混合均匀,制成混炼胶。( )

22. 橡胶加工的最后一道工序,通过一定的温度、压力和时间后,使橡胶大分子发生化学反应产生交联的过程是氧化。( )

23. 1735 年,法国科学家 Condamine 参加南美洲科考,带回了最早的橡胶制品。( )

24. 1839 年,米其林发明了硫化,为橡胶工业的发展奠定了基础。( )

25. 橡胶的最大用途是在于作轮胎,包括各种轿车胎、载重胎、力车胎、工程胎、飞机轮胎、炮车胎等。( )

26. 橡胶的第二大用途是作胶管、胶带、胶鞋等制品,另外如密封制品、轮船护舷、拦水坝、减震制品、人造器官、黏合剂等,范围非常广泛。( )

27. 橡胶按形态分类可分为固体橡胶、液体橡胶、粉末橡胶。( )

28. 橡胶按交联结构分类可分为化学交联的传统橡胶和热塑性弹性体。( )

29. 各种橡胶中,SBR 的用量最大,其次是 NR、BR、EPDM、IIR、CR、NBR。( )

30. 近年来,NR 的用量占全部橡胶用量的 30%～40%,SBR 占合成橡胶的 40%～50%。( )

31. 天然橡胶是从天然植物中采集来的一种弹性材料。( )

32. 生胶经久储存时会变硬,变脆或者发黏是橡胶的焦烧现象。( )

33. 天然橡胶按照理化指标分级,可分为烟片胶、绉片胶。( )

34. 天然橡胶按照外观质量分级,是目前国际标准的橡胶分级方法。( )

35. 天然橡胶按外观质量分级,将国产烟片胶分为一级烟片、二级烟片、三级烟片、四级烟片和五级烟片五个等级,质量依此递减。( )

36. 国产绉片胶标准分为六个等级,它们是特一级白绉片胶、一级白绉片胶、特一级浅色绉片胶、一级浅色绉片、二级浅色绉片、三级浅色绉片等。( )

37. 标准胶根据理化指标分级,是指按机械杂质、塑性保持率、塑性初值、氮含量、挥发份含量、灰分含量、颜色指数等理化性能指标进行分级的橡胶。( )

38. NR 中的含氮化合物都属于蛋白质,蛋白质有防止老化和延缓橡胶硫化的作用。( )

39. 丙酮抽出物指橡胶中能溶于丙酮的物质,主要是 Ca、Mg、K、Na、Cu、Mn 等。( )

40. 灰分是一些无机盐类物质,主要成分是一些高级脂肪酸和固醇类物质。( )

41. 水分对橡胶的性能影响不大,若含量高,可能会使制品产生气泡。( )

42. 天然橡胶在室温下为无定形体,10 ℃以下开始结晶,无定形与结晶共存,−25 ℃结晶最快。( )

43. 天然橡胶拉伸条件下结晶、无定形与取向结构共存,属于非自补强橡胶。( )

44. 在不加补强剂的条件下,橡胶能结晶或在拉伸过程中取向结晶,晶粒分布于无定形的橡胶中起物理交联点的作用,使本身的强度提高的性质,被称作自补强性。( )

45. NR 的耐寒性好，耐热性不是很好，NR 的 $T_g=-73$ ℃，在 -50 ℃仍具有很好的弹性。(　　)

46. NR 有良好的弹性，NR 的弹性和回弹性在通用橡胶中仅次于 NBR。(　　)

47. 弹性表示橡胶弹性变形能力的大小，受配方、硫化条件的影响，决定于含胶率。(　　)

48. 橡胶的弹性一般用回弹性表示，指橡胶受到冲击后，能够从变形状态迅速恢复原状的能力。(　　)

49. NR 是一种绝缘性很好的材料，如电线接头外包的绝缘胶布就是纱布浸 NR 胶糊或压延而成的。(　　)

50. NR 具有良好的耐化学药品性及一般溶剂作用，耐稀酸、稀碱，不耐浓酸、油，耐水性差。(　　)

51. 硫化条件通常指硫化压力、温度和介质。(　　)

52. 硫黄是唯一的硫化剂。(　　)

53. 线性的高分子在物理或化学作用下，形成三维网状体型结构的过程被称为结构化。(　　)

54. 能够把塑性的胶料转变成具有高弹性橡胶的过程，被称作硫化。(　　)

55. 硫黄一般有结晶性和非结晶性两种，常用的一般为非结晶性硫黄。(　　)

56. 硫黄在橡胶中的溶解度随温度升高而增大，但温度降低时，硫黄会从橡胶中结晶析出，形成“喷霜”现象。(　　)

57. 硫黄在胶料中的配合量超过了它的溶解度达到过饱和，就从胶料内部析出到表面上，形成一层白霜，这种现象叫焦烧。(　　)

58. 喷霜破坏了硫黄在胶料中分散的均匀性，使胶料表面黏着性下降，给加工带来困难。(　　)

59. 使用不溶性硫黄可避免喷霜。(　　)

60. 硫黄在胶料中的用量应根据具体橡胶制品的性质而定，软质橡胶硫黄用量一般为 2～50 份。(　　)

61. 由于每一胶料达到正硫化后都有一硫化平坦范围，因此在改变硫化条件时，只要把改变后的硫化效应控制在原来硫化条件的最小硫化效应 E_{min} 和最大硫化效应 E_{max} 之内，即 $E_{min}<E<E_{max}$，制品的物理机械性能就可与原硫化条件的相近。(　　)

62. 橡胶的高弹性是由键角键长变化而来的普弹性。(　　)

63. 在我国应用很广且应用技术相当成熟的一些助剂，如促进剂 NOBS、TMTD、BZ、EZ 和 DTDM 等均是产生亚硝胺化合物的配合剂。(　　)

64. 在橡胶制品加工工位(特别是硫化工位)加强通风措施可减小环境中亚硝胺化合物含量。(　　)

65. 有些助剂含有仲胺结构，它们在高温硫化时产生的仲胺会与亚硝化剂(氮氧比物)反应生成致癌物——亚硝胺化合物。(　　)

66. 使用门尼黏度仪测定的胶料硫化特性曲线可以直观地或经简单计算得到全套硫化参数：初始黏度、最低黏度、焦烧时间、硫化速度和正硫化时间等。(　　)

67. 胶料在加工过程中由于热积累效应所消耗的焦烧时间被称作操作焦烧时间。(　　)

68. 胶料在模具内保持流动的时间被称作剩余焦烧时间。(　)

69. 橡胶的补强指的是橡胶结晶或在拉伸过程中取向结晶，晶粒分布于无定形的橡胶中起物理交联点的作用，使本身的强度提高的性质。(　)

70. 胶粉是指废旧橡胶制品经粉碎加工处理得到的粉末状橡胶材料。(　)

71. 生胶或橡胶制品在储存、加工和使用过程中，由于受到热、氧、应力应变等作用性能不断下降的现象被称作硫化返原。(　)

72. 橡胶的自补强性是指在橡胶中加入一种物质后，使硫化胶的耐磨性、抗撕裂强度、拉伸强度、模量、抗溶胀性等性能获得较大提高的行为。(　)

73. 橡胶的填充是指在橡胶中加入一种物质后，能够增大橡胶的体积，降低制品的成本，改善加工工艺性能，而又不明显影响橡胶制品性能的行为。(　)

74. 炭黑凝胶是指炭黑混炼胶中不能被它的良溶剂溶解的那部分橡胶。(　)

75. 橡胶结晶的生成被认为是对橡胶补强的根本原因。(　)

76. 吸留橡胶是指在炭黑聚集体链枝状结构中屏蔽的那部分橡胶。(　)

77. 包容胶的形成影响硫黄在橡胶中的添加量。(　)

78. 橡胶的高弹性能使其具有良好的减振、隔音和缓冲性能，使橡胶减振器产生良好的阻尼特性。(　)

79. 在外力作用下，高聚物材料的形变行为介于弹性材料和黏性材料之间，其物理性能受到力、形变、温度和时间 4 个因素的影响。(　)

80. 橡胶材料在受外力作用时，在一定温度下，当应力不变时，变形随时间延长而逐渐增大的现象为应力松弛。(　)

81. 橡胶材料在受外力作用时，在一定温度下，当应变不变时，应力随时间延长而逐渐衰减的现象为滞后。(　)

82. 橡胶材料在受外力作用时，在一定的温度和循环(交变)应力作用下，观察形变滞后于应力的现象为蠕变。(　)

83. 蠕变和应力松弛是橡胶黏弹性表现的一种，即基于分子链移动或分子重排时产生的特定现象，跟橡胶加工和使用过程无相关。(　)

84. 橡胶材料在周期性应力或应变的作用下，硫化胶的结构和性能的变化叫做疲劳现象。(　)

85. 影响高聚物材料疲劳寿命的因素有试验频率、环境温度、加载波形、应力比和相对分子质量等。(　)

86. 硫化胶老化现象大多表现为硬度或弹性模量逐渐减小。(　)

87. 橡胶的使用寿命是指在周期性应力和应变作用下，胶料试验至断裂所经历的时间。(　)

88. 橡胶制品的疲劳寿命是从开始使用到丧失使用功能所经历的时间。(　)

89. 在硫化的各阶段中，诱导阶段随着胶料受热软化，门尼黏度降低到最低，使得胶料获得充分的流动性以充满模具型腔。(　)

90. 在硫化的各阶段中，平坦阶段橡胶中的各种配合剂可以自由迁移、扩散、渗透。(　)

91. 在硫化过程中，不同橡胶并用的胶料，不同橡胶对各种配合剂的溶解度有很大不同，

诱导期内配合剂浓度在各相体系中重新形成一个稳定的动态平衡状态。( )

92. 在硫化的诱导阶段,先是硫黄、促进剂、活性剂的相互作用,使氧化锌在胶料中溶解度增加,又进一步活化促进剂,使促进剂与硫黄之间反应生成活性更大的中间产物。( )

93. 使用硫化仪测定的胶料硫化特性曲线中,焦烧时间反映胶料在一定温度下的可塑性。( )

94. 使用硫化仪测定的胶料硫化特性曲线中,最大转矩 M_H反映硫化胶的模量。( )

95. 使用硫化仪测定的胶料硫化特性曲线中,最大转矩与最小转矩的差值(M_H-M_L)可以反应硫化胶的硫化速度。( )

96. 使用硫化仪测定的胶料硫化特性曲线中,转矩达到 $M_L+(M_H-M_L)10\%$时所需时间 t_{10}为工艺正硫化时间。( )

97. 使用硫化仪测定的胶料硫化特性曲线中,转矩达到 $M_L+(M_H-M_L)\times90\%$时所需时间 t_{90}为焦烧时间。( )

98. 使用硫化仪测定的胶料硫化特性曲线中,转矩达到最大转矩时所需时间 t_H为理论正硫化时间。( )

99. 使用硫化仪测定的胶料硫化特性曲线中,($t_{90}-t_{10}$)的值可以反映硫化反应速率,其值越大,硫化速度越快。( )

100. 在橡胶硫化的焦烧期内,橡胶具备了产生交联的能力而又尚未产生有效的交联,胶料处于黏流态并具备充分的流动性,这段时间是橡胶加工成型的关键时期。( )

101. 硫化是指将具有塑性的混炼胶经过适当加工而成的半成品,在一定外部条件下,通过化学因素或物理因素的作用,重新转化为弹性橡胶或硬质橡胶,从而获得使用性能的工艺过程。( )

102. 硫化的实质是橡胶的微观结构发生了质的变化,即通过交联反应,使空间网状结构或体型的橡胶分子转化为线型结构。( )

103. 橡胶的硫化过程是一个十分复杂的化学反应过程,它包含橡胶分子与硫化剂及其他配合剂之间发生的一系列化学反应及在形成网状结构的同时所伴随发生的各种副反应。( )

104. 从微观结构的变化看,硫化反应历程包括诱导阶段、交联反应阶段和网构形成阶段,最终得到网构稳定的硫化胶。( )

105. 胶料的硫化在过硫化阶段中,可能会出现曲线转为下降的现象,这是胶料在过硫化阶段中发生网状结构的热裂解,产生喷霜现象所致。( )

106. 正硫化又称最宜硫化,是指硫化过程中胶料综合性能达到最佳值时的硫化状态。( )

107. 胶料的硫化在过硫化阶段中,可能会出现曲线继续上升的现象,这种状态是由于在过硫化阶段中产生了氧化作用。( )

108. 胶料的硫化在过硫化阶段中,可能会出现曲线转为下降的现象,丁腈橡胶会出现这种情况。( )

109. 欠硫和过硫都会使胶料的物理机械性能和耐老化性能下降。( )

110. 胶料达到正硫化所需要的最短硫化时间称为焦烧时间。( )

111. 胶料正硫化时间的长短不仅与胶料的配方、硫化温度和硫化压力等有直接的关系,

而且要受到硫化工艺方法，尤其是受到所考察的某些主要性能的影响。（ ）

112. 橡胶的撕裂强度、耐裂口性能在达到正硫化时间后稍微过硫时最好。（ ）

113. 从硫化反应的动力学角度看，正硫化是指胶料达到最大交联密度时的硫化状态。（ ）

114.“焦烧时间”是指达到最大交联密度时所需的时间。（ ）

115. 天然橡胶的溶胀曲线呈“U”形，曲线最低点的对应时间即为正硫化时间。（ ）

116. 合成橡胶的溶胀曲线类似于渐近线，其转折点即为正硫化时间。（ ）

117. 在硫化过程中，由于交联键的不断形成和之后的重排和裂解等，橡胶的物理机械性能都随之发生变化。（ ）

118. 在一般情况下，定伸应力是与交联密度成正比的，硫化过程中定伸应力的增大在某种程度上是反映橡胶拉断伸长率的增大。（ ）

119. 胶料的拉伸强度是随交联密度的增加而增大，但达到最大值后，便随交联密度的增加而降低，这是因为交联密度的进一步增加，会使分子链的定向排列发生困难所致。（ ）

120. 硫化仪法所用的门尼黏度仪是测试橡胶硫化特性的专用仪器。（ ）

121. 由于硫化仪的转矩读数反映了胶料的剪切模量，而剪切模量又是与交联密度成正比的，所以硫化仪测得的转矩变化规律是与交联密度的转矩变化规律相一致的。（ ）

122. 在硫化过程中，胶料受热升温慢，尤其难以使厚制品胶料内外温度均匀一致，而造成制品内部处于欠硫或恰好正硫化时，表面已经过硫。（ ）

123. 硫化过程中，生胶与硫黄的化学反应是一个吸热反应过程，这种吸热随结合硫黄的增加而增大。（ ）

124. 在硫黄用量很高的硬质胶中，热效应较大，又因橡胶导热性差而难以使大量的生成热传递扩散，造成体系内部生热高，从而发生助剂挥发、橡胶裂解等现象，使制品产生气泡，甚至爆炸。（ ）

125. 橡胶是有机高分子材料，高温易引起橡胶分子链的裂解破坏，乃至发生交联键的断裂，即硫化返原现象，会导致硫化胶的强度下降。（ ）

126. 硫化压力是指硫化过程中模具单位面积上所受压力的大小。（ ）

127. 硫化温度系数的意义是，橡胶在特定的硫化温度下获得一定性能的硫化时间与温度相差 1 ℃时获得同样性能所需的硫化时间之比。（ ）

128. 硫化效应是指胶料在一定的温度下，单位时间所达到的硫化程度或胶料在一定温度下的硫化速度。（ ）

129. 胶料在不同温度下硫化只要硫化效应相同，就能达到同一硫化程度。（ ）

130. 硫化效应大，说明胶料硫化程度深；硫化效应小，说明胶料硫化程度浅。（ ）

131. 由于橡胶是一种热的不良导体，因而厚制品在硫化时各部位或各部件的温度是不相同的，即使是同一部位或同一部件在不同的硫化时间内温度也是不同的，在相同的硫化时间内所取得的硫化效应也是不同的。（ ）

132. 采用热电偶测试胶料硫化时的温度—时间曲线，通过计算得到硫化强度—硫化时间曲线，该曲线所包围的面积即为交联密度。（ ）

133. 多数情况下，橡胶的硫化都是在加热条件下进行的，对胶料加热，就需要一种能传递热能的物质，这种物质称为硫化模具。（ ）

134. 饱和蒸汽是一种应用最为广泛的高效能硫化介质,饱和蒸汽的热量主要来源于液化潜能。( )

135. 过热水是常用的一种硫化介质,主要是靠温度的升高来供热,其密度大,比热大,导热系数大,给热系数大。( )

136. 橡胶的三种聚集状态是玻璃态、高弹态和黏流态。( )

137. 橡胶弹性是由熵变引起的。( )

138. 橡胶受到冲击后,能够从变形状态迅速恢复原状的能力被称作恢复性。( )

139. BR 生胶或未硫化胶在停放过程中因为自身重量而产生流动的现象被称作冷流性。( )

140. 橡胶树表皮被割开时,就会流出乳白色的汁液,称为胶乳,胶乳经凝聚、洗涤、成型、干燥即得天然橡胶。( )

141. 橡胶的返原是指橡胶在加工、储存和使用过程中,由于受到各种外界因素的作用,而逐步失去其原有的优良性能,以至最后丧失了使用价值。( )

142. 元素状态的硫黄既不是硫原子,也不是 S_2 分子,而是以稳定的 S_{16} 环的形式存在。( )

143. 使用促进剂、活性剂和硫黄硫化橡胶,能大大缩短硫化时间,减少硫黄用量,降低硫化温度,改善了硫化胶的各项性能。( )

144. 在硫化全过程中,交联和断链贯穿始终,到过硫阶段交联仍占优势,则橡胶发硬,断链占优势则橡胶发软。( )

145. 硫化平坦期与硫化胶性能、硫化工艺条件及硫化促进剂类型和用量相关。( )

146. 硫化条件通常是指橡胶硫化的温度、压力和时间,这些条件对硫化质量有决定性影响,因此通常称为“硫化三要素”。( )

147. 硫化压力过高,橡胶分子链断裂显著,易发生硫化返原现象。( )

148. 正硫化时间不随硫化设备及工艺条件而改变。( )

149. 压铸成型亦称传递式模压成型或挤胶法成型。( )

150. 注射成型时,胶料通过喷嘴进入模具后温度迅速升高,升高幅度取决于喷嘴结构尺寸及胶料性质。( )

151. 填写生产记录时,应记录完全,不得简写、缩写。( )

152. 填写生产记录时,如有相同内容可填写为“同上”或打上“…”。( )

153. 填写生产记录时,任何隐去原有记录进行的修改行为均是不允许的。( )

154. 生产记录要求真实、客观地重现生产及检验过程中所有操作行为的数据,记录中的任何数据均应真实有效,不允许存在任何形式的假造数据、估计数据等行为。( )

155. 填写生产记录时,应现场记录,也允许事后补写,或事先估计后填写。( )

156. 填写生产记录时,任何签名必须保证是本人签名,特殊情况下允许代签,签名必须工整,易于识别。( )

157. 填写生产记录时,记录的书写应使用简体中文,不得使用繁体字、不规范简化字等,数据的填写应由该生产步骤的操作人员进行,并于签名及签署开始日期及时间后由复核人进行复核并签名,签署日期及时间。( )

158. 填写生产记录时,书写任何数据及文字包括签名时应尽量做到清晰易读,且不易擦

掉，数据与数据之间应留有适当的空隙，书写时应注意不要越出对应的表格。（ ）

159. 填写生产记录时，书写中出现任何书写错误均不得进行涂黑原数据后书写新数据、采用涂改液修改错误数据后书写或用刀片刮掉错误数据后书写等行为。（ ）

160. 设备运行记录是指以日、周或月为单位，用日志、周报、月报的形式所保存的设备运行和使用情况。（ ）

161. 设备运行记录包含日常点检中记录的资料，运行时发生的异常声音或异常振动，润滑剂的消耗量等，可作为建立设备档案的基本资料来使用。（ ）

五、简 答 题

1. 什么是橡胶的硫化？

2. 橡胶的硫化三要素指的是什么？

3. 从硫化时间影响胶料定伸强度的过程来看，可以将整个硫化时间分为四个阶段，分别是什么？

4. 在胶料硫化历程的过硫化阶段中，可能会出现三种状态分别是什么？

5. 测定胶料的硫化程度和正硫化时间的方法很多，但基本上可分为三大类，分别是什么？

6. 采用综合取值法判定正硫化时间时，需要分别测出不同硫化时间试样的哪些性能的最佳值所对应的时间？

7. 橡胶的三种聚集状态以及两个过渡区（“三态两区”）是什么？

8. 橡胶高弹性的特点是什么？

9. 通常，我们将整个硫化时间分为四个阶段，胶料硫化起步指的是什么？

10. 橡胶的硫化平坦期指的是什么？

11. 什么是橡胶的喷霜现象？

12. 喷霜的危害有哪些？

13. 橡胶的自补强性指的是什么？

14. NR 的综合加工性能最好，主要表现在哪些方面？

15. 什么是橡胶的蠕变现象？

16. 什么是橡胶的应力松弛现象？

17. 什么是橡胶的滞后现象？

18. 什么是橡胶的疲劳现象？

19. 什么是橡胶的疲劳寿命？

20. 使用硫化仪测定的胶料硫化特性曲线，可以直观地或经简单计算得到的硫化参数有哪些？

21. 天然橡胶有哪些特征？

22. 成型半成品时，对胶料的质量要求有哪些？

23. 半成品胶料的成型方法有哪些？

24. 挤出成型法制备半成品胶料具有哪些优点？

25. 硫化使用过程中模具的保养，应注意的事项有哪些？

26. 平板硫化机的日常保养项目有哪些？

27. 橡胶在成型操作过程中,为什么要排气?

28. 飞边对橡胶制品有哪些不良影响?

29. 采用精密预成型机制取胶坯,具有哪些特点?

30. 橡胶胶坯制备采用的方法主要有哪些?

31. 精密预成型机的主要性能参数有哪些?

32. 压注硫化机的优点有哪些?

33. 压注硫化机是在普通模型制品平板硫化机的基础上发展而来的,它的主要性能参数有哪些?

34. 什么是橡胶的补强?

35. 什么是橡胶的填充?

36. 炭黑补强的三要素是什么?

37. 天然胶乳中橡胶粒子结构分为哪三层?各由什么构成?

38. 为什么天然橡胶不宜采用高温快速硫化?

39. 什么叫橡胶的老化?

40. 什么叫橡胶防老剂?

41. 什么叫橡胶的疲劳老化?

42. 橡胶模型制品的主要生产工艺流程是什么?

43. 橡胶制品模压成型的硫化生产工艺流程是什么?

44. 橡胶注射成型的硫化生产工艺流程是什么?

45. 什么是橡胶制品飞边?

46. 橡胶制品飞边修除的方法有哪些?

47. 橡胶制品采用手工修边的缺点是什么?

48. 橡胶制品的飞边造成的质量问题有哪些?

49. 什么是填压式压胶模?

50. 请说明表1中的模具1～5各属于什么类型的模具。

表 1

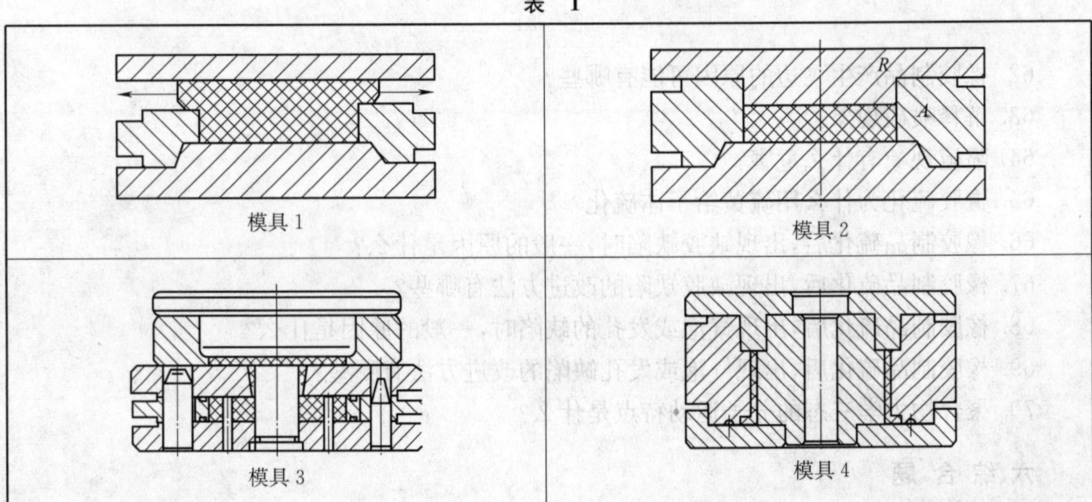

模具1 模具2 模具3 模具4

续上表

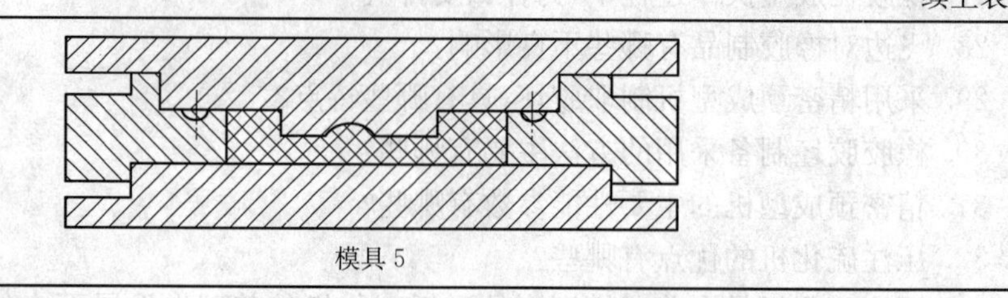
模具 5

51. 什么是橡胶的使用寿命?

52. 什么叫正硫化?

53. 什么叫焦烧?

54. 什么叫硫化促进剂?

55. 什么叫防焦剂?

56. 橡胶在混炼后为什么要涂隔离剂?

57. 橡胶注射机的注射装置的作用是什么?

58. 橡胶注射机的加热冷却装置的作用是什么?

59. 橡胶模压硫化时使用硅油涂模具的目的是什么?

60. 橡胶注射机的合模装置的作用是什么?

61. 采用注射成型时,整个注射和硫化过程中,模腔中胶料的压力也是不断变化的,注射和硫化过程中模内压力的变化如图 24 所示,请说明图中 1~5 代表的状态是什么?

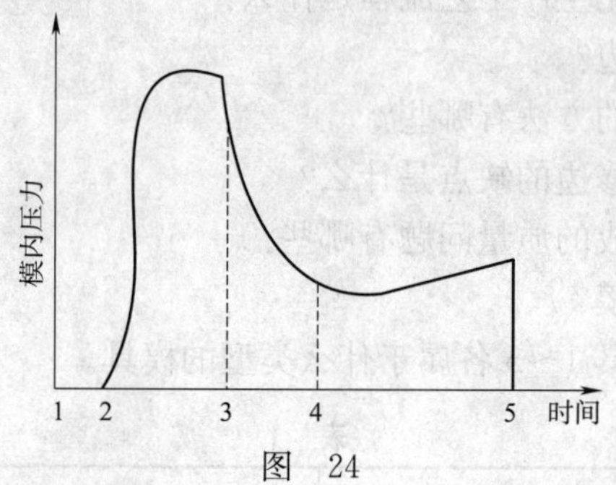

图 24

62. 橡胶制品产生飞边的原因可能有哪些?

63. 解释喷硫现象。

64. 喷硫现象有什么危害?

65. 橡胶硫化为什么用硫黄给予体硫化?

66. 橡胶制品硫化后,出现缺胶缺陷时,一般的原因是什么?

67. 橡胶制品硫化后,出现缺胶缺陷的改进方法有哪些?

68. 橡胶制品硫化后,出现气泡或发孔的缺陷时,一般的原因是什么?

69. 橡胶制品硫化后,出现气泡或发孔缺陷的改进方法有哪些?

70. 聚合物力学三态的分子运动特点是什么?

六、综 合 题

1. 正确操作、使用硫化罐的注意事项有哪些?

2. 橡胶硫化机需要润滑的部位有哪些?

3. 作为橡胶制品的生产模型,对模具有哪些要求?

4. 某一橡胶模型制品平板硫化机的铭牌为 QLB-D 600×600×2,对铭牌中各个参数按图 25 中 1～7 编号,请说明数字 1～7 中各参数分别代表什么规格和型号。

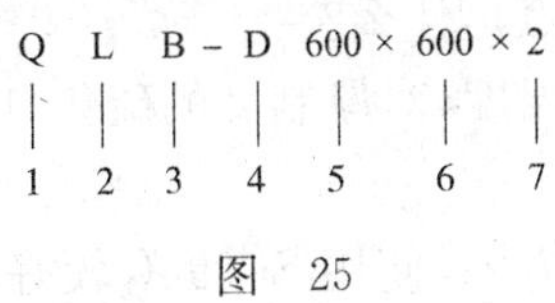

图 25

5. 天然橡胶的化学组成和性能优、缺点各是什么?

6. 天然胶乳的胶凝和凝固两个过程的异、同是什么?

7. 图 26 表示的是硫化仪测试的某一胶料的硫化曲线,请说明 M_L、M_H、(M_H-M_L)、t_{10}、t_{90}、t_H、$(t_{90}-t_{10})$的意义是什么。

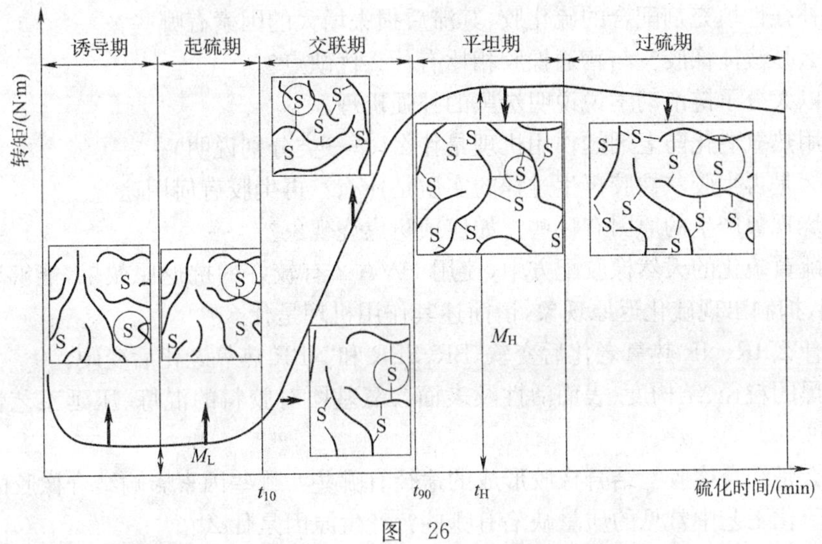

图 26

8. 图 27 是带加料室的压铸模的示意图,请简述该模具的优、缺点有哪些。

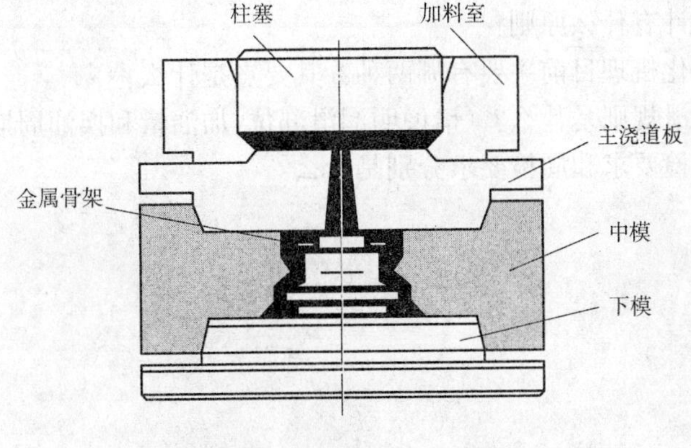

图 27 带加料室的压铸模

9. 橡胶的喷霜现象不仅出现在硫化胶中，也会出现在混炼胶中，两者产生喷霜的原因各是什么？

10. 橡胶臭氧老化的特点是什么？

11. 次磺酰胺类促进剂的作用特性有哪些？

12. 秋兰姆类促进剂的作用特点是什么？

13. 将胶料预热到较高的初始温度，对厚制品的硫化具有重要意义，请说明胶料预热有什么好处？

14. 在硫黄硫化的天然橡胶配方中，使用 Si-69 有较好的抗返原效果，能够明显延长胶料的平坦期，抑制出现硫化返原现象，其作用机理是什么？

15. 哪些因素会使得橡胶模型制品的飞边增厚？

16. 如何实现橡胶制品少飞边与无飞边化？

17. 在铁质橡胶模具表面形成硫化锌晶体模垢的机理是什么？

18. 橡胶在模具内的各种行为与塑料不同，它具有哪些独特的特征？

19. 由补强性填充剂配合的硫化胶，其滞后损失增大的因素有哪些？

20. 什么是液体橡胶？与普通橡胶相比有什么优缺点？

21. 试以大分子链滑动学说说明炭黑的补强机理。

22. 常用热氧老化防老剂的作用机理是什么(举三类分别说明)。

23. 什么是再生胶？橡胶再生过程的实质是什么？再生胶有何用途？

24. 焦烧现象产生的原因有哪些？如何预防焦烧现象？

25. 在硫黄硫化的天然橡胶配方中，使用 HVA-2 有较好的抗返原效果，能够明显延长胶料的平坦期，抑制出现硫化返原现象，请简述其作用机理是什么？

26. 为什么 IR、NR 热氧老化后变软，BR、SBR 和 NBR 热氧老化后变硬？

27. 炭黑的粒径、结构度、表面活性及表面含氧基团对胶料的混炼、压延工艺性能和焦烧性有何影响？

28. 什么是结合橡胶？结合橡胶形成的途径有哪些？哪些因素影响结合橡胶的生成量？

29. 在硫化工艺中常见的质量缺陷有哪些？产生原因是什么？

30. 橡胶注射机生产的主要特点是什么？

31. 什么是传统硫化体系、有效硫化体系和半有效硫化体系？

32. 橡胶配方设计有什么原则？

33. 橡胶疲劳老化机理目前主要有哪两种？其要点是什么？

34. 硫化罐的润滑规则是什么？(请说明润滑部位、加油量和换油周期)

35. 硫化罐的日检要求和周检要求分别是什么？

橡胶硫化工(初级工)答案

一、填 空 题

1. $M_L+(M_H-M_L)\times 90\%$　　2. 最大转矩(或 M_H)　　3. $t_{90}-t_{10}$
4. 脱模撕裂　　5. 5%～10%　　6. 压延效应　　7. 变形
8. 丁道尔　　9. 外观整齐　　10. 手工　　11. 手工
12. 机械　　13. 机械　　14. 混炼(或炼胶)　　15. 混炼(或炼胶)
16. 硫化　　17. 固体橡胶　　18. 热塑性弹性体　　19. 天然橡胶
20. 巴西橡胶树　　21. 支架　　22. 加热　　23. 上风口
24. 蒸汽　　25. 氨基酸　　26. 丙酮抽出物　　27. 线型大分子
28. 混炼胶　　29. 混炼胶(或橡胶)　　30. 硫化胶　　31. 配合
32. 硫化体系　　33. 时间　　34. 硫化　　35. 高弹性
36. 高弹性　　37. 黏弹性　　38. 高分子　　39. 硫化
40. 生胶　　41. 促进剂　　42. 一剂多能　　43. 疲劳
44. 疲劳　　45. 疲劳　　46. 胺类　　47. 抗臭氧
48. 胺　　49. 胺　　50. 补强剂　　51. 其他机械
52. 硫化机　　53. 平板　　54. 炭黑　　55. 硬质
56. 硫化速度　　57. 正常硫化速度　　58. 平均粒径　　59. 喷嘴
60. 合模　　61. 结构尺寸　　62. 固定尺寸　　63. 注压
64. 高剪切应力　　65. 硫化锌　　66. 氧化锌　　67. 制品断裂
68. 无飞边　　69. 合模　　70. 剩余　　71. 空气
72. 平板　　73. 溢料式(或开放式)　　74. 不溢式(或封闭式)
75. 半溢式(或半封闭式)　　76. 合模线　　77. 注胶口
78. 流痕　　79. 料槽　　80. 容易合模　　81. 0.1～0.2
82. 硫化条件(或硫化三要素)　　83. 理论　　84. 工艺
85. 工艺正硫化时间　　86. 工艺正硫化时间　　87. 试验仪器法　　88. 无转子
89. 温度　　90. 便于脱模　　91. 143　　92. 哈呋(或 HALF)
93. 取放　　94. 无飞边　　95. 分型面　　96. 橡胶
97. 空车　　98. 高弹性　　99. 合成橡胶　　100. 特种橡胶
101. 不饱和橡胶　　102. 异戊二烯　　103. 诱导　　104. 网络形成
105. 硫化曲线　　106. 过硫阶段　　107. 长　　108. 加快
109. 工艺正硫化　　110. 硫化反应速度　　111. 促进剂　　112. 游离硫
113. 溶胀　　114. $\frac{m_2-m_1}{m_1}\times 100\%$　　115. 最低　　116. 转折

117. 交联密度　118. 交联密度　119. 取向(或定向排列)
120. 第二转折　121. 交联密度　122. 压缩永久变形
123. $(4T+2S+M+H)/8$　124. 不良　125. 黏流态
126. 熵变　127. 老化　128. 平坦期　129. 硫化
130. 合成橡胶　131. 喷霜　132. 操作　133. 剩余
134. 回弹性　135. 冷流　136. 老化　137. 硫化时间(或时间)
138. 黏弹　139. 黏性　140. 蠕变　141. 应力松弛
142. 滞后　143. 黏弹性　144. 疲劳　145. 硬度
146. 疲劳　147. 使用　148. 最小转矩(或 M_L)
149. 最大转矩(或 M_H)　150. 最大转矩与最小转矩的差值(或 M_H-M_L)
151. $M_L+(M_H-M_L)\times10\%$　152. 液压　153. 一类
154. 无损探伤　155. 射线

二、单项选择题

1. A	2. B	3. A	4. A	5. B	6. A	7. B	8. C	9. A
10. B	11. C	12. D	13. A	14. A	15. B	16. A	17. B	18. C
19. B	20. B	21. C	22. A	23. B	24. C	25. A	26. C	27. C
28. B	29. A	30. D	31. C	32. B	33. D	34. B	35. A	36. D
37. C	38. B	39. A	40. B	41. C	42. D	43. C	44. C	45. C
46. B	47. B	48. A	49. B	50. C	51. B	52. A	53. C	54. B
55. B	56. C	57. D	58. C	59. C	60. B	61. C	62. A	63. C
64. B	65. A	66. B	67. A	68. C	69. D	70. D	71. D	72. A
73. D	74. C	75. B	76. C	77. A	78. B	79. C	80. D	81. A
82. D	83. D	84. A	85. B	86. B	87. C	88. B	89. A	90. D
91. C	92. A	93. B	94. A	95. A	96. B	97. A	98. B	99. D
100. C	101. C	102. B	103. A	104. C	105. A	106. D	107. C	108. B
109. B	110. C	111. C	112. B	113. A	114. A	115. B	116. C	117. A
118. A	119. D	120. C	121. A	122. B	123. C	124. A	125. B	126. D
127. D	128. D	129. C	130. D	131. A	132. A	133. B	134. B	135. D
136. A	137. B	138. C	139. D	140. A	141. B	142. C	143. B	144. A
145. D	146. B	147. C	148. A	149. B	150. A	151. C	152. B	153. A

三、多项选择题

1. ABCD	2. ABD	3. AC	4. AB	5. CD	6. BD	7. AB
8. ABCD	9. BC	10. ABC	11. AB	12. ABCD	13. CD	14. BD
15. ABCD	16. BC	17. AD	18. ABD	19. ABC	20. ACD	21. ABCD
22. ABC	23. CD	24. ABD	25. ABCD	26. ACD	27. BC	28. AC
29. BD	30. ABCD	31. ABCD	32. ABCD	33. CD	34. ABCD	35. BCD
36. BD	37. ABCD	38. BCD	39. ABCD	40. ABCD	41. ABCD	42. ABCD

43. ABCD　44. ABCD　45. ABC　46. BC　47. ABCD　48. ABCD　49. ABCD
50. ABCD　51. ABCD　52. BCD　53. BC　54. ABC　55. BCD　56. BD
57. ABCD　58. BCD　59. ABC　60. CD　61. ABD　62. AC　63. BCD
64. ABC　65. ABCD　66. AB　67. CD　68. BD　69. AC　70. ABCD
71. ACD　72. BCD　73. BCD　74. AD　75. ABC　76. ABCD　77. BCD
78. ABD　79. ABCD　80. ABCD　81. AD　82. ABCD　83. AC　84. AD
85. ABC　86. BCD　87. CD　88. ABCD　89. ABCD　90. ABCD　91. ABCD
92. ABCD

四、判 断 题

1. ×　2. √　3. ×　4. √　5. ×　6. ×　7. ×　8. √　9. √
10. √　11. ×　12. ×　13. ×　14. √　15. √　16. √　17. √　18. ×
19. ×　20. √　21. √　22. ×　23. √　24. ×　25. √　26. √　27. √
28. √　29. ×　30. √　31. √　32. ×　33. ×　34. ×　35. √　36. √
37. √　38. ×　39. ×　40. ×　41. √　42. √　43. ×　44. √　45. √
46. ×　47. ×　48. √　49. √　50. √　51. ×　52. ×　53. ×　54. √
55. ×　56. √　57. ×　58. √　59. √　60. ×　61. √　62. ×　63. √
64. √　65. √　66. ×　67. ×　68. √　69. ×　70. √　71. ×　72. ×
73. √　74. √　75. ×　76. √　77. ×　78. ×　79. √　80. ×　81. ×
82. ×　83. ×　84. √　85. √　86. ×　87. ×　88. ×　89. √　90. ×
91. √　92. √　93. ×　94. √　95. ×　96. ×　97. ×　98. √　99. ×
100. √　101. √　102. ×　103. √　104. √　105. ×　106. √　107. ×　108. ×
109. √　110. ×　111. √　112. ×　113. √　114. ×　115. √　116. √　117. √
118. ×　119. √　120. ×　121. √　122. √　123. ×　124. √　125. √　126. ×
127. ×　128. ×　129. √　130. √　131. √　132. ×　133. ×　134. ×　135. ×
136. √　137. √　138. ×　139. √　140. √　141. ×　142. ×　143. √　144. √
145. √　146. √　147. ×　148. ×　149. √　150. √　151. √　152. ×　153. √
154. √　155. ×　156. ×　157. √　158. √　159. ×　160. √　161. √

五、简 答 题

1. 答:硫化是指将具有塑性的混炼胶经过适当加工而成的半成品(1 分),在一定外部条件下通过化学因素或物理因素的作用(1 分),重新转化为弹性橡胶或硬质橡胶(2 分),从而获得使用性能的工艺过程(1 分)。

2. 答:橡胶的硫化三要素通常指硫化压力(1.5 分)、硫化温度(1.5 分)和硫化时间(2 分)。

3. 答:硫化起步阶段(1.5 分)、欠硫阶段(1 分)、正硫阶段(1 分)和过硫阶段(1.5 分)。

4. 答:①曲线继续上升(1.5 分);②曲线保持平坦(2 分);③曲线转为下降(1.5 分)。

5. 答:①物理—化学法(1.5 分);②物理机械性能法(1.5 分);③专用仪器法(2 分)。

6. 答:①拉伸强度(1 分);②定伸应力(1 分);③硬度(1 分);④压缩永久变形(2 分)。

7. 答:三态:①玻璃态(1 分);②高弹态(1 分);③黏流态(1 分)。

两区:①玻璃化转变区(1分);②黏流转变区(1分)。

8. 答:①形变量大(1分);②形变可恢复(1分);③弹性模量小(1分);④形变有热效应(2分)。

9. 答:胶料硫化起步是指硫化过程中胶料开始变硬(2分),不能进行热塑性流动时的时间(3分)。

10. 答:硫化平坦期指的是过硫化开始前的一段时间(2分),此阶段内橡胶各项物理机械性能保持稳定(3分),此阶段时间为平坦期。

11. 答:在一定的温度下(1分),溶解在橡胶中的配合剂的量超过它们在该温度下的溶解度(2分),达到过饱和,多余的配合剂就会自动地从胶料内部向表面迁移(1分),重新结晶,形成一层白霜的现象(1分)。

12. 答:①降低胶料与骨架的黏着性能,导致橡胶与骨架脱层(1.5分);②降低胶料之间的黏着性能,导致成型工艺性差(1.5分);③降低产品外观质量(1分);④降低成品的使用性能(1分)。

13. 答:橡胶的自补强性是指橡胶结晶或在拉伸过程中取向结晶(2分),晶粒分布于无定形的橡胶中起物理交联点的作用(2分),使本身的强度提高的性质(1分)。

14. 答:①易塑炼,分子量下降快;②易混炼,包热辊,吃料快,分散快;③成型性好,格林强度高,黏着性好;④硫化特性好,硫化速度快;⑤压延、挤出性能好,表面光滑,速度快,收缩小。(每点1分,共5分)

15. 答:橡胶材料在受外力作用时(1分),在一定温度下(1分),当应力不变时(1分),变形随时间延长而逐渐增大的现象为蠕变(2分)。

16. 答:橡胶材料在受外力作用时(1分),在一定温度下(1分),当应变不变时(1分),应力随时间延长而逐渐衰减的现象为应力松弛(2分)。

17. 答:橡胶材料在受外力作用时(1分),在一定的温度和循环(交变)应力作用下(2分),观察形变滞后于应力的现象为滞后(2分)。

18. 答:橡胶材料在周期性应力或应变的作用下(2分),硫化胶的结构和性能的变化叫做疲劳现象(3分)。

19. 答:橡胶的疲劳寿命是指在周期性应力和应变作用下(3分),胶料试验至断裂所经历的时间(2分)。

20. 答:初始黏度、最低黏度、焦烧时间,硫化速度、正硫化时间和活化能等。(每点1分,满分5分)

21. 答:①未硫化生胶的强度较高;②硫化橡胶的强度较高;③作为通用橡胶,其各项性能的平衡性好;④因分子量大而必须进行塑炼,使其软化;⑤产地位于东南亚地区,产量易受当年的气候的影响;⑥非橡胶成分约为10 %,品质不均匀;⑦价格波动大。(每点1分,满分5分)

22. 答:①具备良好的包辊性能;②具有合适的门尼黏度;③无焦烧倾向;④适当的收缩性;⑤规格、尺寸符合成品要求。(每点1分,共5分)

23. 答:①手工操作法;②挤出成型法;③压延贴合法;④切条机法;⑤精密预成型法;⑥机械冲切法。(每点1分,满分5分)

24. 答:①操作简单、生产效率高(1分);②起到进一步混炼的作用,胶料致密、均匀,气泡少,尺寸稳定(2分);③变换口型可挤出各种断面形状及尺寸的半成品(1分);④成型后的半成品外观光亮,物理性能优越(1分)。

25. 答:①经常擦洗模具;②操作时小心谨慎,避免启模工具划伤型腔表面;③清理模具使用细砂纸,注意型腔的清角和配合面;④使用完毕后及时清洗、擦干、上油;⑤禁止存放在潮湿地方。(每点1分,共5分)

26. 答:①液压系统的维护保养(1分);②热板的维护保养(1.5分);③加热系统的维护保养(1.5分);④立柱的定期润滑(1分)。

27. 答:橡胶在成型操作中,胶料不会完全充满模具型腔,必定有一部分气体滞留在模具型腔中(1.5分);胶料在高温下硫化时,也会产生一部分气体(比如硫化氢、软化的蒸汽)(1.5分);这些气体必须要排出,否则容易造成制品表面缺胶、气泡以及凹坑等质量问题(2分)。

28. 答:①飞边都需要修除,增加了生产成本(1分);②飞边的生成使胶料消耗量增大,浪费资源、污染环境(1分);③飞边的生成改变了制品的封模尺寸,会影响到制品的部分性能(1.5分);④飞边的修除,尤其是手工修除,严重影响了制品的表观质量(1.5分)。

29. 答:①胶坯体积精度可达±1.5%,有的可达±0.5%;②自动化程度高,操作方便;③适用性广,可制造无接头的环形断面胶坯和立体形状的复杂胶坯;④将胶料挤出成胚,没有回炼胶;⑤柱塞式挤出,生热低,减少了焦烧现象;⑥挤出装置可作为柱塞式挤出机用,也可用于滤胶。(每点1分,满分5分)

30. 答:①采用开炼机出片、切条制胚(2分);②采用胶坯切圈机制胚(1.5分);③采用精密预成型机制取胶坯(1.5分)。

31. 答:①料筒直径;②公称吨位;③最大装胶量。(每点1.5分,答对3点得5分)

32. 答:①准备胶坯简单、胶坯尺寸无需特别准确;②制品致密度高、质量好;③成品尺寸精确;④成品飞边少,外观好;⑤硫化周期短、效率高。(每点1分,共5分)

33. 答:压注机的主要性能参数:①热板尺寸;②主油缸公称总压力;③传递压注油缸公称总压力;④热板表面温度。(每点1分,答对4点得5分)

34. 答:在橡胶中加入一种物质后(1分),使硫化胶的耐磨性、抗撕裂强度、拉伸强度、模量、抗溶胀性等性能获得较大提高的行为(4分),称为橡胶的补强。

35. 答:在橡胶中加入一种物质后,能够提高橡胶的体积(1分),降低橡胶制品的成本(1分),改善加工工艺性能(1分),而又不明显影响橡胶制品性能的行为(2分),称为橡胶的填充。

36. 答:①炭黑的粒径(或比表面积);②结构性;③表面活性,通常称为补强三要素。(每点1.5分,答对3点得5分)

37. 答:①溶胶层(内层):能溶乙醚、苯,由聚合度小、球状橡胶烃分子聚集而成;②凝胶层(中间层):不溶乙醚,由聚合度大、支链、网状橡胶烃分子聚集而成;③保护层(外层):保持胶粒稳定,由蛋白质和类脂物构成。(每点2分,满分5分)

38. 答:因为天然橡胶在高温条件下硫化,硫化平坦期十分短促(2分),硫化返原现象十分显著(3分),所以天然橡胶不宜采用高温快速硫化。

39. 答:橡胶在加工、存放和使用过程中(1分),由于受到氧、热、光及机械引力等各种因素的作用(2分),物理机械性能随时间而下降的现象叫老化(2分)。

40. 答:防老剂是一类可以抑制氧、热、光及机械引力等各种因素对橡胶产生破坏的物质。(每点1.5分,答对3点得5分)

41. 答:在多次变形条件下(1分),橡胶分子结构发生变形(1分),与此同时伴随氧化反应

(1.5 分),结果使橡胶的物性和其他性质变差(1.5 分),这种现象称为橡胶的疲劳老化。

42. 答:①配料;②胶料混炼;③半成品制造;④硫化;⑤修边;⑥成品质量检查。(每点 1 分,满分 5 分)

43. 答:胶料→剪切称量→装入模具型腔→加压、硫化→启模取件→修除飞边→成品质量检查。(每点 1 分,满分 5 分)

44. 答:胶料预热塑化→注射入模→硫化→启模取件→修除飞边→成品质量检查。(每点 1 分,全对得 5 分)

45. 答:未硫化胶料在高温、压力下为黏稠流体(1 分),而到了模压硫化阶段,胶料迅速充满模腔,为了防止缺胶,填充在模腔中的胶料,需要保持一定的过量(2 分),多余的部分溢出硫化,便形成了溢胶(2 分),也称废边、飞边。

46. 答:①手工修除法;②机械修除法;③冷冻修除法;④电热切除法;⑤模具修除法(无飞边模具)。(每点 1 分,共 5 分)

47. 答:①效率低、质量难保证;②特别对构型复杂、精度要求高的产品难以做到彻底、干净;③往往留下齿痕、缺口,从而留下漏油、漏气等影响密封的后遗问题;④很容易损及产品本体与溢边的连接部;⑤对工人的熟练程度依赖性强。(每点 1 分,共 5 分)

48. 答:①制品厚度不均;②外形超差;③与图纸要求的尺寸超差。(每点 2 分,满分 5 分)

49. 答:先将模具打开(1 分),将定量胶料或预成型半成品直接填入模具型腔之中(1 分),然后合模(1 分),经过平板硫化机或立式硫化罐进行加压、加热硫化等工艺流程而得到的橡胶制品零件的模具(2 分)。

50. 答:①开放式模具(或溢料式模具);②封闭式模具(或不溢式模具);③组合式压铸模具;④整体式压铸模具;⑤半封闭式模具(或半溢式模具)。(每点 1 分,共 5 分)

51. 答:橡胶制品的使用寿命是从开始使用到丧失使用功能所经历的时间(5 分)。

52. 答:正硫化又称最宜硫化,意指橡胶制品的主要性能达到或接近最佳值的硫化状态(5 分)。

53. 答:橡胶在生产加工过程中(1 分),经受各种温度下不同热作用的历史,使胶料的焦烧时间缩短(1 分),在加工工序或胶料停放过程中(1 分),可能出现早期胶料塑性下降、弹性增加、无法进行加工的现象,称为焦烧(2 分)。

54. 答:在橡胶硫化中,凡能加快橡胶与硫化剂的交联速度(2 分),使硫化时间缩短的物质(3 分),都叫硫化促进剂。

55. 答:防焦剂是一种可以延长焦烧时间防止胶料早期硫化(2 分),但对硫化速度没有明显影响的化学物质(3 分)。

56. 答:涂隔离剂是为了防止胶片之间发生粘连。(5 分)

57. 答:橡胶注射机注射装置的作用是将胶料热炼和塑化(2 分),使其达到注射所要求的黏流状态(1 分),通过喷嘴将胶料以足够的压力和速度注入模腔内(2 分)。

58. 答:橡胶注射机的加热冷却装置的作用是保证塑化室和注射模腔内的胶料达到注射和硫化工艺所需的温度(5 分)。

59. 答:用硅油涂模具的目的是有利于脱模(5 分)。

60. 答:橡胶注射机合模装置的作用是保证注射模在注射硫化过程中可靠地启闭和取出制品(5 分)。

61. 答:1 表示注射开始;2 表示充满模腔;3 表示喷嘴后退;4 表示封住浇口;5 表示打开模具。(每点 1 分,满分 5 分)

62. 答:①设备、模具平行度不够;②硫化设备的锁模力不足;③模具加工不良、研配不合适。(每点 2 分,满分 5 分)

63. 答:硫黄在橡胶中的溶解度随温度的升高而增大(1.5 分),如果硫黄在较高温度下加入胶料,硫黄容易在局部胶料中形成过饱和状态(1.5 分),当胶料冷却时过量的硫黄会析出胶料表面形成结晶(2 分),这种现象称为喷硫。

64. 答:①胶料产生喷硫后破坏了硫黄在胶料中分散的均匀性;②致使胶料表面的黏着性下降;③给工艺加工带来了困难。(每点 2 分,满分 5 分)

65. 答:用硫黄给予体硫化,在橡胶中形成较稳定的双硫键或单硫键(3 分),因此硫化橡胶的耐热性好(2 分)。

66. 答:①橡胶与模具表面之间的空气无法逸出;②压力不足;③胶料流动性太差;④模温过高;⑤胶料的焦烧时间太短;⑥填胶量不足。(每点 1 分,共 5 分)

67. 答:①加开逃气槽或改进模具;②增加放气次数;③提高压力;④提高胶料的可塑性;⑤调整配方,减慢硫化速度。(每点 1 分,共 5 分)

68. 答:①欠硫或硫化压力不足;②挥发份或水分过多;③模具内积水不干或胶料沾水、沾污;④压出或压延中加入空气;⑤硫化温度太高。(每点 1 分,共 5 分)

69. 答:①提高压力;②调整配方;③胚胶预热干燥及加强管理;④改进压延、压出工艺;⑤增加合模后的放气次数。(每点 1 分,共 5 分)

70. 答:①玻璃态:温度低,链段的运动处于冻结,只有侧基、链节、链长、键角等局部运动,形变小(1.5 分);②高弹态:链段运动充分发展,形变大,可恢复(1.5 分);③黏流态:链段运动剧烈,导致分子链发生相对位移,形变不可逆(2 分)。

六、综 合 题

1. 答:①本工种的工作人员需经压力容器操作安全培训合格,方能独立操作;②生产工人在生产前,必须对硫化罐进行细致检查,并清除其障碍物;③硫化罐有漏气,压力表和安全阀失灵以及其他不正常情况时严禁继续工作;④放气时蒸汽压力未降到零位,严禁打开罐盖,罐盖合缝时要把螺母均匀拧紧,不可有漏气现象;⑤在工作中如发现管路、阀门、仪表及罐体有强烈漏气时,应立即关阀门,并打开排气阀门,及时抢修;⑥要经常检查安全阀、压力表,并将之控制在使用范围之内,操作人员不准变动安全阀,压力表、安全阀应定期校验;⑦硫化时,操作工人应在硫化罐侧面巡视,禁止立在罐盖前面及罐盖合缝处,防止蒸汽冲出伤人,工作时不允许离人;⑧装、出罐时要和行车工密切配合,要遵守挂钩工安全操作规程。(每点 2 分,满分 10 分)

2. 答:①干油自动润滑系统各润滑点;②蜗轮减速机;③墙板主、副导轨面;④中心机构水缸外套;⑤脱模机构各铰纸轴承;⑥硫化室调模机构及齿轮导杆;⑦机械手各运动副;⑧卸胎机构各运动副;⑨存胎器导轨。(每点 2 分,满分 10 分)

3. 答:①保证制品有正确的轮廓和尺寸;②模具型腔要有一定的光洁度;③模具整体结构应合理;④尽可能提高模具的使用寿命;⑤保证有足够强度的前提下,减轻重量;⑥保证产品质量的前提下,使模具易于加工;⑦有适当的流胶槽、排气槽;⑧模具工作面设计合理,适宜于硫化机。(每点 2 分,满分 10 分)

4. 答:①Q 表示其他机械;②L 表示硫化机;③B 表示平板硫化机;④D 表示电加热;⑤第一个数字 600 表示热板宽度为 600 mm;⑥第二个数字表示热板长度为 600 mm,⑦第三个数字 2 表示热板为 2 层。(每点 1.5 分,满分 10 分)

5. 答:化学组成:以橡胶烃(聚异戊二烯)为主(1 分),含少量蛋白质、水分、树脂酸、糖类和无机盐等(2 分)。

性能优点:①弹性大,定伸强度高;②抗撕裂性和电绝缘性优良;③耐磨性和耐寒性良好;④加工性佳,易于其他材料黏合,在综合性能方面优于多数合成橡胶。(每点 1 分,共 4 分)

性能缺点:①耐氧和耐臭氧性差,容易老化变质;②耐油和耐溶剂性不好,抵抗酸碱的腐蚀能力低;③耐热性不高。(每点 1 分,共 3 分)

6. 答:不同点:胶凝过程分散相和分散介质总是不分离,即胶凝的体积与原胶乳的体积大小一样(4 分);而凝固过程分散相和分散介质总是分离,凝块的体积总小于胶乳原来的体积(4 分)。

相同点:都是去稳定剂作用的结果(2 分)。

7. 答:M_L:最小转矩 M_L 反映胶料在一定温度下的可塑性(1 分);

M_H:最大转矩 M_H 反映硫化胶的模量(1 分);

(M_H-M_L):最大转矩与最小转矩的差值 (M_H-M_L) 可以反映硫化胶的相对交联密度(1 分);

t_{10}:转矩达到 $M_L+(M_H-M_L)\times10\%$ 时所需时间 t_{10} 为焦烧时间(2 分);

t_{90}:转矩达到 $M_L+(M_H-M_L)\times90\%$ 时所需时间 t_{90} 为工艺正硫化时间(2 分);

t_H:转矩达到其最大转矩 M_H 时所需时间 t_H 为理论正硫化时间(1 分);

$(t_{90}-t_{10})$:可以反映硫化反应速率,其值越小,硫化速度越快(2 分)。

8. 答:移模注压模具的优点是:①供料简单;②无需排气操作;③适用于金属嵌件制品、厚壁制品和芯模的成型;④尺寸精度比模压硫化成型的高;⑤不必担心坯料的表面活性度,可防止熔合不良,但要注意胶料的流动性和注胶口的大小。(每点 1 分,共 5 分)

移模注压模具的缺点是:①胶料利用率较低,料槽内残留的供料较多;②脱模时间较长,需用开模夹具;③模具变厚变重,被限定用于移模成型机;④模具不能多模腔;⑤合模操作有窍门,要注意压力计指针的移动状况,连续加压时飞边会从整个合模面上露出,若加压不足就会引起缺胶和熔合不良等现象;⑥不能成型高硬度胶料,但根据橡胶方不同,有的也可以成型;⑦注胶条件不能一次确定;⑧模具费用较高。(每点 1 分,满分 5 分)

9. 答:混炼胶产生喷霜的原因:①配合剂与橡胶的相容性差;②配合剂用量过多;③加工温度过高,时间过长;④停放时降温过快,温度过低;⑤配合剂分散不均匀。(每点 1 分,共 5 分)

硫化胶产生喷霜的原因:①与橡胶相容性差的防老剂或促进剂用量多了(2 分);②胶料硫化不熟,欠硫(2 分);③使用温度过高,储存温度过低(1 分)。

10. 答:①橡胶的臭氧老化是一种表面反应(2 分);②未受拉伸的橡胶暴露在臭氧环境中时,橡胶与臭氧反应直到表面上双键完全反应掉以后终止,在表面上形成一层类似喷霜状的灰白色的硬脆膜(4 分);③橡胶在产生臭氧龟裂时,裂纹的方向与受力的方向垂直(4 分)。

11. 答:①焦烧时间长,硫化速度快,硫化曲线平坦,硫化胶综合性能好;②宜与炉法炭黑配合,有充分的安全性,利于压出、压延及模压胶料的充分流动性;③适用于合成橡胶的高温快速硫化和厚制品的硫化;④与酸性促进剂(TT)并用,形成活化的次磺酰胺硫化体系,可以减少促进剂的用量;⑤次磺酰胺类促进剂诱导期的长短与和胺基相连基团的大小、数量有关。(每点2分,共10分)

12. 答:①属超速级酸性促进剂,硫化速度快,焦烧时间短,应用时应特别注意焦烧倾向;②一般不单独使用,而与噻唑类、次磺酰胺类并用;③秋兰姆类促进剂中的硫原子数大于或等于2时,可以作硫化剂使用,用于无硫硫化时制作耐热胶种;④硫化胶的耐热氧老化性能好。(每点2.5分,共10分)

13. 答:①通过高温预热使胶料软化,降低门尼黏度,增加流动性,使填胶、注胶过程顺利进行,并有利于充满模具型腔的各部位,避免缺胶、流痕等缺陷;②预热后的胶料温度较高,可以与骨架以更接近的速度达到硫化温度,便于黏合剂中的硫化剂与橡胶中的硫化剂硫化速率的匹配,有利于橡胶与骨架的黏合;③对胶料高温预热后,可以将胶坯内部的气泡以及其他挥发分彻底释放,减少了橡胶厚制品产生气泡的几率;④对胶料高温预热后,可以降低内、外部胶料的温度梯度,减少厚制品硫化过程中内部胶料受热膨胀引起的"烧边"等缺陷;⑤减少厚制品硫化时的滞后时间,缩短硫化时间,提高生产效率。(每点2分,共10分)

14. 答:Si-69抗返原作用的机理是硫化过程中硫黄促进剂生成的交联键发生断裂、重排、异构化过程中,Si-69能够生成活性硫(2分),具有较高的硫化活性能够参与交联反应,生成耐热性较高的单硫键和双硫键(4分),补偿了硫黄—促进剂交联键的断裂造成的性能下降(4分)。

15. 答:①模具结构设计不合理、加工制造精度低、加工工艺不合理;②骨架的封模尺寸超出模具的封模尺寸,使得模具合模不到位;③模具的相关模板变形;④模具的分型面粘附有异物;⑤硫化设备的锁模力小,或设备掉压;⑥模具内装胶量过大。上述情形都会造成制品飞边增厚。(每点2分,满分10分)

16. 答:①设计制品结构时,需要考虑制品的生产工艺;②骨架制作时,严格控制封模尺寸和定位尺寸;③模具设计时,纯橡胶件要设计成无飞边结构,带骨架的制品要保证结构的合理性和封模尺寸的正确性;在主分型面上模具的承压面积一般要小于其投影面积,多腔模具的布局设计要合理;④对于硫化设备要处于完好状态,上下热板不得出现变形、压力表和温度表要定期校验、对设备的动作定位机构要做好检测和保养、对注射量要进行校核;⑤操作时要保养好模具,分型面不得有异物、变形、磕碰和生锈等情况,严格控制装胶量。(每点2分,满分10分)

17. 答:①橡胶混合物中氧化锌和硫黄的反应生成纳米硫化锌晶体(2分);②纳米尺寸的硫化锌晶体扩散到赤铁矿型(Fe_2O_3)铁制模具的氧化表面,形成ZnSFe晶格,它可以在硫化锌晶体生长中起接枝点的作用(4分);③在同一硫化过程中,或者在后续的硫化过程中,经过大量的纳米尺寸的硫化锌晶体的沉积,这种晶体进一步生长,形成微米级尺寸的硫化锌晶体(4分)。

18. 答:①由于胶料在模具内硫化,导致焦烧在逐步发展;②模具内的压力随着硫化起步而提高;③硫化时,硫化剂分解产生的气体、水分和挥发分成为产生空隙和气泡的原因;④模具内的主流道、分流道和注胶口等流道直径变化处产生了压力损失;⑤胶料的流动性对温度的相关性较小。(每点2分,满分10分)

19. 答:①基于橡胶基质的黏弹性、流体力学互相作用、在填充剂界面附近对橡胶分子运动的约束等，以及伴随着微粒子填充剂分散的内部黏性增加；②对于网状链形态变化来说，除去负荷后该网状链变化，不能完全恢复的应力松弛；③伸长结晶、弱键破坏、填充剂界面的分子链滑动等高次结构变化等；④分散于橡胶基质中的粒子，作为空间阻止效应，对变更硫化胶龟裂增长方向或停止龟裂增长发挥了作用，抑制了整体硫化胶因不稳定龟裂的增长而引起破坏。（每点 2.5 分，满分 10 分）

20. 答：①指室温下为黏稠状可流动的液体，经适当的化学反应后可形成三维网状结构，成为具有与普通橡胶类似性能的材料（3 分）。

②优点：易于实现机械化、自动化、连续化生产，不需用溶剂、水等分散介质便可实现液体状态下的加工（4 分）。

③缺点：扩链后的强度及耐挠曲性不如固体橡胶，加工需另建系统，现有设备不适用，材料成本高（3 分）。

21. 答：橡胶大分子能在炭黑表面上滑动，从而消除掉外来的一部分能量。炭黑粒子表面的活性不同，有少数强的活性点以及一系列能量不同的吸附点。吸附在炭黑表面上的橡胶链可以有各种不同的结合能量，有多数弱的范德华力的吸附以及少量强的化学吸附。吸附的橡胶链段在应力作用下会滑动伸长，发生形变，使外力对其做功，能量分散、消耗，而橡胶高分子长链不会发生断裂，相当于强度增加（10 分）。

22. 答：①链终止型防老剂：其作用主要是与链增长自由基 R—或 RO_2—反应，以终止链增长过程来减缓氧化反应（4 分）。

②氢化过氧化物分解型防老剂：其机理是破坏氢化过氧化物，使它们不生成活性游离基，延缓自动催化的引发过程，一般不单独使用，而是与酚类等抗氧剂并用，称为辅助防老剂（4 分）。

③金属离子钝化剂：主要是酰胺类、醛胺缩合物等，他们能与酚类和胺类防老剂有效地并用，主要是铜抑制剂和铁抑制剂，可有效降低金属离子的浓度（3 分）。

23. 答：①再生胶的定义：由废旧橡胶制品和硫化胶的边角废料经粉碎、脱硫等加工处理制得的具有塑性和黏性的材料（3 分）。

②实质：橡胶的再生是废胶在增塑剂（软化剂和活化剂）、氧、热和机械剪切的综合作用下，部分分子链和交联点发生断裂的过程（4 分）。

③应用：在轮胎工业中，再生胶主要用于制造垫带，另外也可用于外胎中的钢丝胶、三角胶条以及小型轮胎、力车胎中等；在工业用橡胶制品中也有应用，如胶管、胶板等橡胶制品中（3 分）。

24. 答：焦烧现象产生的原因：①促进剂选用不当（内因）；②加工温度过高；③冷却不充分；④加工时间过长；⑤配合剂分散不均匀。（每点 1 分，共 5 分）

预防焦烧现象的措施有：①使用迟效性促进剂，如次磺酰胺类促进剂；②控制加工温度不要过高；冷却充分才折叠停放；③在保证配合剂分散的情况下，尽可能缩短加工时间；④使用防焦剂如 CTP 。（每点 1 分，全对得 5 分）

25. 答：HVA-2 在硫化过程中可以参与交联生成耐热性能较好的 C—C 键（4 分），使得 NR 体系中的交联键数目在一定程度上得以增多，从而不仅弥补了 NR 由于返原而造成的交联密度的下降，使硫化曲线扭矩在长时间的硫化过程中保持平坦（4 分），而且当 HVA-2 用量增多时，硫化曲线甚至有上升趋势，这也是 HVA-2 能得以在长时间硫化过程中保持 NR 硫化胶性能的关键所在(2 分)。

26. 答:①因为 IR、NR 的化学结构主要是顺-1,4-聚异戊二烯,链稀烃发生 α-H 反应,α-H 易于脱掉形成烯丙基自由基,分子链裂解,形成小的分子链,故热氧老化后变软(5 分)。

②BR、SBR、NBR 结构中都含有丁二烯,在进行氧化后发生分子间的交联,所以热氧老化后变硬(5 分)。

27. 答:①对于混炼,粒径小,吃料慢,难分散,生热高,黏度高;结构高,吃料慢,易分散,生热高,黏度高;活性高,生热高,黏度高,对吃料、分散影响不显著(6 分)。

②对于压延工艺:炭黑粒径小、结构度高、用量大,压延挤出半成品表面光滑,收缩率低,压出速度快(2 分)。

③对于焦烧性:炭黑表面含氧基团多,pH 值低,硫化速度慢;炭黑粒径小,结构高,易焦烧,硫化速度快(2 分)。

28. 答:①结合橡胶,也称为炭黑凝胶,是指炭黑混炼胶中不能被它的良溶剂溶解的那部分橡胶(3 分)。

②形成途径有两个:一是化学吸附,二是物理吸附。(每点 1 分,共 2 分)

③影响结合橡胶的因素:炭黑的比表面积、混炼薄通次数、温度、橡胶性质、陈化时间。(每点 1 分,共 5 分)

29. 答:①缺胶:装胶量不足、平板上升太快、模具排气不佳、模温过高;②胶边过厚:装胶量过大、平板压力不足、模具没有余胶槽;③气泡:胶料含水率或挥发组份含量高、窝气、模具无排气线或排气线堵塞;④出模制品撕裂:隔离剂过多或过少、起模太快,受力不均匀、胶料黏合性差、模具棱角倒角不合理;⑤表面粗糙:模具表面粗糙、模具结垢、混炼胶焦烧时间过短;⑥表面明疤:胶料流动性差、胶料焦烧、胶片厚度不均匀、模具瞬间掉压、平板上升过快,排气不畅、压力不足。(每点 2 分,满分 10 分,其他合理答案也得分)

30. 答:①简化工序,能实现橡胶制品的高温快速硫化,缩短生产周期;②制品尺寸准确,物理机械性能均匀,质量较高,对厚壁制品的成型硫化尤为适宜;③正品率高,制品毛边少;④操作简便、劳动强度减轻,机械化和自动化程度高;⑤注射机及其模具结构较为复杂、投资大、维修保养水平要求较高。(每点 2 分,10 分)

31. 答:①传统硫化体系,硫黄比例较高,配合得到的硫化胶网络中多硫键的含量占 70% 以上,网络具有较高的主链改性(3 分)。

②有效硫化体系采取的配合方式有两种:低硫高促配合和无硫配合(即硫载体配合)。有效硫化体系采取低硫高促配合时,需提高促进剂用量(3~5 份),降低硫黄用量(0.3~0.5 份)(4 分)。

③半有效硫化体系是一种促进剂和硫黄的用量介于以上两种之间,所得硫化胶即具有适量的多硫键,又有适量的单、双硫交联键,使其具有较好的动态性能,又有中等的耐热氧老化性能的硫化体系(3 分)。

32. 答:总的目的是优质高产,物美价廉。

①使产品性能满足使用的要求或给定的指标;②在保证满足使用性能或给定的指标的情况下,尽量节约原材料和降低成本;③在不提高产品成本的情况下提高产品的质量;④要使胶料适合于混炼、压延、挤出、硫化等工艺操作以及有利于提高设备的利用率;⑤要考虑产品各部位不同胶料的整体配合,使各部件胶料在硫化速度和硫化胶性能上达到协调;⑥在保证质量的

前提下，应尽可能地简化配方。（每点 1.5 分，满分 10 分）

33. 答：机械破坏理论（2 分）：橡胶的疲劳老化是所施加到橡胶上的机械应力使其结构及性能产生变化，以至最后丧失使用价值，在该过程中的化学反应只是影响疲劳过程的一个因素（3 分）。

力化学理论（2 分）：橡胶的老化过程是在氧的作用下的一个化学反应过程，主要是在力作用下的活化氧化过程（3 分）。

34. 答：硫化罐的润滑规则如表 1 所示（每点 1 分，满分 10 分）：

表 1

润滑部位	加油量	换油周期
罐盖启闭螺杆	适量	每班 1 次
罐盖启闭减速器	规定油位	半年
牵引减速器	规定油位	半年
热空气循环风扇支撑轴承	适量	每三个月一次

35. 答：日检要求：①检查各部位润滑是否正常；②检查传动装置工作是否正常；③检查硫化压力和温度是否正常；④检查链条链轮系统和钢丝绳的工作情况。（每点 1.5 分，满分 5 分）

周检要求：①每周校验安全阀一次，应符合标准；②检查汽水分离疏水阀启闭是否灵活；③检查热风循环装置工作是否正常；④包括日检要求的内容。（每点 1.5 分，满分 5 分）

橡胶硫化工(中级工)习题

一、填 空 题

1. 模压硫化模具中，在连接制品主体的薄胶边外侧制作的厚壁部分，利用厚薄强度差除去胶边，这种结构被称作(　　)。

2. 为在硫化过程中能使多余的混炼胶泄漏出来而设在模具中的槽，被称作(　　)。

3. 由于(　　)的缘故，合模面上早期硫化的薄层橡胶，封住了模腔内部的胶料，模内压力从胶料起硫时就开始上升，在硫化饱和时达到平衡。

4. 对橡胶制品修边的要求是(　　)、外观整齐。

5. 橡胶制品飞边的修除方法中，效率最高的是(　　)修边法。

6. 将硫化好的成品连同飞边，在冷冻条件下进行除边的方法，称为(　　)修边。

7. 某一橡胶模型制品平板硫化机的铭牌为 QLB-D 600×600×2，代表电加热的参数是(　　)。

8. 某一橡胶模型制品平板硫化机的铭牌为 QLB-Q 600×600×2，第二个 Q 参数代表(　　)。

9. 某一橡胶模型制品平板硫化机的铭牌为 QLB-Q 500×600×2，由此可知该设备热板的层数为(　　)层。

10. 某一橡胶模型制品平板硫化机的铭牌为 QLB-Q 500×600×2，由此可知该设备热板宽度为(　　)。

11. 某一橡胶模型制品平板硫化机的铭牌为 QLB-Q 500×600×2，由此可知该设备热板的长度为(　　)。

12. 在整个注射和硫化过程中，模腔中胶料的压力是不断变化的，注射和硫化过程中模内压力的变化如图 1 所示，图中数字 2 表示(　　)。

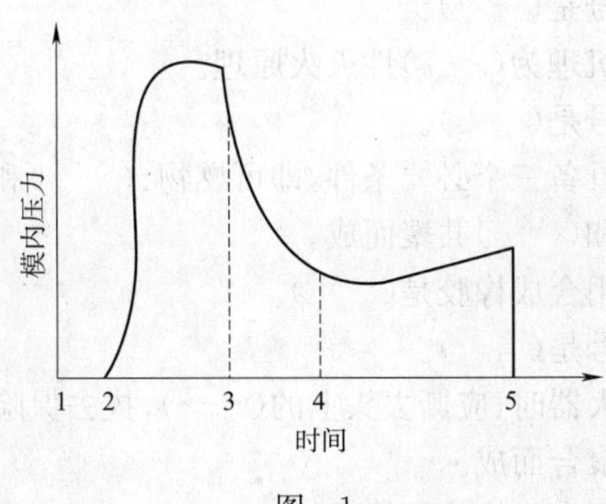

图　1

13. 在整个注射和硫化过程中，模腔中胶料的压力是不断变化的，注射和硫化过程中模内压力的变化如图 2 所示，图中数字 3 表示(　　)。

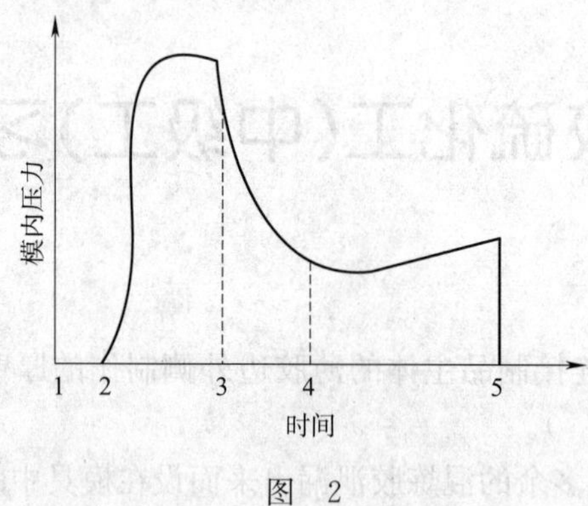

图 2

14. 在整个注射和硫化过程中，模腔中胶料的压力是不断变化的，注射和硫化过程中模内压力的变化如图 3 所示，图中数字 4 表示(　　)。

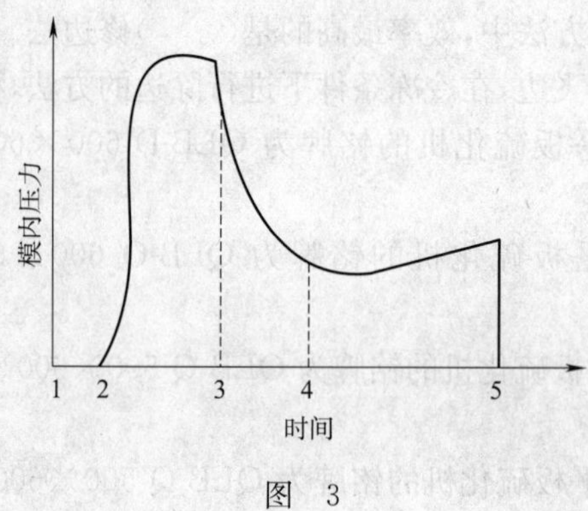

图 3

15. 胶料由于加热而被硫化，因而封住浇口，随着模腔内胶料被进一步加热，开始出现(　　)现象，模腔内胶料压力再度开始升高，直至模具打开为止。

16. 异戊橡胶是由(　　)单体聚合而成的一种顺式结构橡胶。

17. 异戊橡胶的单体聚合方式呈(　　)结构。

18. 异戊橡胶的字母代号是(　　)。

19. 水基灭火器的灭火机理为(　　)性灭火原理。

20. 丁苯橡胶的字母代号是(　　)。

21. 物质燃烧必须同时具备三个必要条件，即可燃物、(　　)和着火源。

22. 丁苯橡胶由丁二烯和(　　)共聚而成。

23. 目前产量最大的通用合成橡胶是(　　)。

24. 顺丁橡胶的字母代号是(　　)。

25. 使用手提式干粉灭火器时，应撕去头上的(　　)，拔去保险销。

26. 顺丁橡胶由(　　)聚合而成。

27. 目前弹性最好的通用合成橡胶是(　　)。

28. 氯丁橡胶的字母代号是(　　)。

29. 金属钾、钠、镁、铝和金属氢化物等物质发生火灾时，禁止使用(　　)扑救。

30. 氯丁橡胶是由(　　)做单体聚合而成的聚合体。

31. 氯丁橡胶是由单体通过(　　)聚合方式制得的聚合体。

32. 丁腈橡胶的字母代号是(　　)。

33. 国家为防止生产中的伤亡事故，保障劳动者安全而制定的各种法律规范称为(　　)规程。

34. 丁腈橡胶由丁二烯和(　　)共聚而成。

35. 目前耐油性能最好的通用合成橡胶是(　　)。

36. 丁基橡胶的字母代号是(　　)。

37. 将电气设备在正常情况下不带电的金属部分与电网的零线相连接，称为保护(　　)。

38. 丁基橡胶由丁二烯和(　　)共聚而成。

39. 目前阻尼性能和气密性能最好的通用合成橡胶是(　　)。

40. 三元乙丙橡胶的字母代号是(　　)。

41. 凡移动式照明设施，必须采用(　　)电压。

42. 二元乙丙橡胶由乙烯和(　　)共聚而成。

43. 抗臭氧、耐紫外线、耐天候性和耐老化性优异，居通用橡胶之首的橡胶是(　　)。

44. 在橡胶中加入补强剂后，使硫化胶的耐磨性、抗撕裂强度、(　　)、模量、抗溶胀性等性能获得较大提高。

45. 在橡胶中加入一种物质后，能够提高橡胶的体积，降低橡胶制品的成本，改善加工工艺性能，而又不明显影响橡胶制品性能，凡具有这种能力的物质称之为(　　)。

46. 填料的品种繁多，按作用分，炭黑、白炭黑及某些超细无机填料等属于(　　)。

47. 填料的品种繁多，按作用分，陶土、碳酸钙、胶粉、木粉等属于(　　)。

48. 由许多烃类物质经不完全燃烧或裂解生成的物质是(　　)。

49. 粒径在(　　)nm 以下，补强性高的炭黑，属于硬质炭黑。

50. 粒径在 40 nm 以上，补强性低的炭黑，属于(　　)炭黑。

51. 炭黑按 ASTM 标准分类由四个字组成，第(　　)个符号代表硫化速度。

52. 炭黑按 ASTM 标准分类由四个字组成，正常硫化速率用符号(　　)表示。

53. 炭黑按 ASTM 标准分类由四个字组成，第一个符号 S 表示(　　)。

54. 炭黑按 ASTM 标准分类由四个字组成，第(　　)位数表示炭黑的平均粒径范围。

55. 炭黑的粒径、(　　)和表面活性，一般认为是炭黑的三大基本性质，通常称为补强三要素。

56. 橡胶硫化模具由两块以上模板组成时，模板之间需要互相(　　)。

57. 炭黑的(　　)是指单颗炭黑或聚集体中粒子的粒径大小，单位常为 nm。

58. 炭黑工业常用的平均粒径有(　　)平均粒径和表面平均粒径两种。

59. 炭黑的微晶结构属于(　　)晶类型，晶格中碳原子有很小的对称结构。

60. 炭黑(　　)化之后，粒子直径和结构形态无大变化，只是微晶的尺寸变大，化学活性下降，与橡胶的结合能力下降，补强能力下降。

61. 炭黑的(　　)是指炭黑链枝结构的发达程度。

62. 炭黑的(　　)就是聚集体，它是炭黑的最小结构单元。

63. 炭黑的(　　)又称为附聚体、凝聚体或次生结构，它是炭黑聚集体间以范德华力相互聚集形成的空间网状结构。

64. 工业上广泛采用的是吸油值法，即用(　　)的吸收值来表征炭黑的结构。

65. DBP 吸油值法是以单位质量炭黑吸收邻苯二甲酸二丁酯的(　　)表示。

66. 结合橡胶也称为(　　)，是指炭黑混炼胶中不能被它的良溶剂溶解的那部分橡胶。

67. 实质上，(　　)是填料表面上吸附的橡胶，也就是填料与橡胶间的界面层中的橡胶。

68. 通常采用(　　)来衡量炭黑和橡胶之间相互作用力的大小，结合橡胶多则补强性高，所以结合橡胶是衡量炭黑补强能力的标尺。

69. 吸附在炭黑表面上的橡胶分子链与炭黑的表面基团结合，或者橡胶在加工过程中经过混炼和硫化产生大量橡胶自由基或离子与炭黑结合，发生化学吸附，这是生成(　　)的主要原因。

70. 结合橡胶几乎与炭黑的(　　)成正比增加。

71. 包容橡胶又称(　　)，是在炭黑聚集体链枝状结构中屏蔽的那部分橡胶。

72. 炭黑粒径越小，焦烧越快，这是因为粒径越小，比表面积越大，(　　)越多，自由胶中硫化剂浓度较大的原因。

73. 炭黑的(　　)对硫化胶的拉伸强度、撕裂强度、耐磨性都有决定性作用。

74. 炭黑的(　　)对定伸应力和硬度均有较大的影响。

75. 炭黑填充胶会使胶料电阻率下降，其炭黑胶料的电性能受炭黑(　　)影响最明显，其次受炭黑的比表面积、炭黑表面粗糙度、表面含氧基团浓度的影响。

76. 白炭黑的制备多采用两种方法，即煅烧法和(　　)法。

77. 煅烧法制备的白炭黑又称为(　　)法白炭黑或干法白炭黑，它是以多卤化硅($SiCl_x$)为原料在高温下热分解，进行气相反应制得。

78. 采用硅酸盐与无机酸中和沉淀反应的方法制取的水合二氧化硅属于(　　)法白炭黑。

79. 白炭黑的 95%～99%的成分是(　　)，经 X 射线衍射证实，因白炭黑的制法不同，其结构有不同差别。

80. 白炭黑系列中，(　　)法白炭黑内部结构几乎完全是排列紧密的硅酸三维网状结构，这种结构使粒子吸湿性小。

81. 白炭黑的基本粒子呈球形，在生产过程中，这些基本粒子在高温状态下相互碰撞而形成了以化学键相连结的链枝状结构，这种结构称之为(　　)。

82. 白炭黑的基本聚集体结构彼此以氢键吸附又形成了(　　)结构，这种聚集体在加工混炼时易被破坏。

83. 白炭黑，特别是(　　)法白炭黑是硅橡胶最好的补强剂。

84. 白炭黑补强硅橡胶时，有一个使混炼胶硬化的问题，一般称为(　　)效应。

85. 白炭黑粒子表面有大量的微孔，对硫化促进剂有较强的吸附作用，因此明显地(　　)硫化。

86. 白炭黑对各种橡胶都有十分显著的补强作用，其中对(　　)橡胶的补强效果尤为突出。

87. 常用的高苯乙烯树脂由(　　)和丁二烯共聚制得，苯乙烯含量在 85%左右，有橡胶状、粒状和粉状。

88. 高苯乙烯树脂的性能与其(   )含量有关。

89. 白炭黑改性剂主要包括(   )和表面活性剂两类。

90. 白炭黑偶联剂有(   )、钛酸酯类、铝酸酯类和叠氮类等。

91. 通式为 X_3—Si—R,目前品种最多、用量较大的一类偶联剂,是(   )类偶联剂。

92. 为了解决硅烷偶联剂对聚烯烃等热塑性塑料缺乏偶联效果的问题,发展了(   )类偶联剂。

93. 短纤维在橡胶中应用有几个问题需要十分注意,这就是分散、黏合、(   )三个问题。

94. 纳米复合材料被定义为补强剂分散相至少有一维尺寸小于(   )nm。

95. 能够降低橡胶分子链间的作用力,改善加工工艺性能,并能提高胶料的物理机械性能,降低成本的一类低分子量化合物,被称作(   )。

96. 增塑剂分子进入橡胶分子内,增大分子间距、减弱分子间作用力,使分子链易滑动,被称作(   )增塑剂。

97. 通过力化学作用,使橡胶大分子断链,增加可塑性,被称作(   )增塑剂。

98. 两种不同的物质混合时形成均相体系的能力,被称作(   )。

99. 橡胶与增塑剂的相容性很重要,相容性好,两种物质形成均相体系的能力强,若相容性差,增塑剂则会从橡胶中(   ),甚至难于混合、加工。

100. 在不考虑氢键和极化的影响下,一般橡胶与增塑剂的(   )相近,相容性好,增塑效果好。

101. 测定增塑剂不饱和性的方法是测其(   )。

102. 同体积的苯胺与增塑剂混合时,混合液呈均匀透明时的温度,被称作该增塑剂的(   )。

103. 苯胺点越高,说明增塑剂与苯胺的(   )越差,不饱和性低。

104. 增塑剂对橡胶的塑化作用通常用橡胶的(   )的降低值来衡量。

105. 在一定的温度下,把高门尼黏度的橡胶塑化为某一标准门尼黏度值时所需要的增塑剂的份数,被称为(   )。

106. 在一定的温度下,以一定量的增塑剂填充橡胶时,其门尼黏度的下降率称为(   )。

107. 在各种增塑剂中,(   )以芳香烃为主,褐色的黏稠状液体,与橡胶的相容性最好,加工性能好,吸收速度快。

108. 在各种增塑剂中,(   )以环烷烃为主,浅黄色或透明液体,与橡胶的相容性较芳烃油差,但污染性比芳烃油小,适用于 NR 和多种合成橡胶。

109. 在各种增塑剂中,(   )以直链或支化链烷烃为主,无色透明液体,黏度低,与橡胶的相容性差,加工性能差,吸收速度慢,多用于饱和性橡胶中。

110. 苯胺点低的油类与(   )类橡胶有较好的相溶性,大量加入而无喷霜现象。

111. 操作油苯胺点的高低,实质上是油液中(   )含量的标志。

112. 增塑剂能够保持流动和能倾倒的最低温度,被称作(   )。

113. 增塑剂释放出足够蒸汽与空气形成的一种混合物,在标准测试条件下,能够点燃的温度,被称作(   )。

114. 中和值是衡量操作油(   )的尺度,酸性大能引起橡胶硫化速度的明显延迟。

115. 含(　　)多的操作油，有促进胶料焦烧和加速硫化的作用。

116. 古马隆树脂既是增塑剂，又是(　　)，特别适合于合成橡胶。

117. 固体古马隆与橡胶的相容性较好，有增塑、增黏和补强作用，有助于炭黑的分散，能溶解硫黄和硬脂酸，防止(　　)，能提高胶料的黏着性及硫化胶的拉伸强度和硬度，用量低于15份。

118. 合成增塑剂主要用于(　　)较强的橡胶或塑料中，如NBR、CR。

119. 橡胶的硫化三要素通常指硫化压力、硫化温度和(　　)。

120. 橡胶的硫化三要素中，能防止胶料产生气泡，提高胶料的致密性的要素是(　　)。

121. 橡胶的硫化三要素中，(　　)是受硫化温度制约的。

122. 橡胶的硫化三要素中，(　　)应在胶料达到正硫化的范围内，根据制品的性能要求进行选取，并且还要根据制品的厚度和骨架的存在进行调整。

123. 橡胶的硫化三要素中，直接影响硫化速度和产品质量的要素是(　　)。

124. 橡胶的硫化三要素中，能使胶料流动和充满模腔的要素是(　　)。

125. 硫化温度可选择的范围是高于硫化剂与橡胶的硫化反应温度，低于橡胶分子链的(　　)。

126. 硫化时间取决于(　　)、硫化体系和制品的形状及尺寸等因素。

127. 对橡胶硫化而言，不同温度下，达到相同硫化效应的时间互称为(　　)硫化时间。

128. 低压电器设备的绝缘老化主要是电老化和(　　)老化。

129. 橡胶制品硫化时，由于厚制品会增加制品的内外(　　)，容易导致硫化不均。

130. 橡胶硫化之前，对胶坯进行预烘后，胶料(　　)降低，流动性增加，有利于注胶过程顺利进行，可以避免缺胶、流痕等缺陷。

131. 橡胶的硫化三要素中，决定橡胶硫化速度快慢的主要因素是(　　)。

132. 橡胶胶料(　　)的长短，不仅表明胶料热稳定性的高低，而且对硫化工艺的安全操作以及厚制品的硫化质量的好坏均有直接影响。

133. 混炼胶的(　　)，可表征半成品在硫化之前的成型性能，它影响生产效率和成品质量。

134. 在橡胶的加工工序或胶料停放过程中，可能出现早期硫化现象，即胶料塑性下降、弹性增加、无法进行加工的现象，称为(　　)。

135. 橡胶内的配合剂，喷出混炼胶或硫化制品表面引起的发白现象叫(　　)。

136. 橡胶的硫化三要素中，(　　)可以提高制品中胶层与布层或金属层之间的黏着力，改善硫化胶的物理性能。

137. 正硫化时间不是一个点，而是一个阶段，在正硫化阶段中，胶料的(　　)性能保持最高值或略低于最高值。

138. 硫化反应的动力学研究表明，正硫化是指胶料达到最大(　　)时的硫化状态。

139. 硫化过程中，生胶与硫黄的化学反应是一个(　　)热反应过程(填“吸”或“放”)。

140. 橡胶硫化过程中，橡胶制品单位面积上所受压力的大小称作(　　)。

141. 硫化条件通常是指橡胶硫化的温度、压力和时间，这些条件对硫化质量有决定性影响，因此通常称为硫化(　　)。

142. 橡胶注射成型主要经历(　　)和热压硫化两个阶段。

143. 胶料在硫化过程中,内部发生形变和交联,由此产生热膨胀内应力,硫化胶料在冷却过程中,应力趋于消除,胶料的线性尺寸成比例地缩小,缩小的比例即为模压橡胶制品(或胶料)的(　　)。

144. 橡胶注射成型过程中,要同时考虑胶料的(　　)性和硫化特性。

145. 橡胶的收缩率一般采用百分比表示,其表达式为 $K=($　　$)$,型腔尺寸用 D' 表示,胶件尺寸用 D 表示。

146. 产生最初模具污垢的根源是(　　)的形成。

147. 模垢的主要成分硫化锌是橡胶中(　　)和硫的反应产物。

148. 在橡胶配方的混合物中,降低(　　)的水平可以减少模具结垢。

149. 模具清洗技术中,(　　)清洗技术采用高能激光束照射工件表面,使表面的污物、锈斑或涂层发生瞬间蒸发或剥离。

150. 模垢的干冰清洗系统包括两个部分,干冰(　　)系统的作用是将液态 CO_2 固化成干冰,并做成高密度、粒径相等的干冰颗粒。

151. 模垢的干冰清洗系统包括两个部分,干冰(　　)系统是利用空压机供给的或工厂本身的压缩空气,将装入喷射清洗机中的高密度干冰颗粒通过喷枪随压缩空气喷射到被清洗工件表面,进行清洗。

152. 通过模具流道的胶料会黏附在流道壁上,装置连续工作时这些胶料会成为(　　)而不能进入模腔。

153. 对注射模具,当注射 1/3 胶料时,对模具进行脱气,再注射 1/3 量时,再脱气,此称之为(　　)。

154. 对注射模具,注射最后剩余的(　　)用量的胶料时,应降低注射压力,并以足够的压力注入之,控制住由注射压力产生胶边的条件。

155. 对注射模具,注射最后剩余的部分胶料时,应降低注射压力,并以足够的压力注入之,控制住由注射压力产生胶边的条件,其目的是尽量减少(　　)产生。

156. 把混炼胶装入模具的模腔内,合模后将其置于加热的平板硫化机的热板间,对热板加压,使橡胶制品成型硫化的方法,被称为(　　)法。

157. 在料槽中装入大致定量的混炼胶,由压力机推动活塞使混炼胶通过流道挤进模腔,然后使料槽脱离模具固定在压力机上,一个料槽可以注入各种模具,这种成型硫化方法被称作(　　)法。

158. 模具上为防止制品难以从模具中取出而设置的局部性凹槽,以及制品变形或规定必须使用特殊模具结构的硫化模腔侧壁的凹槽,被称作(　　)。

159. 在注射和移模硫化成型中,为排出装胶时模腔内积存的空气或某些化学气体而设的沟或孔,被称作(　　)。

160. 便于硫化制品从模具中取出所预测的斜度量,被称作(　　)。

161. 目前运输带硫化普遍采用平板式硫化机和(　　)式硫化机。

162. 采用平板硫化机进行运输带硫化时,加热方法有蒸汽加热和(　　)加热两种。

二、单项选择题

1. 下列各类型模具中,(　　)用类似挤出机的机构将经过塑化预热的混炼胶高速注入设定硫化温度的模具内，可实现在短时间内进行成型硫化。

(A)半溢式模具 (B)溢料式模具 (C)无胶边模具 (D)注射式模具

2. 在高温下能塑化，和塑料一样可以成型，在常温下又能显示出橡胶弹性体性质的高分子材料是(　　)。

(A)热塑性树脂 (B)热塑性橡胶 (C)热塑性弹性体 (D)热塑性塑料

3. 硫化时，(　　)分解，产生气体，因而产生气泡的可能性较高。

(A)活性剂 (B)硫化剂 (C)防老剂 (D)防焦剂

4. 在注射和模压硫化成型中，在模具开闭时为了使固定侧模具和可动侧模具能在正确的位置上合模而用作可动侧模具导向的栓销，被称为(　　)。

(A)导套 (B)导销 (C)活动销 (D)固定销

5. 模具使用不当、造成模腔内表面伤痕，由该伤痕使制品表面产生的缺陷，被称作(　　)。

(A)模具污染 (B)模痕 (C)脱模伤痕 (D)蚀刻

6. 模制品硫化终了后从模具中取出时产生的撕裂或缺损等伤痕，被称作(　　)，其原因是过硫、模具设计不当、脱模剂量不足或脱模操作不注意等。

(A)模具污染 (B)模痕 (C)脱模伤痕 (D)蚀刻

7. 由于反复、连续地进行硫化，模具各部位黏着、堆积混炼胶成分，以及模具表层产生腐蚀等的总称，被称作(　　)。

(A)模具污染 (B)模痕 (C)脱模伤痕 (D)蚀刻

8. 下列因素中，(　　)使脱模性变差，成为硫化制品表面污染的原因。

(A)胶料焦烧 (B)模具划痕 (C)硫化返原 (D)模具污染

9. 将硫化好的成品连同飞边，在冷冻条件下进行除边的方法，称为(　　)。

(A)冷冻修边 (B)手工修边 (C)机械修边 (D)电热切除修边

10. 胶乳静置时，由于胶粒周围呈定向排列而失去自由运动的水分子增多，增大了胶乳的正常黏度，比正常黏度增高的那部分黏度称(　　)黏度。

(A)固化 (B)凝胶 (C)增加 (D)结构

11. 胶乳在静置时往往显得比较黏滞，但搅拌后就看到黏滞性变小，这种现象称为胶乳的(　　)。

(A)可塑性 (B)触变性 (C)假塑性 (D)流变性

12. 在模具的下列各要素中，型腔属于(　　)。

(A)成型要素 (B)辅助要素 (C)连接要素 (D)定位要素

13. 在模具的下列各要素中，排气孔属于(　　)。

(A)成型要素 (B)辅助要素 (C)连接要素 (D)定位要素

14. 在模具的下列各要素中，定位销属于(　　)。

(A)成型要素 (B)辅助要素 (C)连接要素 (D)定位要素

15. 胶乳在电解质或其他去稳定剂作用下，由稳定的水分散体系变成凝胶的过程称为(　　)。

(A)凝胶 (B)凝固 (C)胶凝 (D)胶固

16. 异戊橡胶的字母代号是(　　)。

(A)NR (B)IR (C)CR (D)NBR

17. 综合性能最接近天然橡胶的橡胶是(　　)。

(A)NBR (B)BR (C)CR (D)IR

18. 异戊橡胶是由异戊二烯单体聚合而成的一种(　　)结构橡胶。

(A)反式 (B)侧式 (C)顺式 (D)立式

19. 丁苯橡胶的字母代号是(　　)。

(A)NR (B)SBR (C)CR (D)NBR

20. 目前产量最大的通用合成橡胶是(　　)。

(A)NR (B)NBR (C)CR (D)SBR

21. 丁苯橡胶由丁二烯和(　　)共聚而成。

(A)苯酚 (B)二甲苯 (C)甲苯 (D)苯乙烯

22. 顺丁橡胶的字母代号是(　　)。

(A)NR (B)CR (C)BR (D)NBR

23. 目前弹性最好的通用合成橡胶是(　　)。

(A)BR (B)NBR (C)CR (D)SBR

24. 顺丁橡胶是由丁二烯聚合而成的(　　)结构橡胶。

(A)立式 (B)侧式 (C)顺式 (D)反式

25. 氯丁橡胶的字母代号是(　　)。

(A)CR (B)NR (C)BR (D)NBR

26. 下列耐老化性能最好的通用合成橡胶是(　　)。

(A)BR (B)NBR (C)CR (D)SBR

27. 氯丁橡胶是由(　　)做单体聚合而成的聚合体。

(A)苯乙烯 (B)氯丁二烯 (C)氯乙烯 (D)丁二烯

28. 丁腈橡胶的字母代号是(　　)。

(A)NR (B)SBR (C)CR (D)NBR

29. 目前耐油性能最好的通用合成橡胶是(　　)。

(A)NR (B)NBR (C)CR (D)SBR

30. 丁腈橡胶由丁二烯和(　　)共聚而成。

(A)丙烯腈 (B)二甲苯 (C)甲苯 (D)苯乙烯

31. 丁基橡胶的字母代号是(　　)。

(A)NR (B)IIR (C)CR (D)NBR

32. 目前阻尼性能和气密性能最好的通用合成橡胶是(　　)。

(A)IIR (B)NBR (C)CR (D)SBR

33. 丁基橡胶由丁二烯和(　　)共聚而成。

(A)丙烯腈 (B)二甲苯 (C)异丁烯 (D)苯乙烯

34. 二元乙丙橡胶的字母代号是(　　)。

(A)NR (B)EPM (C)EPDM (D)NBR

35. 抗臭氧、耐紫外线、耐天候性和耐老化性优异,居通用橡胶之首的是(　　)。

(A)IIR (B)NBR (C)CR (D)EPDM

36. 二元乙丙橡胶由乙烯和(　　)共聚而成。

(A)丙烯腈　(B)二甲苯　(C)丙烯　(D)苯乙烯

37. 在橡胶中加入一种物质后,使硫化胶的耐磨性、抗撕裂强度、拉伸强度、模量及抗溶胀性等性能获得较大提高,凡具有这种作用的物质称为(　　)。

(A)补强剂　(B)填充剂　(C)促进剂　(D)活性剂

38. 在橡胶中加入一种物质后,能够提高橡胶的体积,降低橡胶制品的成本,改善加工工艺性能,而又不明显影响橡胶制品性能,凡具有这种能力的物质称之为(　　)。

(A)补强剂　(B)填充剂　(C)促进剂　(D)活性剂

39. 按填料的作用分类,炭黑、白炭黑属于(　　)。

(A)补强剂　(B)填充剂　(C)促进剂　(D)活性剂

40. 按填料的作用分类,陶土、碳酸钙属于(　　)。

(A)补强剂　(B)填充剂　(C)促进剂　(D)活性剂

41. 由许多烃类物质经不完全燃烧或裂解生成的物质,被称作(　　)。

(A)炭黑　(B)白炭黑　(C)碳酸钙　(D)氧化锌

42. 炭黑的牌号中,N375、N339、N352、N234、N299 等均为(　　)。

(A)接触法炭黑　(B)炉法炭黑　(C)热裂法炭黑　(D)新工艺炭黑

43. 高耐磨炭黑属于(　　)。

(A)热裂法炭黑　(B)槽法炭黑　(C)硬质炭黑　(D)软质炭黑

44. 粒径在 40 nm 以上的炭黑属于(　　)。

(A)热裂法炭黑　(B)槽法炭黑　(C)硬质炭黑　(D)软质炭黑

45. 炭黑按 ASTM 标准分类,由四个字组成如 N990,第一个符号 N 的含义是(　　)。

(A)生产方式　(B)平均粒径范围　(C)正常硫化速度　(D)硫化速度慢

46. 炭黑按 ASTM 标准分类,由四个字组成如 N990,第一位数字的含义是(　　)。

(A)生产方式　(B)平均粒径范围　(C)正常硫化速度　(D)硫化速度慢

47. 通常炭黑的补强三要素是炭黑的粒径、结构性和(　　)。

(A)苯胺点　(B)粒径分布　(C)闪点　(D)表面活性

48. 炭黑的最小结构单元是(　　)。

(A)一次结构　(B)二次结构　(C)羧基　(D)氢

49. 炭黑的稳定结构是(　　),对橡胶的补强及工艺性能有着本质的影响。

(A)一次结构　(B)二次结构　(C)羧基　(D)氢

50. 炭黑聚集体间,以范德华力相互聚集形成的空间网状结构属于(　　),这种结构不太牢固,在与橡胶混炼时易被碾压粉碎成为聚集体。

(A)一次结构　(B)二次结构　(C)羧基　(D)氢

51. DBP 吸油值法可测定炭黑的(　　)。

(A)粒径　(B)粒径分布　(C)结构性　(D)表面活性

52. 炭黑混炼胶中不能被它的良溶剂溶解的那部分橡胶,被称作(　　)。

(A)结合橡胶　(B)包容橡胶　(C)混炼橡胶　(D)硫化橡胶

53. 通常采用(　　)的多少衡量炭黑和橡胶之间相互作用力的大小。

(A)结合橡胶　(B)包容橡胶　(C)混炼橡胶　(D)硫化橡胶

54. 生成结合胶的主要原因是(　　)。

(A)吸附在炭黑表面上的橡胶分子链与炭黑的表面基团结合

(B)炭黑热裂解

(C)橡胶硫化返原

(D)橡胶老化

55. 在炭黑聚集体链枝状结构中屏蔽的那部分橡胶,被称作(　　)。

(A)结合橡胶　(B)包容橡胶　(C)混炼橡胶　(D)硫化橡胶

56. 炭黑的(　　)对橡胶的拉伸强度、撕裂强度和耐磨耗性的作用是主要的。

(A)粒径　(B)粒径分布　(C)结构性　(D)表面活性

57. 炭黑的(　　)对橡胶模量的作用是主要的。

(A)粒径　(B)粒径分布　(C)结构度　(D)表面活性

58. 炭黑的(　　)对橡胶的各种性能都有影响。

(A)粒径　(B)粒径分布　(C)结构性　(D)表面活性

59. 炭黑的粒径小,比表面积大,使橡胶与炭黑间的界面积大,两者间相互作用产生的(　　)多。

(A)结合橡胶　(B)包容橡胶　(C)混炼橡胶　(D)硫化橡胶

60. 对IIR这类近于饱和的弹性体来说,炭黑表面的含(　　)官能团对炭黑的补强作用非常重要。

(A)氮　(B)氢　(C)硫　(D)氧

61. 炭黑填充胶会使胶料电阻率下降,其炭黑胶料的电性能受炭黑(　　)的影响最明显。

(A)粒径　(B)粒径分布　(C)结构度　(D)表面活性

62. 以多卤化硅($SiCl_x$)为原料在高温下热分解,进行气相反应制得白炭黑的方法被称为(　　)。

(A)沉淀法　(B)气相法　(C)炉法　(D)槽法

63. 采用硅酸盐与无机酸中和沉淀反应的方法来制取水合二氧化硅的方法被称为(　　)。

(A)沉淀法　(B)气相法　(C)炉法　(D)槽法

64. 下列材料中,(　　)的95%～99%的成分是SiO_2。

(A)炭黑　(B)白炭黑　(C)高岭土　(D)石墨烯

65. 下列方法中,(　　)白炭黑内部结构几乎完全是排列紧密的硅酸三维网状结构。

(A)沉淀法　(B)气相法　(C)炉法　(D)槽法

66. 白炭黑的结构像炭黑,它的基本粒子呈球形,在生产过程中,这些基本粒子在高温状态下相互碰撞而形成了以化学键相连结的链枝状结构,这种结构称之为(　　)。

(A)一次结构　(B)二次结构　(C)次级聚集体　(D)基本聚集体

67. 白炭黑的基本粒子呈球形,在生产过程中,这些基本粒子在高温状态下相互碰撞而形成了以化学键相连结的链枝状结构,链枝状结构彼此以氢键吸附又形成了(　　)结构。

(A)一次结构　(B)二次结构　(C)次级聚集体　(D)基本聚集体

68. 白炭黑的表面基团中,(　　)对极性物质的吸附作用十分重要。

(A)相邻羟基　(B)隔离羟基　(C)双羟基　(D)三羟基

69. 白炭黑的表面基团中,(　　)主要存在于脱除水分的白炭黑表面上。

(A)相邻羟基　　(B)隔离羟基　　(C)双羟基　　(D)三羟基

70. 白炭黑的表面基团中,在一个硅原子上连有两个羟基,被称为(　　)。

(A)相邻羟基　　(B)隔离羟基　　(C)双羟基　　(D)三羟基

71. 白炭黑表面有很强的化学吸附活性,这与表面(　　)有关。

(A)羟基　　(B)羰基　　(C)醌基　　(D)羧基

72. 白炭黑,特别是气相法白炭黑是硅橡胶最好的补强剂,但有一个使混炼胶硬化的问题,一般称为(　　)效应。

(A)应力软化　　(B)结构化　　(C)应力硬化　　(D)老化

73. 白炭黑粒子表面有大量的微孔,对(　　)有较强的吸附作用,因此明显地迟延硫化。

(A)活性剂　　(B)防焦剂　　(C)促进剂　　(D)偶联剂

74. 为了避免白炭黑延迟硫化的现象,可使用(　　),使其优先吸附在白炭黑表面,这样就减少了它对促进剂的吸附。

(A)活性剂　　(B)防焦剂　　(C)促进剂　　(D)抗返原剂

75. 可用于硅橡胶的补强剂是(　　)。

(A)炭黑　　(B)白炭黑　　(C)树脂　　(D)碳酸钙

76. 通式为 X_3—Si—R,目前品种最多、用量较大的一类偶联剂是(　　)。

(A)硅烷类　　(B)钛酸酯类　　(C)磷酸酯类　　(D)铝酸酯类

77. 为解决硅烷偶联剂对聚烯烃等热塑性塑料缺乏偶联效果的问题,20 世纪 70 年代中期发展了(　　)偶联剂。

(A)硅烷类　　(B)钛酸酯类　　(C)磷酸酯类　　(D)铝酸酯类

78. 不饱和羧酸盐的制备一般是通过金属(　　)或氢氧化物与不饱和羧酸进行中和反应制得的。

(A)氧化物　　(B)氮化物　　(C)硫化物　　(D)氯化物

79. 能够降低橡胶分子链间的作用力,改善加工工艺性能,并能提高胶料的物理机械性能,降低成本的一类低分子量化合物,被称作(　　)。

(A)增塑剂　　(B)补强剂　　(C)促进剂　　(D)偶联剂

80. 能降低制品的硬度、定伸应力、提高硫化胶的弹性、耐寒性、降低生热等的助剂是(　　)。

(A)增塑剂　　(B)补强剂　　(C)促进剂　　(D)偶联剂

81. 两种不同的物质混合时形成均相体系的能力,被称作(　　)。

(A)相容性　　(B)溶解度参数　　(C)门尼黏度　　(D)填充指数

82. 在不考虑氢键和极化的影响下,橡胶与增塑剂的相容性的预测方法是对比(　　),两者越相近,相容性好,增塑效果好。

(A)相容度　　(B)溶解度参数　　(C)门尼黏度　　(D)填充指数

83. 测定增塑剂不饱和性的方法是测其(　　)。

(A)苯胺点　　(B)倾点　　(C)闪点　　(D)软化点

84. 同体积的苯胺与增塑剂混合时,混合液呈均匀透明时的温度,被称作该增塑剂的(　　)。

(A)苯胺点　(B)倾点　(C)闪点　(D)软化点

85. 增塑剂对橡胶的塑化作用通常用橡胶的(　　)的降低值来衡量。

(A)相容性　(B)溶解度参数　(C)门尼黏度　(D)填充指数

86. 在一定的温度下,把高门尼黏度的橡胶塑化为某一标准门尼黏度值时所需要的增塑剂的份数,被称为(　　)。

(A)相容性　(B)溶解度参数　(C)门尼黏度　(D)填充指数

87. 在一定的温度下,以一定量的增塑剂填充橡胶时,其门尼黏度的下降率称为(　　)。

(A)相容性　(B)溶解度参数　(C)软化力　(D)填充指数

88. 操作油(　　)的高低,实质上是油液中芳香烃含量的标志。

(A)苯胺点　(B)倾点　(C)闪点　(D)软化点

89. 增塑剂能够保持流动和能倾倒的最低温度,被称作(　　)。

(A)苯胺点　(B)倾点　(C)闪点　(D)软化点

90. 增塑剂释放出足够蒸汽与空气形成的一种混合物,在标准测试条件下,能够点燃的温度,被称作(　　)。

(A)苯胺点　(B)倾点　(C)闪点　(D)软化点

91. 含(　　)多的操作油,有促进胶料焦烧和加速硫化的作用。

(A)石蜡油　(B)芳烃油　(C)环烷油　(D)煤焦油

92. 橡胶的硫化三要素通常指硫化压力、硫化温度和(　　)。

(A)硫化模具　(B)硫化设备　(C)硫化方式　(D)硫化时间

93. 下列因素中,能防止胶料产生气泡,提高胶料的致密性的是(　　)。

(A)硫化时间　(B)硫化压力　(C)硫化温度　(D)硫化介质

94. 下列硫化要素中,受硫化温度制约的是(　　)。

(A)硫化模具　(B)硫化压力　(C)硫化设备　(D)硫化时间

95. 硫化三要素中,直接影响硫化速度和产品质量的要素是(　　)。

(A)硫化介质　(B)硫化压力　(C)硫化温度　(D)硫化时间

96. 下列因素中,能使胶料流动和充满模腔的要素是(　　)。

(A)硫化介质　(B)硫化压力　(C)硫化温度　(D)硫化时间

97. 硫化温度可选择的范围是高于硫化剂与橡胶的硫化反应温度,低于橡胶分子链的(　　)。

(A)裂解温度　(B)软化温度　(C)挥发温度　(D)玻璃化温度

98. 橡胶是一种热的(　　)导体,其导热性较金属低几个数量级。

(A)超　(B)良　(C)半　(D)不良

99. 在外力作用下,高聚物材料的形变行为介于弹性材料和黏性材料之间,其物理性能受到力、形变、温度和(　　)等因素的影响。

(A)交联密度　(B)时间　(C)气压　(D)湿度

100. 橡胶材料在受外力作用时,在一定温度下,当应力不变时,变形随时间延长而逐渐增大的现象为(　　)。

(A)蠕变　(B)应力松弛　(C)滞后　(D)疲劳

101. 橡胶材料在受外力作用时,在一定温度下,当应变不变时,应力随时间延长而逐渐衰减的现象为(　　)。

(A)蠕变　(B)应力松弛　(C)滞后　(D)疲劳

102. 橡胶材料在受外力作用时,在一定的温度和循环(交变)应力作用下,观察形变滞后于应力的现象为(　　)。

(A)蠕变　(B)应力松弛　(C)滞后　(D)疲劳

103. 橡胶材料在受周期性应力或应变的作用下,硫化胶的结构和性能变化的现象叫做(　　)。

(A)蠕变　(B)应力松弛　(C)滞后　(D)疲劳

104. 蠕变和应力松弛是橡胶(　　)表现的一种,即基于分子链移动或分子重排时产生的特定现象,而且跟橡胶加工和使用过程都相关。

(A)高弹性　(B)黏流性　(C)黏弹性　(D)流变性

105. 硫化胶疲劳现象的主要表现是(　　)或弹性模量逐渐减小。

(A)蠕变　(B)应力松弛　(C)滞后　(D)硬度

106. 橡胶的(　　)寿命是指在周期性应力和应变作用下,胶料试验至断裂所经历的时间。

(A)疲劳　(B)使用　(C)储存　(D)曲挠

107. 橡胶制品的(　　)寿命是从开始使用到丧失使用功能所经历的时间。

(A)疲劳　(B)使用　(C)储存　(D)曲挠

108. 对于硫化机的输出功率,硫化压力充裕较好,最好是在最高输出功率的(　　)以内。

(A)70%　(B)80%　(C)90%　(D)100%

109. 造成橡胶混炼胶喷霜的现象有诸多因素,下列因素中不属于混炼胶产生喷霜原因的是(　　)。

(A)配合剂与橡胶的相容性差　(B)配合剂用量过多

(C)采用过氧化物硫化体系　(D)停放时降温过快,温度过低

110. 硫化橡胶产生喷霜的原因有多种原因,下列因素中不属于硫化胶产生喷霜原因的是(　　)。

(A)与橡胶相容性差的防老剂或促进剂用量多了

(B)胶料硫化不熟,欠硫

(C)使用温度过高,储存温度过低

(D)橡胶硫化时发生返原现象

111. 橡胶注射模具表面的聚四氟乙烯涂层,经过一些周期后,涂层会部分损坏而失效,造成镀层损坏的主要原因是高温硫化和(　　)。

(A)涂层老化　(B)橡胶的高腐蚀性

(C)电化学腐蚀　(D)高剪切应力

112. 产生最初模具污垢的根源是(　　)的形成。

(A)硫化锌　(B)氧化铁　(C)硬脂酸锌　(D)甲基丙烯酸锌

113. 在模具型腔面的下列涂/镀层中,可以在金属表面形成一个封闭的屏障,避免模具污染物的微晶体生成的是(　　)。

(A)镀锌　(B)镀镍

(C)薄的 PTFE 涂层　　(D)厚的 PTFE 涂层

114. 在橡胶配方的混合物中,降低(　　)的水平可以减少模具结垢。

(A)硬脂酸　　(B)氧化锌　　(C)促进剂　　(D)防老剂

115. 模具在使用过程中不可避免地受到橡胶、配合剂以及硫化过程中所使用的脱模剂的综合沉积污染,下列物质不会污染模具的是(　　)。

(A)硫化物　　(B)无机氧化物　　(C)硅油　　(D)石蜡

116. 模具清洗技术中,(　　)清洗技术采用高能激光束照射工件表面,使表面的污物、锈斑或涂层发生瞬间蒸发或剥离。

(A)激光　　(B)干冰　　(C)高频　　(D)高能

117. 模垢的干冰清洗系统包括两个部分,(　　)系统的作用是将液态 CO_2 固化成干冰,并做成高密度、粒径相等的干冰颗粒。

(A)干冰造粒　　(B)干冰冷却　　(C)干冰喷射清洗　　(D)干冰挥发

118. 模垢的干冰清洗系统包括两个部分,(　　)系统是利用压缩空气,将装入喷射清洗机中的高密度干冰颗粒通过喷枪随压缩空气喷射到被清洗工件表面,进行清洗。

(A)干冰造粒　　(B)干冰冷却　　(C)干冰喷射清洗　　(D)干冰挥发

119. 胶料在细管中流动于不同内径的流道内时,压力急剧降低的现象被称为(　　)。

(A)反向压力　　(B)压力损失　　(C)焦烧　　(D)湍流

120. 如果胶料(　　),在模腔内迅速流过,它在模腔内停留时间短,模腔内压难以上升,难以制得致密的硫化橡胶制品。

(A)难以流动　　(B)极易流动　　(C)剪切变稀　　(D)剪切变稠

121. 我们希望胶料的刚性和黏度要平衡,一般可使用操作油和增塑剂,但最好是与(　　)并用,因为这样既能提高胶料黏度,又可保持胶料刚性,具有双重效果。

(A)加工助剂　　(B)树脂　　(C)增黏剂　　(D)低分子量聚合物

122. 胶料流动性高,可能造成胶料在模腔内流动过快,未充满模腔之前就向外流出,使得硫化制品(　　)。

(A)欠硫　　(B)发黏　　(C)致密度较低　　(D)变形

123. 胶料流动性高的胶料,可能会在未充满模腔之前就向外流出,将(　　)放长一些,以延长胶料在模腔内滞留的时间,可制得致密的硫化制品。

(A)脱气间隔　　(B)脱气距离　　(C)脱气等待　　(D)排气孔溢料面

124. 为了制品的出模方便,橡胶模具设计中需设计适当的(　　),并需要改善脱模装置等。

(A)合模刃槽　　(B)流胶槽　　(C)启模槽　　(D)拔模斜度

125. 热流道式模具流道非常复杂而且弯曲时,需用流动性试验机等装置测定所用胶料的(　　),以获取胶料的流动特性,并且用流道模拟软件进行模拟,推断设计流道的形状、大小和长度。

(A)门尼黏度　　(B)压力损失　　(C)剪切变稠性　　(D)剪切变稀性

126. 使硫化制品容易地从模具中脱出的化学试剂是(　　)。

(A)脱模剂　　(B)隔离剂　　(C)去污剂　　(D)润滑剂

127. 装入模具的混炼胶与模具接触后通过传热被加热,初期施压时,由于加热不充分,混炼胶的流动性不好，为了强迫混炼胶流动，必须施加(　　)。

(A)压力　(B)增塑剂　(C)高温　(D)脱模剂

128. 为排出卷入模腔中的空气或某些化学气体而进行的排气操作，排气效果往往依混炼胶的加热状态而变化，在混炼胶(　　)的状态下进行，效果较好。

(A)失去残留收缩力　(B)已经起硫

(C)未填满模具　(D)具有残留收缩力

129. 橡胶制品脱模性差，硫化制品外观、尺寸、表面光洁度不良等问题的元凶是(　　)。

(A)模具污染　(B)模痕　(C)喷霜　(D)焦烧

130. 对注射模具，当注射 1/3 胶料时，对模具进行脱气，再注射 1/3 量时，再脱气，此称之为(　　)。

(A)间歇脱气　(B)注射脱气　(C)分段脱气　(D)脱气停留

131. 注射成型模具内，由注胶口注出的胶料，最初经由注胶口接触到对面壁上，以一定的排列方式从模腔的尖端开始进行填充，该现象与流向呈(　　)方向的强度降低有关系。

(A)垂直　(B)平行　(C)45°　(D)60°

132. 对注射模具，注射最后剩余的部分胶料时，应降低注射压力，并以足够的压力注入之，其目的是(　　)。

(A)利于排气　(B)避免损坏模具

(C)防止焦烧　(D)尽量减少废胶边

133. 把混炼胶装入模具的模腔内，合模后将其置于加热的平板硫化机的热板间，对热板加压，使橡胶制品成型硫化的方法，被称为(　　)。

(A)模压硫化　(B)移模硫化　(C)注射硫化　(D)注压硫化

134. 在料槽中装入大致定量的混炼胶，由压力机推动活塞使混炼胶通过流道挤进模腔，然后使料槽脱离模具固定在压力机上，一个料槽可以注入各种模具，这种成型硫化方法被称作(　　)。

(A)模压硫化　(B)移模硫化　(C)注射硫化　(D)自注射硫化

135. 模具上为制品难以从模具中取出设置的局部性凹槽，以及制品变形或规定必须使用特殊模具结构的硫化模腔侧壁的凹槽，被称作(　　)。

(A)启模口　(B)凹窝　(C)溢胶口　(D)排气口

136. 在模腔或芯部等嵌入的其他材料部件，多用于加工困难的部分，起排气孔作用，容易修补，该部件被称作(　　)。

(A)嵌件　(B)销钉　(C)启模销　(D)活动销

137. 在硫化制品中嵌入其他材料部件时，用于确定和保持硫化中嵌件位置的栓销被称为(　　)。

(A)嵌件销　(B)活动销　(C)连接销　(D)防错销

138. 为提高两个机构部件的安装精度而特别设置的配合部件，被称为(　　)。

(A)嵌件销　(B)活动销　(C)定位导销　(D)固定销

139. 为便于从模具中取出制品而设的机动或气动装置，被称为(　　)。

(A)合模装置　(B)脱模装置　(C)定位装置　(D)导向装置

140. 在注射和移模硫化成型中，为排出装胶时模腔内积存的空气或某些化学气体而设的沟或孔,被称作(　　)。

(A)取件孔　　(B)排料孔　　(C)排气孔　　(D)注胶口

141. 通过腐蚀等方法在金属模具型腔面上加工出花纹图案或文字等,被称为(　　)。

(A)模痕　　(B)氧化　　(C)腐蚀　　(D)蚀刻

142. 料槽式浇注模具,如图 4 所示,由阳模、阴模以及设有模腔的模具构成,其中阳模被称作(　　)。

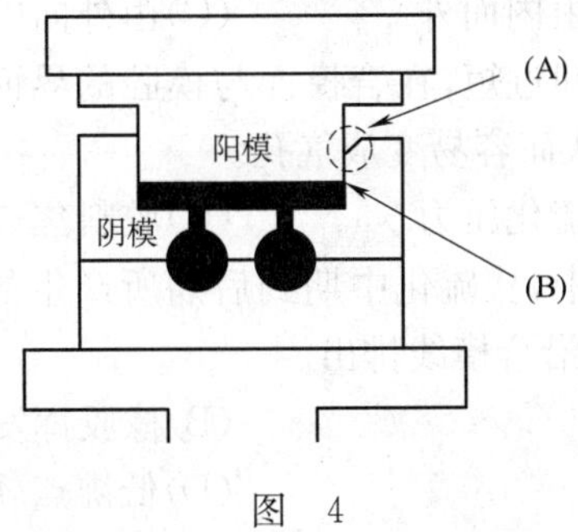

图　4

(A)压模板　　(B)流道板　　(C)加料槽　　(D)压胶柱塞

143. 料槽式浇注模具,如图 5 所示,考虑到图中(B)部分容易发生磨耗,采用压机抽出阳模时,需设置(　　)mm 大小的间隙。

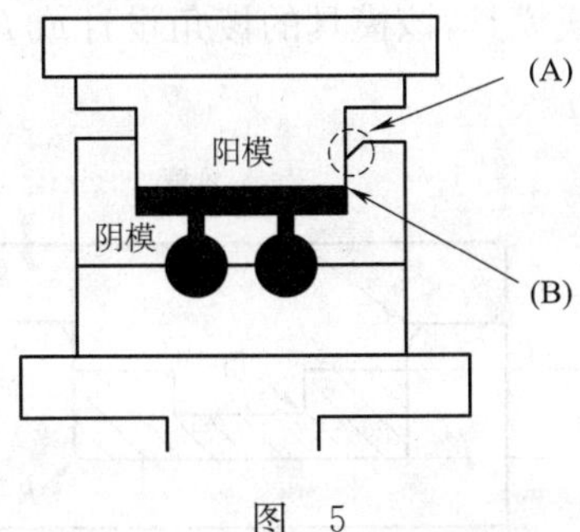

图　5

(A)0.01～0.02　　(B)0.1～0.2　　(C)0.3　　(D)0.5

144. 减少"白色污染",我们应该自觉地不用、少用(　　)。

(A)一次性用品　　(B)纸制品

(C)难降解的塑料包装袋　　(D)橡胶制品

145. 工业三废是指(　　)。

(A)废水、废料、废渣　　(B)废水、废气、废料

(C)废水、废气、废渣　　(D)废水、废气、废物

146. 注射成型模具内,胶料的流动性能与压模内胶料的流动性能相比,其压力高两倍,剪切速率提高(　　)倍,胶料的流动更具动态性质。

(A)十　　(B)二十　　(C)上百　　(D)几千

147. 注射成型模具内,由注胶口注出的胶料,最初经由注胶口接触到对面壁上,以(　　)的形状是从模腔的尖端开始进行填充,该现象与产生的流痕有关系。

(A)折叠　　(B)平行排列　　(C)成坨　　(D)无定型

148. 压模内胶料的流动行为是边软化边流向(　　)。

(A)排气孔　　(B)合模线　　(C)主流道　　(D)分流道

149. 压模内胶料在硫化进行方向上一边产生气孔，一边向内部推进，继之沿(　)排出。

(A)启模口　　(B)合模线　　(C)主流道　　(D)分流道

150. 由平板机加热时，压模内胶料的硫化进行方向为(　　)进行硫化。

(A)自上而下　　(B)由内而外　　(C)由外向内　　(D)自下而上

151. 压模内胶料的焦烧时间过短，在合模面与模腔的界面上的薄层橡胶开始硫化，由于(　　)，气体不能从内部溢出，从而容易变成气孔。

(A)堆砌效应　　(B)硫化压力　　(C)胶料焦烧　　(D)流动性差

152. 压模内胶料硫化过程中，从硫化中期到后期所产生的气体以(　　)为主，有望随着之后硫化进行的同时压力增高，沿合模线排出。

(A)硫化剂的分解　　(B)橡胶挥发分的挥发

(C)填料结晶水挥发　　(D)低沸点软化油的蒸发

153. 压模内胶料硫化过程中，模内胶料压力随着硫化起步，内部的胶料由于(　　)而出现模内压力增高现象，该压力增高现象有助于制得外观质量好且致密的橡胶制品。

(A)低沸点软化油的蒸发　　(B)硫化剂分解

(C)热膨胀　　(D)交联密度增加

154. 图 6 为带锥度的不溢式模具，该模具的棱角设计成 R 是为了防止制品断裂，模具的拐角也带 R 是为了(　　)。

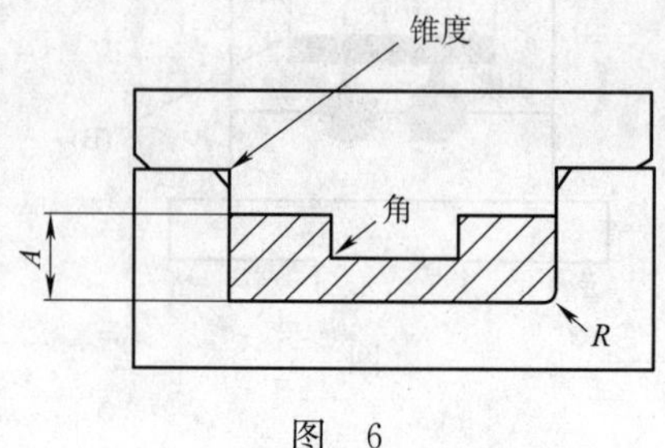

图　6

(A)便于加工

(B)防止空气伤害模具和便于对模具进行加工

(C)便于减少飞边

(D)便于排气

155. 图 7 中模具制品与飞边之间像刀刃，该模具硫化的制品修飞边简单，该模具被称作(　　)。

(A)半溢式模具　　(B)不溢式模具　　(C)凹窝模具　　(D)无飞边模具

156. 图 8 中模具是使胶料从模腔上部注入的模具，该模具适用于型芯模具和嵌入配件的模具，该模具属于(　　)。

(A)移模注压模具　　(B)不溢式模具　　(C)凹窝模具　　(D)无飞边模具

157. 橡胶制品的外观缺陷中，(　　)现象是由于从不同方向流动的胶料会合，且沿着模

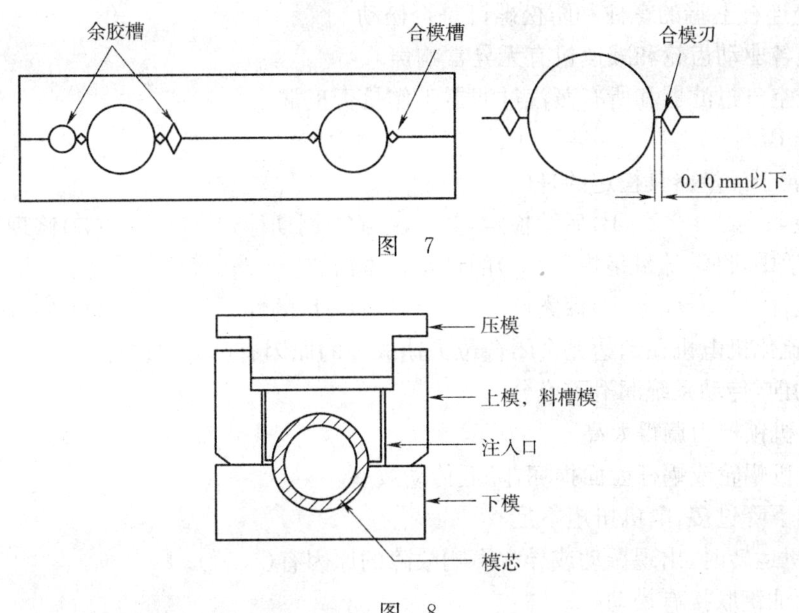

图 7

图 8

腔厚壁内侧折弯形成的。

(A)气泡　(B)凹缩　(C)流痕　(D)开模缩裂

158. 下列各类型模具中，(　　)被称作半开式压模或半封闭式压模，模具所受的总压力只有部分施加在硫化的混炼胶上。

(A)半溢式模具　(B)溢料式模具　(C)无胶边模具　(D)注压式模具

159. 下列各类型模具中，(　　)被称作开放式模具，是一种平板硫化机硫化用的代表性结构的模具，分为上模和下模两块模。

(A)半溢式模具　(B)溢料式模具　(C)无胶边模具　(D)注压式模具

160. 下列各类型模具中，(　　)被称作封闭式模具或活塞式压铸模具，该种模具无排胶槽，所以必须严格控制装料量，为容易取出硫化制品，也有三块模构成的可分开结构的模具。

(A)半溢式模具　(B)溢料式模具　(C)无胶边模具　(D)注压式模具

161. 运输带属于平带，可以采用平板硫化机硫化，此类产品是将带坯进行(　　)硫化。

(A)整体　(B)分段　(C)堆叠　(D)微波

162. 为了提高平带平板硫化机的生产能力，可采用微波预热装置，硫化之前可使其带坯均匀预热到(　　)。

(A)30 ℃　(B)50 ℃　(C)100 ℃　(D)150 ℃

163. 下列硫化设备用于胶带硫化时，采用(　　)硫化时，胶带无重复硫化段。

(A)平板硫化机　(B)鼓式硫化机

(C)微波连续硫化设备　(D)沸腾床

三、多项选择题

1. 硫化机的正确维护，对提高其利用率，延长其使用寿命，以及确保安全生产都具有重大意义，属于硫化机周检项目有(　　)。

(A)检查连杆上端的螺柱和防松螺钉是否松动
(B)检查各驱动齿轮和减速机有无异常响声
(C)检查空气过滤器和所有蒸汽过滤器工作是否正常
(D)检查 PLC

2. 下列属于计量器具检定的是(　　)。
(A)首检　(B)后续检定　(C)周期检定　(D)修理后检定

3. 计量学中,科学计量是指(　　)的计量科学研究。
(A)基础性　(B)探索性　(C)目的性　(D)先行性

4. 出现硫化机电机在到达完全闭合位失速故障的原因有(　　)。
(A)起动前,传动系统润滑不充分
(B)硫化机锁模力调得太高
(C)减速机蜗轮或蜗杆齿面损坏,降低传动效率
(D)电压下降过多,电机扭矩不足

5. 硫化机运转时,出现振动或异常声响故障的原因有(　　)。
(A)齿轮油键联接有松动
(B)齿面过度磨损
(C)主传动装置的各轴与轴套的间隙太大
(D)蜗轮减速机轴承损坏

6. 硫化机运转时,出现在合模位硫化机不能停故障的原因有(　　)。
(A)电机制动器不灵　(B)电机制动器摩擦盘过度磨损
(C)制动块沾油或受潮　(D)合模限位开关失灵

7. 硫化机运转时,出现在合模位硫化机不能停故障时,需采取的措施有(　　)。
(A)按电机说明书调节制动器　(B)更换摩擦盘
(C)清洁制动块　(D)检查、必要时更换合模限位开关

8. 硫化机出现制品飞边过大的原因有(　　)。
(A)锁模力不足　(B)上、下热板装模表面不平行或变形
(C)模具结合面不平整　(D)润滑剂已消耗完

9. 异戊橡胶的结构特点是(　　)。
(A)化学组成、立体结构与丁苯橡胶相似　(B)耐老化优于天然橡胶
(C)弹性和强力比天然橡胶稍低　(D)加工性能比天然橡胶差

10. 异戊橡胶的主要用途有(　　)。
(A)替代天然橡胶　(B)胶鞋　(C)胶管　(D)轮胎

11. 丁苯橡胶的性能特点有(　　)。
(A)耐磨性超过天然橡胶　(B)耐老化超过天然橡胶
(C)耐热性超过天然橡胶　(D)质地也较天然橡胶均匀

12. 丁苯橡胶的性能缺点有(　　)。
(A)弹性较低　(B)抗屈挠、抗撕裂性能较差
(C)加工性能差　(D)特别是自粘性差、生胶强度低

13. 丁苯橡胶的主要用途有(　　)。

(A)轮胎 (B)胶管 (C)胶板 (D)胶鞋

14. 丁苯橡胶由(　　)共聚而成。

(A)丁二烯 (B)异丁烯 (C)甲苯 (D)苯乙烯

15. 顺丁橡胶的性能特点有(　　)。

(A)弹性与耐磨性优良 (B)耐老化性好

(C)耐低温性优异 (D)动态性能良好

16. 顺丁橡胶的性能缺点有(　　)。

(A)强度较低 (B)耐寒性差

(C)抗撕裂性差 (D)加工性能与自粘性差

17. 顺丁橡胶的主要用途有(　　)。

(A)和天然橡胶并用 (B)和丁苯橡胶并用

(C)耐寒制品 (D)和氟橡胶并用

18. 氯丁橡胶的性能特点有(　　)。

(A)优良的抗氧、抗臭氧性 (B)不易燃,离火能自熄

(C)耐油、耐溶剂、耐酸碱以及耐老化 (D)气密性差

19. 氯丁橡胶的性能缺点有(　　)。

(A)耐寒性较差 (B)加工时易粘辊

(C)生胶稳定性差,不易保存 (D)易焦烧及易粘模

20. 氯丁橡胶的主要用途有(　　)。

(A)电缆护套 (B)各种防护套、保护罩

(C)轮胎 (D)胶管、胶带和化工衬里

21. 丁腈橡胶的性能特点有(　　)。

(A)耐汽油和脂肪烃油类的性能特别好 (B)耐寒性好

(C)气密性、耐磨及耐水性等均较好 (D)黏结力强

22. 丁腈橡胶的性能缺点有(　　)。

(A)耐寒及耐臭氧性较差 (B)强力及弹性较低

(C)耐酸性差 (D)耐极性溶剂性能也较差

23. 丁腈橡胶的主要用途有(　　)。

(A)耐油制品 (B)耐寒制品 (C)胶管 (D)密封制品

24. 丁腈橡胶由(　　)共聚而成。

(A)丁二烯 (B)丙烯腈 (C)甲苯 (D)苯乙烯

25. 丁基橡胶的性能特点有(　　)。

(A)气密性好 (B)耐臭氧 (C)耐老化性能好 (D)耐热性较高

26. 丁基橡胶的性能缺点有(　　)。

(A)弹性差 (B)加工性能差

(C)硫化速度慢 (D)黏着性和耐油性差

27. 丁基橡胶的主要用途有(　　)。

(A)用作内胎 (B)电线电缆绝缘层

(C)化工设备衬里 (D)防振制品

28. 丁基橡胶由(　　)共聚而成。

(A)丁二烯　(B)异戊二烯　(C)甲苯　(D)异丁烯

29. 乙丙橡胶的性能特点有(　　)。

(A)比重小,可进行高填充配合

(B)耐热可达 150 ℃

(C)抗臭氧、耐紫外线、耐天候性和耐老化性优异

(D)电绝缘性、耐化学性、冲击弹性很好

30. 乙丙橡胶的性能缺点有(　　)。

(A)不耐脂肪烃和芳香烃　(B)耐老化性差

(C)比重大　(D)自粘性和互粘性很差,不易黏合

31. 橡胶硫化温度的选取需要综合考虑的因素有(　　)。

(A)硫化压力　(B)橡胶的种类　(C)硫化体系　(D)制品结构

32. 在外力作用下,高聚物材料的形变行为介于弹性材料和黏性材料之间,其物理性能受到(　　)和时间等因素的影响。

(A)力　(B)形变　(C)温度　(D)湿度

33. 下列现象中,(　　)是橡胶黏弹性表现的一种,即基于分子链移动或分子重排时产生的特定现象,而且跟橡胶加工和使用过程都相关。

(A)蠕变　(B)应力松弛　(C)老化　(D)疲劳

34. 硫化胶疲劳现象的主要表现是(　　)逐渐减小。

(A)蠕变　(B)应力松弛　(C)弹性模量　(D)硬度

35. 影响高聚物材料疲劳寿命的因素有(　　)和相对分子质量等。

(A)试验频率　(B)环境温度　(C)加载波形　(D)应力比

36. 使用硫化仪测定的胶料硫化特性曲线,可以直观地或经简单计算得到的硫化参数包括(　　)。

(A)初始黏度　(B)焦烧时间　(C)硫化速度　(D)活化能

37. 橡胶模型制品,按尺寸性质分类可以分为(　　)。

(A)封模尺寸　(B)功能尺寸　(C)结构尺寸　(D)固定尺寸

38. 橡胶模型制品的尺寸,按模具成型特征分类可以分为(　　)。

(A)封模尺寸　(B)定位尺寸　(C)结构尺寸　(D)固定尺寸

39. 常用的外脱模剂分为(　　)几大类。

(A)硅系脱模剂　(B)石蜡系脱模剂　(C)氟系脱模剂　(D)有机硅偶联剂

40. 清洗被污染的模具有诸多方法,常见的有(　　)。

(A)机械清洗法　(B)化学清洗法　(C)综合清洗法　(D)超声波清洗法

41. 橡胶的喷霜现象不仅出现在硫化胶中,也会出现在混炼胶中,混炼胶产生喷霜的原因有(　　)。

(A)配合剂与橡胶的相容性差　(B)配合剂用量过多

(C)加工温度过高,时间过长　(D)停放时降温过快,温度过低

42. 硫化橡胶产生喷霜的原因有(　　)。

(A)与橡胶相容性差的防老剂或促进剂用量多了

(B)胶料硫化不熟,欠硫

(C)使用温度过高,储存温度过低

(D)橡胶硫化时发生返原现象

43. 在硫黄硫化的天然橡胶配方中,常使用的抗返原剂有(　　)。

(A)Si-69　　(B)CTP　　(C)HVA-2　　(D)TAIC

44. 蒸汽管道硫化的特点是(　　)。

(A)密封管道为长 100～200 m 的高压管

(B)硫化温度 180 ℃,温度调节无伸缩性

(C)管道尾部装有高压冷却水

(D)胶料配方中不必使用氧化钙

45. 蒸汽管道硫化的缺点是(　　)。

(A)生产线较长　　(B)需要压力密封

(C)温度调节无伸缩性　　(D)系统处于高压状态,有潜在危险

46. 盐浴硫化法的特点是(　　)。

(A)热传导比热空气快 50 倍　　(B)可高速压出

(C)可硫化各种硬度制品　　(D)可用过氧化物硫化

47. 盐浴硫化法的缺点是(　　)。

(A)能耗大　　(B)软制品易变形

(C)耗水、耗盐多　　(D)高温易发生危险

48. 红外线硫化的特点是(　　)。

(A)能穿透一定厚度的不明物体　　(B)能使胶料内部同步受热

(C)常压下硫化　　(D)配方使用氧化钙防止起泡

49. 常用的红外线热源有(　　)。

(A)红外线灯泡　　(B)石英灯管　　(C)氧化镁灯管　　(D)碳化硅灯管

50. 下列选项中,属于模具型腔表面被污染的机理的是(　　)。

(A)污染物由橡胶内迁移到模具型腔表面

(B)污染物在模具型腔表面沉积

(C)污染物受热挥发掉

(D)污染物从模具型腔表面脱落混入橡胶中

51. 橡胶注射模具表面的聚四氟乙烯涂层,经过一些周期后,涂层会部分损坏而失效,造成涂层损坏的原因有(　　)。

(A)涂层老化　　(B)橡胶的高腐蚀性

(C)高温硫化　　(D)高剪切应力

52. 在模具型腔面的下列涂/镀层中,可以在金属表面形成一个封闭的屏障,避免模具污染物的微晶体生成的是(　　)。

(A)瓷釉(陶瓷)　　(B)镀镍

(C)薄的 PTFE 涂层　　(D)厚的 PTFE 涂层

53. 在铁质模具表面形成硫化锌晶体模垢的原因较为复杂,下面属于形成硫化锌晶体模垢原因的是(　　)。

(A)氧化锌和硫黄的反应生成纳米硫化锌晶体

(B)硫化锌晶体与 Fe_2O_3形成 ZnSFe 晶格

(C)铁质模具表面被氧化有 Fe_2O_3存在

(D)大量硫化锌晶体的沉积

54. 在铁质橡胶模具表面容易形成模垢，下列方法中，可以消除或者减少模具结垢的方法有(　　)。

(A)降低硫黄的水平　　(B)降低氧化锌的水平

(C)使用纳米尺寸的氧化锌　　(D)降低硬脂酸的水平

55. 机械清洗法清洗模垢，主要采用(　　)，根据需要可以选用不同的组合清洗。

(A)砂布研磨　　(B)钢丝物理研磨　　(C)干式喷砂　　(D)干冰抛射

56. 机械清洗法清洗模垢，简单易行，对设备、工具要求不高，但也有不少缺点，主要表现为(　　)。

(A)对模具造成机械损伤　　(B)缩短模具寿命

(C)容易堵塞模具的排气孔　　(D)劳动强度高、清洗周期长

57. 模垢的化学清洗法主要包括(　　)，这些方法使用方便，费用低。

(A)有机溶剂法　　(B)熔融法　　(C)酸洗法　　(D)碱洗法

58. 模垢的化学清洗法，优点是使用方便、费用低，其缺点是(　　)。

(A)造成模具腐蚀　　(B)容易堵塞模具的排气孔

(C)影响橡胶制品的机械性能　　(D)药剂原料污染环境

59. 模垢的干冰清洗系统包括两个部分，它们是(　　)。

(A)表面处理系统　　(B)干冰造粒系统

(C)干冰挥发系统　　(D)干冰喷射清洗系统

60. 模具在使用过程中不可避免地受到橡胶、配合剂以及硫化过程中所使用的脱模剂的综合沉积污染，下列物质会污染模具的是(　　)。

(A)石蜡　　(B)无机氧化物　　(C)硅油　　(D)硫化物

61. 防止白炭黑补强硅橡胶混炼胶结构化效应的措施有(　　)。

(A)混炼时加入某些可以与白炭黑表面羟基发生反应的物质

(B)使用二苯基硅二醇时，混炼后应在 160～200 ℃下处理 0.5～1 h

(C)预先将白炭黑表面改性

(D)延长停放时间

62. 白炭黑粒子表面有大量的微孔，对硫化促进剂有较强的吸附作用，因此明显地迟延硫化，避免这种现象可采取的措施有(　　)。

(A)适当地提高促进剂的用量

(B)采用活性剂，使活性剂优先吸附在白炭黑表面

(C)增加增塑剂

(D)使用防焦剂

63. 橡胶常用的有机补强剂有(　　)。

(A)酚醛树脂　　(B)石油树脂　　(C)古马隆树脂　　(D)木质素

64. 橡胶专用补强酚醛树脂可给予硫化胶(　　)。

(A)高硬度 (B)高强度 (C)耐磨性能 (D)耐热性能

65. 在模具的下列各结构中,属于定位要素的是(　　)。

(A)导套 (B)启模口 (C)导柱 (D)排气孔

66. 在模具的下列各结构中,属于辅助要素的是(　　)。

(A)排气孔 (B)启模口 (C)主流道 (D)余胶槽

67. 在模具的下列各结构中,属于操作要素的是(　　)。

(A)手柄 (B)启模口 (C)测温孔 (D)注胶孔

68. 与炭黑相比,无机填料的特点是(　　)。

(A)对橡胶基本无补强性,或者补强性低

(B)多为白色或浅色,可以制造彩色橡胶制品

(C)某些无机填料具有特殊功能,如阻燃性、磁性等

(D)制造能耗低,制造炭黑的能耗比无机填料高

69. 无机填料表面改性的主要方法一般有(　　)。

(A)亲水基团调节

(B)偶联剂或表面活性剂改性无机填料表面

(C)粒子表面接枝

(D)粒子表面离子交换

70. 偶联剂或表面活性剂对白炭黑改性的主要作用有(　　)。

(A)可以降低混炼胶黏度,改善加工流动性

(B)改善填料的分散性和表面亲和性

(C)提高橡胶的冲击弹性,降低生热

(D)增加补强性能

71. 橡胶硫化机需要涂抹干油润滑的部位有(　　)。

(A)蜗轮减速机 (B)墙板主、副导轨面

(C)硫化室调模机构及齿轮导杆 (D)存胎器导轨

72. 橡胶硫化机需要润滑的部位有(　　)。

(A)干油自动润滑系统各润滑点 (B)蜗轮减速机

(C)墙板主、副导轨面 (D)上下热板

73. 橡胶硫化机需要润滑的部位有(　　)。

(A)中心机构水缸外套 (B)上下热板

(C)脱模机构各铰纸轴承 (D)硫化室调模机构及齿轮导杆

74. 硅烷类偶联剂通式为 X_3—Si—R,R 为有机官能团,常见的有(　　)。

(A)巯基 (B)氨基 (C)乙烯基 (D)甲基丙烯酰氧基

75. 钛酸酯类偶联剂的品种很多,主要有(　　)。

(A)单烷氧基型 (B)单烷氧基磷酸酯型

(C)单烷氧基焦磷酸酯型 (D)螯合型

76. 橡胶常用的典型的无机填充剂有(　　)。

(A)硅酸盐类 (B)碳酸盐类 (C)硫酸盐类 (D)炭黑

77. 橡胶用金属氧化物及氢氧化物这类填充剂中,多半兼有(　　)乃至硫化剂等不同

功能。

(A)填充剂 (B)活化剂 (C)着色剂 (D)阻燃剂

78. 橡胶复合材料用的短纤维的种类有(　　)。

(A)天然纤维 (B)合成纤维 (C)无机纤维 (D)钢纤维

79. 短纤维在橡胶中应用有几个问题需要十分注意,这就是(　　)三个问题。

(A)硫化 (B)分散 (C)黏合 (D)取向

80. 短纤维的表面一般呈惰性,与橡胶的黏合性差,为改善纤维与橡胶的黏合性和分散性,可考虑(　　)。

(A)短纤维表面进行处理 (B)橡胶本身进行改性

(C)添加相容剂 (D)对橡胶进行纤维接枝

81. 短纤维在橡胶制品中的应用有(　　)。

(A)胶管中应用 (B)胶带中应用

(C)轮胎中应用 (D)鞋底材料中应用

82. 作为纳米粉体,炭黑和白炭黑均具有纳米材料的大多数特性,如(　　)等。

(A)强吸附效应 (B)自由基效应 (C)电子隧道效应 (D)不饱和效应

83. 不饱和羧酸盐补强橡胶的特点有(　　)。

(A)在相当宽的硬度范围内都有着很高的强度

(B)随着不饱和羧酸盐用量的增加,胶料黏度变化不大,具有良好的加工性能

(C)在高硬度时仍具有较高的伸长率

(D)较高的弹性

84. 硫化机运转时,出现振动或异常声响故障的原因时,需采取的措施有(　　)。

(A)调整气压 (B)检查齿面,必要时更换

(C)检查间隙,必要时更换 (D)更换轴承

85. 增塑剂按来源分类,可分为(　　)。

(A)石油系增塑剂 (B)煤焦油系增塑剂

(C)松油系增塑剂 (D)合成增塑剂

86. 提高橡胶可塑性的方法有(　　)。

(A)高温裂解 (B)加入物理增塑剂

(C)加入化学塑解剂 (D)通过机械剪切作用,提高可塑性

87. 关于橡胶与增塑剂的叙述,正确的是(　　)。

(A)两种不同的物质混合时形成均相体系的能力,被称作相容性

(B)相容性好,两种物质形成均相体系的能力强

(C)相容性差,增塑剂则会从橡胶中喷出

(D)橡胶与增塑剂的相容性的最简单预测方法是比较溶解度参数

88. 关于增塑剂与不饱和橡胶相容性的说法,正确的是(　　)。

(A)增塑剂的不饱和性高低对增塑剂和不饱和橡胶的相容性有很大影响

(B)增塑剂的不饱和性越高,增塑剂与不饱和橡胶的相容性越好

(C)测定增塑剂不饱和性的方法是测其苯胺点

(D)测定增塑剂不饱和性的方法是测其闪点

89. 增塑剂对橡胶的塑化作用通常用橡胶的门尼黏度的降低值来衡量,主要评价方法有(　　)。

(A)相容性　(B)溶解度参数　(C)软化力　(D)填充指数

90. 关于增塑剂苯胺点的说法,正确的是(　　)。

(A)同体积的苯胺与增塑剂混合时,混合液呈均匀透明时的温度,被称作该增塑剂的苯胺点

(B)同体积的苯胺与增塑剂混合时,混合液呈均匀透明时的压力,被称作该增塑剂的苯胺点

(C)苯胺点越高,说明增塑剂与苯胺的相容性越差,不饱和性低

(D)苯胺点越低,说明增塑剂与苯胺的相容性越差,不饱和性低

91. 石油系增塑剂是选择适当的原油进行常压和减压蒸馏制得,主要品种有(　　)。

(A)操作油　(B)石蜡　(C)三线油　(D)变压器油

92. 操作油是石油的高沸点馏分,可将操作油分为(　　)。

(A)芳烃油　(B)石蜡油　(C)煤焦油　(D)环烷油

93. 操作油的(　　)等特性,对胶料的加工性能及硫化胶的物性都有影响。

(A)黏度　(B)闪点　(C)苯胺点　(D)倾点

94. 操作油对橡胶加工的(　　)工序均有影响。

(A)塑炼　(B)混炼　(C)压出　(D)硫化

95. 煤焦油增塑剂主要品种有(　　)。

(A)煤焦油　(B)古马隆　(C)煤沥青　(D)RX-80 树脂

96. 脂肪油系增塑剂是由植物油及动物油制取的(　　)等。

(A)硬脂酸　(B)油膏　(C)大豆油　(D)古马隆

97. 带有金属骨架的制品,橡胶与金属面黏接破坏类型分成(　　)等。

(A)橡胶破坏　(B)橡胶与黏合剂破坏

(C)黏合剂内聚破坏　(D)黏合剂与金属间破坏

98. 带有金属骨架的制品,橡胶与金属面黏接破坏时,橡胶破坏又分成(　　)等类型。

(A)斑点状橡胶破坏　(B)黏合剂内聚破坏

(C)薄层橡胶破坏　(D)厚层橡胶破坏

99. 带有金属骨架的制品,发生橡胶与黏合剂间破坏的原因有(　　)。

(A)橡胶预硫化　(B)黏合剂预固化

(C)模型压力不足、温度不够　(D)硫化条件不当

100. 常见的耐寒性增塑剂有(　　)。

(A)DBP　(B)DOP　(C)DOA　(D)DOS

101. 为提高生产率,常常会加快橡胶的硫化速率,这样做容易出现的问题有(　　)。

(A)焦烧　(B)制品内层和外层硫化不平衡

(C)凹缩　(D)开模缩裂

102. 生产大型橡胶制品,当硫化速度快时其表面容易产生凹缩现象,预防措施是(　　)。

(A)延长硫化时间　(B)控制模具合模面压力

(C)控制排气孔部合模缝压力　(D)控制硫化温度

103. 生产大型橡胶制品，当硫化速度快时其表面容易产生凹缩现象，为避免那一部分的应力集中，从模具角度可采取的措施有(　　)。

(A)安装压力松弛机构　　(B)采用双排气孔结构

(C)安装调温机构　　(D)采用长溢料面排气孔

104. 生产大型橡胶制品，当硫化速度快时其表面容易产生凹缩现象，为避免那一部分的应力集中，从胶料配方的角度可调整措施有(　　)。

(A)调整胶料硫化速度　　(B)延长正硫化时间

(C)提高橡胶导热系数　　(D)缩短焦烧时间

105. 生产大型橡胶制品，当硫化速度快时其表面容易产生凹缩现象，为避免那一部分的应力集中，从成型加工条件的角度可调整措施有(　　)。

(A)调节合模压力　　(B)延长硫化时间

(C)调节合模装置平行度　　(D)调节硫化温度

106. 为了使橡胶硫化操作人员在任何情况下都能察觉出操作错误，可采取(　　)的方法来防止错误操作。

(A)定位销位置错开　　(B)对模具斜切角

(C)刻字　　(D)着色

107. 对模具的表面进行改性，可以达到的目的有(　　)等。

(A)提高模制品性能　　(B)增大对水的接触角

(C)使表面变硬　　(D)降低表面摩擦系数

108. 下面关于表面处理对模具耐污染性效果的描述，正确的是(　　)。

(A)接触角大疏水性大，效果好　　(B)表面越硬效果越好

(C)生成氮化物或氟化物有效果　　(D)表面摩擦系数越低效果越好

109. 橡胶模制品生产中都会用到脱模剂，脱模剂需要具备的性能有(　　)。

(A)脱模性能和脱模持续性好　　(B)对模具污染小

(C)二次加工性好　　(D)发黏小

110. 通常混炼胶在硫化模具中流动中发生的问题是缺料，其产生的原因有(　　)。

(A)胶料焦烧　　(B)胶料喷霜　　(C)胶料老化　　(D)模具表面污染

111. 模制品硫化后出现凹缩，表现为表面局部塌陷，产生的原因有(　　)。

(A)胶料流动性太差　　(B)胶料黏性过大

(C)硫化压力不足　　(D)模腔内残存气体

112. 模制品出现内部缺陷时，常表现为起泡呈海绵状、发孔，其主要原因为(　　)。

(A)胶料中混入水分　　(B)硫化压力不足

(C)硫化返原　　(D)内部硫化不足

113. 模制品常出现熔合部不良现象，表现为产生裂口和熔合痕等，其产生的原因有(　　)。

(A)胶料流动性差　　(B)渗出物质的影响

(C)脱模剂的影响　　(D)模具部分污染

114. 模制品常出现开模缩裂现象，表现为胶边部分产生的凹状表面破坏，其产生的原因有(　　)。

(A)硫化温度过高　　(B)脱模剂的影响
(C)导热的影响　　(D)中芯模温度不足

115. 模制品常出现流痕现象,表现为沿胶料流动方向呈筋状花纹,其产生的原因有(　　)。

(A)存在黏度差异的胶料的流动　　(B)渗出物质的影响
(C)喷霜物质的影响　　(D)隔离剂、脱模剂的影响

116. 模制品常出现模具污染,表现为模具在短时间内污染附着物堆积,造成外观不良,其产生的原因有(　　)。

(A)硫化不足　　(B)配合剂烧结固着
(C)渗出物质碳化　　(D)喷出物质固着

117. 用于制造橡胶模具的金属材料中,一般使用的钢材有(　　)。

(A)普通结构用钢　　(B)预硬钢　　(C)碳素工具钢　　(D)铬钼钢

118. 在成型硫化工序中,橡胶的(　　)等基本物理性能对橡胶制品特性均有影响。

(A)黏性　　(B)低温性能　　(C)流动性　　(D)硫化特性

119. 注射成型模具内,由注胶口注出的胶料,最初经由注胶口接触到对面壁上,以折叠的形状从模腔的尖端开始进行填充,该现象会造成制品(　　)。

(A)产生流痕　　(B)缺胶
(C)气泡　　(D)与流向呈垂直方向的强度降低

120. 在注射模具注胶过程中,在某一剪切速率范围内,胶料在不同内径的流道内流动产生的压力损失与剪切速率无相关性,存在着显著的定值区域,在该区域胶料流动的特点是(　　)。

(A)胶料与管壁表面之间产生清晰的活塞流动
(B)挤出的橡胶表面光滑洁净
(C)挤出膨胀小
(D)显示出良好成型加工性

121. 胶料配方设计中,胶料(　　)的调整与模具设计之间的关系十分密切。

(A)脆性温度　　(B)黏度　　(C)耐高温性能　　(D)硫化速度

122. 为制作优异的模制品,要求胶料应具备(　　)特点。

(A)胶料的黏度必须低而且容易流动　　(B)储存过程中黏度变化小
(C)耐高温　　(D)耐油

123. 对注射成型硫化模具而言,对降低压力损失有效的措施是(　　)。

(A)减小注胶口的直径　　(B)减小流道的直径
(C)增加模腔数量　　(D)减少模腔数量

124. 对于注射成型那样压力较高的成型模具来说,由于喷嘴、流道、浇口、模腔的压力随时间延长降低幅度较大,所以胶料的(　　)对成型硫化的影响很大。

(A)正硫化时间　　(B)低温性能　　(C)流动性　　(D)压力损失

125. 胶料黏度波动小是很重要的,下列现象中(　　)会造成黏度上升,对模制品的加工不利。

(A)NR 胶料储存产生结晶　　(B)NR 塑炼

(C)CR 胶料储存产生结晶　　(D)MVQ 塑性返原

126. 胶料的流动性与模具设计的关系主要影响(　　)。

(A)流道形状和直径　　(B)排气孔结构

(C)浇口形状和直径　　(D)合模面间隙

127. 流动性非常好的胶料,在模制成型时的特点是(　　)。

(A)生热小　　(B)易卷入空气　　(C)产生流痕少　　(D)内压上升难

128. 胶料在不同内径的流道内流动时,压力损失产生的原因是(　　)。

(A)胶料与管壁表面间的摩擦　　(B)胶料自身的摩擦

(C)胶料焦烧　　(D)胶料弹性损失的生热

129. 压力损失小的胶料在模制成型时的特点是(　　)。

(A)易产生流痕　　(B)内部生热小

(C)分流道直径可以小　　(D)压力降幅小

130. 韧性大的胶料应力松弛缓慢,在模制成型时的特点是(　　)。

(A)流动性稍许降低　　(B)模腔内滞留时间长

(C)内压易上升　　(D)层流传递

131. 胶料流动性提高,对于胶料通过注射成型模具的(　　)是有利的。

(A)主流道　　(B)分流道　　(C)浇口　　(D)压力损失

132. 胶料流动性高,可能造成胶料在模腔内流动过快,未充满模腔之前就向外流出,使得硫化制品容易出现(　　)现象。

(A)欠硫　　(B)缺胶　　(C)致密度较低　　(D)收缩率变大

133. 下列诸因素中,可能造成流痕产生的是(　　)。

(A)不同方向流动的胶料会合　　(B)胶料中配合剂在流痕的界面上析出

(C)注射成型时注胶口位置设置不当　　(D)胶料流动性差

134. 支配模腔内胶料硫化特性的指标是(　　)。

(A)焦烧时间　　(B)正硫化时间　　(C)硫化速率　　(D)最高扭矩

135. 从硫化特性与模具设计的关系看,硫化特性会影响模具的(　　)。

(A)排气孔结构　　(B)合模面间隙　　(C)抽真空结构　　(D)调温部分结构

136. 近来,由于提高生产率的要求增强,因而加快了橡胶的硫化速率,这样做容易出现的问题有(　　)。

(A)胶料焦烧　　(B)急剧起硫而迅速产生气体

(C)制品凹缩　　(D)制品内层和外层硫化不平衡

137. 对模具型腔表面镀硬铬处理后,模具型腔表面(　　),这是模具表面处理的准则之一。

(A)对水的接触角增大　　(B)硬度增高

(C)模具耐污染性得到改善　　(D)表面摩擦系数降低

138. 注射模具按其流道大致可分为(　　)。

(A)压铸式　　(B)注压式　　(C)热流道式　　(D)冷流道式

139. 热流道式模具,对于单个模腔,流道以(　　)为基本参数进行设计,但当加工误差等不能充分均等时,一定要在流道内部设置可改变胶料流动阻力的螺纹等,以便进行调节。

(A)同一中心 (B)同一形状

(C)同一胶料流动距离 (D)对称分布

140. 如果掌握胶料的热容量和(　　)以及制品 CAD 的数据,则可以模拟模制品的气孔、流痕等。

(A)导热系数 (B)硫化曲线 (C)黏度曲线 (D)密度

141. 改善制品脱模性的方法有(　　)。

(A)模具表面涂外脱模剂 (B)模具表面涂润滑油

(C)胶料中配入内脱模剂 (D)胶料中配入隔离剂

142. 在外涂型脱模剂中,使用最多的两类是(　　)。

(A)滑石粉 (B)氟树脂类脱模剂

(C)有机硅类脱模剂 (D)肥皂水

143. 下列属于计量标准考核内容的是(　　)。

(A)计量标准设备配套齐全,技术状况良好 (B)具有正常工作所需要的环境条件

(C)计量检定人员应取得计量检定资质 (D)具有完善的管理制度

144. 螺杆预塑柱塞式注射机的特点是(　　)。

(A)螺杆可对胶料充分塑化、混合 (B)柱塞注射装置能精准控制注射量

(C)胶料经喷嘴时温升幅度高 (D)胶料在机筒内的焦烧性低

145. 橡胶制品的配方设计和生产工艺实现“无铅化”是大势所趋,橡胶生产中常用的下列物质含铅的是(　　)。

(A)NA-22/铅丹硫化体系 (B)胶管的包铅工艺

(C)开姆洛克 220 (D)开姆洛克 252

146. 下列橡胶中常用的溴类阻燃剂中,有致癌嫌疑的有(　　)。

(A)十溴二苯醚 (B)六溴联苯 (C)五溴二苯醚 (D)八溴二苯醚

147. 一些多环芳烃(PAHs)已被确定为致癌物,下列物质中含有多环芳烃的是(　　)。

(A)芳烃油 (B)SBR1712 (C)炭黑 (D)煤焦油

148. 橡胶配方中使用的某些芳胺类物质,会诱发膀胱癌,这些芳胺类物质包括(　　)。

(A)偶氮染料 (B)β-萘胺 (C)4-氨基联苯 (D)联苯胺

149. 某些具有仲胺结构的橡胶助剂,与亚硝化剂(氮氧化物 NO_x)反应会生成 N-亚硝胺,目前已确定,N-亚硝胺具有致癌性,可能产生 N-亚硝胺的有(　　)。

(A)硫化剂 DTDM (B)促进剂 TMTD

(C)促进剂 BZ (D)防老剂 NBC

150. 目前已确定,N-亚硝胺具有致癌性,相应的对策为使用不含 N-亚硝胺的物质代替,下列不产生 N-亚硝胺的有(　　)。

(A)促进剂 TB_ZTD (B)促进剂 CBBS

(C)促进剂 TBBS (D)防焦剂 CTP

151. 橡胶厂许多工序工人都接触溶剂,主要有(　　)等,在半成品或成品干燥过程中产生溶剂挥发气而使工人受到伤害。

(A)汽油 (B)甲苯 (C)二甲苯 (D)苯

152. 橡胶厂许多工序工人都接触溶剂,溶剂挥发气会使工人受到伤害,预防工人溶剂中

毒的措施有(　　)。

(A)采用无毒或低毒溶剂或无溶剂的黏合剂

(B)在作业场所设置排风系统,加强通风排气

(C)把含苯类空气经排风系统送至燃烧炉,在 800 ℃下进行燃烧

(D)活性炭吸附、再生回收

153. 橡胶制品冷冻修边的机理是(　　)。

(A)让已硫化产品在冷冻和动态条件下降温,使飞边进入脆化状态

(B)利用飞边与本体的厚度差异所导致的脆性梯度来完成修边

(C)利用飞边已脆而本体未脆的时间差

(D)对待修产品施加摩擦、冲击、振动等外力将飞边去除

154. 橡胶制品飞边的修除方法可以分为(　　)三类。

(A)冷冻修边　　(B)手工修边　　(C)机械修边　　(D)真空修边

155. 橡胶制品飞边冷冻修除方法的工艺参数有(　　)。

(A)冷冻时间　　(B)装载量　　(C)喷射角度　　(D)冷冻温度

156. 在冷冻修边中,会遇到一些质量问题,接头处断裂的主要原因是前工序接头不良造成的,其原因有(　　)。

(A)硫化压力不足　　(B)胶料流动性差　　(C)冷冻温度过高　　(D)胶料局部焦烧

157. 硫化机的正确维护,对提高其利用率,延长其使用寿命,以及确保安全生产都具有重大意义,属于硫化机日检项目的有(　　)。

(A)检查照亮按钮

(B)检查抓胎器和模具的螺栓有无松动

(C)检查硫化机运转时,是否有不正常噪声

(D)检查每一次运动部件的压缩处有没有杂质

158. 橡胶填充剂的特点是(　　)。

(A)使硫化胶的性能获得较大提高　　(B)能够提高橡胶的体积

(C)降低橡胶制品的成本　　(D)改善加工工艺性能

159. 填料的品种繁多,分类方法不一,按作用可分为(　　)。

(A)补强剂　　(B)填充剂　　(C)增塑剂　　(D)促进剂

160. 炭黑 N990 属于(　　)。

(A)热裂法炭黑　　(B)槽法炭黑　　(C)硬质炭黑　　(D)软质炭黑

161. 炭黑 N330 属于(　　)。

(A)热裂法炭黑　　(B)炉法炭黑　　(C)硬质炭黑　　(D)软质炭黑

162. 关于结合胶的说法,正确的是(　　)。

(A)结合橡胶也称为炭黑凝胶

(B)是指炭黑混炼胶中不能被它的良溶剂溶解的那部分橡胶

(C)结合橡胶实质上是填料表面上吸附的橡胶

(D)通常采用结合橡胶来衡量炭黑和橡胶之间相互作用力的大小

163. 影响结合橡胶的因素有(　　)。

(A)炭黑比表面积　　(B)混炼薄通次数　　(C)温度　　(D)橡胶性质

164. 炭黑混炼胶中不能被它的良溶剂溶解的那部分橡胶,被称作( )。

(A)结合橡胶 (B)炭黑凝胶 (C)混炼橡胶 (D)硫化橡胶

165. 在炭黑聚集体链枝状结构中屏蔽的那部分橡胶,被称作( )。

(A)结合橡胶 (B)炭黑凝胶 (C)包容橡胶 (D)吸留橡胶

166. 结合胶的生成原因是( )。

(A)吸附在炭黑表面上的橡胶分子链与炭黑的表面基团结合

(B)橡胶在加工过程中经过混炼和硫化产生大量橡胶自由基或离子与炭黑结合,发生化学吸附

(C)橡胶大分子链在炭黑粒子表面上的那些大于溶解力的物理吸附

(D)橡胶热硫化返原

四、判 断 题

1. 对注射模具,注射最后剩余的1/3胶料时,为了尽量减少产生废胶边,应将注射压力加到最大,以足够的压力注入之,控制住由注射压力产生胶边的条件。( )

2. 经常对模具进行某些热处理等,为的是谋求提高质地和增加耐久性。( )

3. 脱模剂是使硫化制品容易地从模具中脱出的化学试剂,脱模性能是选择脱膜剂的首要条件。( )

4. 改善制品脱模性的方法有两种,一种是模具表面涂脱模剂(外涂型脱模剂),另一种是在胶料中配入内填充型脱模剂。( )

5. 在内填充型脱模剂中,使用最多的是氟树脂类脱模剂,其次是有机硅类脱模剂。( )

6. 通常混炼胶在流动中发生的问题是缺料,有时与混炼胶产生焦烧现象有关系,有时模具表面污染时会因混炼胶流动不顺畅而达不到所需要的距离。( )

7. 橡胶制品产生开模缩裂的主要原因是与模具接触的制品表面和制品内部存在的温度差异,因此要减小该温差及制品表面与内部的硫化速率的差异。( )

8. 一般填料粒径越细、结构度越高、填充量越大、表面活性越高,则混炼胶黏度越低。( )

9. 结合橡胶的生成有助于炭黑附聚体在混炼过程中发生破碎和分散均匀。( )

10. 塑炼过程实质上就是使橡胶的大分子链断裂,大分子链由长变短的过程,塑炼的目的就是便于加工制造。( )

11. 炭黑粒径越粗,混炼越困难,吃料慢,耗能高,生热高,分散越困难。( )

12. 丁苯橡胶具有较好的弹性,是通用橡胶中弹性最好的一种橡胶。( )

13. 白炭黑的含水率大会引起焦烧时间缩短及正硫化时间缩短。( )

14. 未硫化的橡胶低温下变硬,高温下变软,没有保持形状的能力且力学性能较低,基本无使用价值,必须经过硫化才有使用价值。( )

15. 硫化体系的选择对模具污染有影响,高氧化锌配合、高硫黄配合、树脂硫化、过氧化物交联+共交联剂等因素均容易污染模具。( )

16. 丁腈橡胶的字母代号是NR。( )

17. 计量学是关于计量的科学。( )

18. 丁腈橡胶由丁二烯和丙烯腈共聚而成。(　　)

19. 目前耐油性能最好的通用合成橡胶是 CR。(　　)

20. 丁基橡胶的字母代号是 IR。(　　)

21. 我国的国家计量基准是由国家质量技术监督检验检疫总局组织建立和批准承认。(　　)

22. 丁基橡胶由丁二烯和丙烯腈共聚而成。(　　)

23. 目前阻尼性能和气密性能最好的通用合成橡胶是丁苯橡胶。(　　)

24. 乙丙橡胶的字母代号是 IIR。(　　)

25. 低压容器一定是第一类压力容器。(　　)

26. 乙丙橡胶由乙烯和丙烯共聚而成。(　　)

27. 抗臭氧、耐紫外线、耐天候性和耐老化性优异,居通用橡胶之首的橡胶是丁腈橡胶。(　　)

28. 乙丙橡胶一般分为二元乙丙橡胶和三元乙丙橡胶。(　　)

29. 氯丁橡胶是由氯丁二烯做单体溶液聚合而成的聚合体。(　　)

30. 氯丁橡胶分子中含有氯原子,所以它有优良的抗氧、抗臭氧性,不易燃。(　　)

31. 异戊橡胶是由异戊二烯单体聚合而成的一种顺式结构橡胶。(　　)

32. 异戊橡胶的字母代号是 IIR。(　　)

33. 按学科不同,计量学可分为七类:通用计量学、应用计量学、技术计量学、理论计量学、品质计量学、法制计量学和经济计量学。(　　)

34. 丁苯橡胶的字母代号是 BR。(　　)

35. 计量器具具有测量范围、准确度、灵敏度和稳定性的特性。(　　)

36. 丁苯橡胶由丁二烯和苯乙烯共聚而成。(　　)

37. 目前产量最大的通用合成橡胶是硅橡胶。(　　)

38. 顺丁橡胶的字母代号是 BR。(　　)

39. 计量检定是指查明和确认计量器具是否符合法定要求的程序。(　　)

40. 顺丁橡胶由异丁烯聚合而成。(　　)

41. 目前弹性最好的通用合成橡胶是顺丁橡胶。(　　)

42. 氯丁橡胶的字母代号是 CR。(　　)

43. 国际单位制基本单位中,长度的单位名称是毫米。(　　)

44. 在橡胶中加入一种物质后,使硫化胶的耐磨性、抗撕裂强度、拉伸强度、模量、抗溶胀性等性能获得较大提高,凡具有这种作用的物质称为填充剂。(　　)

45. 在橡胶中加入一种物质后,能够提高橡胶的体积,降低橡胶制品的成本,改善加工工艺性能,而又不明显影响橡胶制品性能,凡具有这种能力的物质称之为补强剂。(　　)

46. 填料的品种繁多,按作用分,炭黑、白炭黑、某些超细无机填料等属于填充剂。(　　)

47. 填料的品种繁多,按作用分,陶土、碳酸钙、胶粉、木粉等属于补强剂。(　　)

48. 由许多烃类物质经不完全燃烧或裂解生成的物质是白炭黑。(　　)

49. 粒径在 40 nm 以下,补强性高的炭黑,属于硬质炭黑。(　　)

50. 粒径在 40 nm 以上,补强性低的炭黑,属于软质炭黑。(　　)

51. 炭黑按 ASTM 标准分类由四个字组成,第一个符号为 N 或 S,代表炭黑的平均粒径

范围。(　　)

52. 炭黑按 ASTM 标准分类由四个字组成,第一个符号 N 表示硫化速度慢。(　　)

53. 炭黑按 ASTM 标准分类由四个字组成,第一个符号 S 表示正常硫化速度。(　　)

54. 炭黑按 ASTM 标准分类由四个字组成,第一位数表示硫化速度。(　　)

55. 炭黑的粒径是指单颗炭黑或聚集体中粒子的粒径大小,单位常为 nm。(　　)

56. 炭黑工业常用的平均粒径有算术平均粒径和表面平均粒径两种。(　　)

57. 炭黑的微晶结构属于石墨晶类型,晶格中碳原子有很小的对称结构。(　　)

58. 炭黑石墨化之后,粒子直径和结构形态无大变化,只是微晶的尺寸变大,化学活性下降,与橡胶的结合能力下降,补强能力下降。(　　)

59. 炭黑的粒径是指炭黑链枝结构的发达程度。(　　)

60. 炭黑的一次结构就是附聚体,它是炭黑的最小结构单元。(　　)

61. 炭黑的二次结构又称为聚集体、凝聚体或次生结构,它是炭黑聚集体间以范德华力相互聚集形成的空间网状结构。(　　)

62. 工业上广泛采用吸油值法来表征炭黑的粒径。(　　)

63. DBP 吸油值以单位质量炭黑吸收邻苯二甲酸二丁酯的体积表示。(　　)

64. 结合橡胶也称为吸留橡胶,是指炭黑混炼胶中不能被它的良溶剂溶解的那部分橡胶。(　　)

65. 实质上结合橡胶是填料表面上吸附的橡胶,也就是填料与橡胶间的界面层中的橡胶。(　　)

66. 通常采用结合橡胶来衡量炭黑和橡胶之间相互作用力的大小,结合橡胶多则补强性高,所以结合橡胶是衡量炭黑补强能力的标尺。(　　)

67. 吸附在炭黑表面上的橡胶分子链与炭黑的表面基团结合,或者橡胶在加工过程中经过混炼和硫化产生大量橡胶自由基或离子与炭黑结合,发生化学吸附,这是生成结合橡胶的主要原因。(　　)

68. 结合橡胶几乎与炭黑的结构度成正比增加。(　　)

69. 包容橡胶又称结合橡胶是在炭黑聚集体链枝状结构中屏蔽包藏的那部分橡胶。(　　)

70. 炭黑结构对硫化胶的拉伸强度、撕裂强度、耐磨性都有决定性作用。(　　)

71. 炭黑的粒径比结构度对硫化胶的定伸应力和硬度影响更大。(　　)

72. 炭黑填充胶会使胶料电阻率下降,其炭黑胶料的电性能受炭黑结构影响最明显,其次受炭黑的比表面积、炭黑表面粗糙度、表面含氧基团浓度的影响。(　　)

73. 白炭黑的制备多采用两种方法,即煅烧法和沉淀法。(　　)

74. 煅烧法制备的白炭黑又称为气相法白炭黑或干法白炭黑,它是以多卤化硅 $SiCl_x$ 为原料在高温下热分解,进行气相反应制得。(　　)

75. 煅烧法白炭黑普遍采用硅酸盐与无机酸中和沉淀反应的方法来制取水合二氧化硅。(　　)

76. 炭黑的 95%～99%的成分是 SiO_2,经 X 射线衍射证实,因炭黑的制法不同,其结构有不同差别。(　　)

77. 白炭黑的基本粒子呈球形,在生产过程中,这些基本粒子在高温状态下相互碰撞而形

成了以化学键相连结的链枝状结构，这种结构称之为基本聚集体。(　　)

78. 白炭黑的基本聚集体结构彼此以氢键吸附又形成了次级聚集体结构，这种聚集体在混炼加工时易被破坏。(　　)

79. 白炭黑，特别是气相法白炭黑是硅橡胶最好的补强剂。(　　)

80. 炭黑补强硅橡胶时，有一个使混炼胶硬化的问题，一般称为结构化效应。(　　)

81. 炭黑粒子表面有大量的微孔，对硫化促进剂有较强的吸附作用，因此明显地迟延硫化。(　　)

82. 白炭黑对各种橡胶都有十分显著的补强作用，其中对硅橡胶的补强效果尤为突出。(　　)

83. 常用的高苯乙烯树脂由苯乙烯和丁二烯共聚制得，苯乙烯含量在85%左右，有橡胶状、粒状和粉状。(　　)

84. 高苯乙烯树脂的性能与其苯乙烯含量有关。(　　)

85. 白炭黑改性剂主要包括偶联剂和表面活性剂两类。(　　)

86. 白炭黑偶联剂有硅烷类、钛酸酯类、铝酸酯类和叠氮类等。(　　)

87. 通式为 X_3—Si—R，目前品种最多、用量较大的一类偶联剂，是钛酸酯类偶联剂。(　　)

88. 为了解决钛酸酯类偶联剂对聚烯烃等热塑性塑料缺乏偶联效果的问题，发展了硅烷类偶联剂。(　　)

89. 短纤维在橡胶中应用有几个问题需要十分注意，这就是分散、黏合、取向三个问题。(　　)

90. 纳米复合材料被定义为补强剂分散相至少有一维尺寸小于1 nm。(　　)

91. 不饱和羧酸金属盐增强橡胶是原位聚合增强的典型例子。(　　)

92. 能够降低橡胶分子链间的作用力，改善加工工艺性能，并能提高胶料的物理机械性能，降低成本的一类低分子量化合物，被称作增塑剂或软化剂。(　　)

93. 软化剂多来源于天然物质，常用于非极性橡胶，增塑剂多为合成产品，多用于极性合成橡胶和塑料中，统称为增黏剂。(　　)

94. 橡胶增塑剂能改善橡胶的加工工艺性能，通过增加胶料的可塑性、流动性、黏着性改善压延、压出、成型工艺。(　　)

95. 橡胶增塑剂能改善橡胶的某些物理机械性能，降低制品的硬度、定伸应力、提高硫化胶的弹性、耐寒性、降低生热等。(　　)

96. 增塑分子进入橡胶分子内，增大分子间距、减弱分子间作用力，使分子链易滑动，被称作化学增塑剂。(　　)

97. 增塑剂通过力化学作用，使橡胶大分子断链，增加可塑性，被称作物理增塑剂。(　　)

98. 橡胶与增塑剂的相容性很重要，相容性好，两种物质形成均相体系的能力强，若相容性差，增塑剂则会从橡胶中喷出，甚至难于混合、加工。(　　)

99. 橡胶的增塑可以看成是低分子增塑剂溶解于橡胶中的一种过程，可利用聚合物—溶剂体系的相应规律来分析橡胶与增塑剂的相互作用。(　　)

100. 在一定的温度下，把高门尼黏度的橡胶塑化为某一标准门尼黏度值时所需要的增塑

剂的份数,被称为填充指数。( )

101. 石蜡油以环烷烃为主,浅黄色或透明液体,与橡胶的相容性较芳烃油差,但污染性比芳烃油小,适用于NR和多种合成橡胶。( )

102. 环烷油又称为链烷烃油,以直链或支化链烷烃为主,无色透明液体,黏度低,与橡胶的相容性差,加工性能差,吸收速度慢,多用于饱和性橡胶中,污染性小或无污染,宜用于浅色橡胶制品中。( )

103. 操作油黏度越高,则油液越黏稠,操作油对胶料的加工性能及硫化胶的物性都有影响。( )

104. 采用黏度低的操作油,润滑作用好,耐寒性提高,但在加工时挥发损失大。( )

105. 操作油苯胺点的高低,实质上是油液中链烷烃含量的标志,一般说来,操作油苯胺点在35～115 ℃范围内比较合适。( )

106. 增塑剂能够保持流动和能倾倒的最低温度,被称作闪点。( )

107. 增塑剂释放出足够蒸汽与空气形成的一种混合物在标准测试条件下,能够点燃的温度,被称作倾点。( )

108. 中和值是操作油酸性的尺度,酸性大能引起橡胶硫化速度的明显延迟。( )

109. 随着胶料中油类填充量的增加,硫化速度有减缓的倾向,油的加入,使硫化剂、促进剂在橡胶中的浓度降低,使硫化速度减缓。( )

110. 含芳香烃多的操作油,有促进胶料焦烧和加速硫化的作用。( )

111. 煤焦油增塑剂与橡胶的相容性好,并能提高橡胶的耐老化性。( )

112. 根据聚合度的不同,古马隆树脂分为液体古马隆树脂和固体古马隆树脂。( )

113. 松焦油系增塑剂能提高胶料的黏着性、耐寒性,有助于配合剂分散,延缓硫化,动态生热大。( )

114. 合成增塑剂能赋予胶料柔软性、弹性和加工性能,还可提高制品的耐寒性、耐油性、耐燃性等。( )

115. 分子量在1000～8000的古马隆,主要作耐油增塑剂,挥发性小,迁移性小,耐油、耐水、耐热。( )

116. 增塑剂主要包括环氧化油、环氧化脂肪酸单酯和环氧化四氢邻苯二甲酸酯等,环氧增塑剂在它们的分子中都含有环氧结构,具有良好的耐热、耐光性能。( )

117. 注射法和模压法可将充满模腔的未硫化橡胶的温度从内部提高。( )

118. 计量工作在中小规模企业生产中是可有可无的,可以根据企业自身情况而定。( )

119. 只要模腔尺寸不变就不会产生尺寸变化,但当胶料流动性出现异常时会产生尺寸变化。( )

120. 对于浇注成型硫化法,浇口的形状和尺寸对硫化制品尺寸的变化没有影响。( )

121. 单位面积硫化压力大时,收缩率趋于增大。( )

122. 溯源性作为计量的特点,具有重要的意义。( )

123. 硫化稍微过硫的硫化胶其撕裂强度有增大趋势,因此利用这种性质来解决硫化制品脱模撕裂也是一种好方法。( )

124. 黏合由被黏材料、黏合剂、硫化橡胶各界面的结合状态决定。( )

125. 黏合不良可以说集中表现在被黏材料表面、黏合剂内部和硫化橡胶层表面这三方面。( )

126. 当黏合不良表现为黏合剂内部产生剥离时,其原因可认为是被黏材料表面处理不充分。( )

127. 黏合剂涂层较厚或黏合剂涂层中含有残余溶剂时,黏合强度降低。( )

128. 测量仪器响应的变化除以对应的激励变化,称为灵敏度。( )

129. 未硫化橡胶表面存在喷霜或渗出物质时对黏合不会起阻碍作用。( )

130. EPDM 用硫黄交联时比过氧化物气体发生量较多。( )

131. EPDM 用 DCP 交联时最初产生甲烷气,当温度上升到 175 ℃ 以上时,其生成的苯乙酮进一步变成甲烷气,相同副产物枯基醇分解生成水。( )

132. 用过氧化物交联产生的气体量比用硫黄硫化体系的少。( )

133. 流道拐角 R 部因胶料停滞,易产生焦烧杂质。( )

134. 关于改善模具污染和脱模性的模具设计,应避免加工锐角和设计有圆形体的模具。( )

135. 硫化成型时胶料流动的部分容易产生模具污染。( )

136. 模具的温度分布均匀与否,对胶料能否成为均匀硫化状态这一点很重要。( )

137. 为了制品的出模方便,橡胶模具设计中要使反拔模斜度适当,并需要改善脱模装置等。( )

138. 模具表面加工不良是产生污染的原因之一,因此做好精加工也很重要,但极端的精加工其效果适得其反。( )

139. 要想不产生模具污染,最适当的做法是改变胶种或改变配方,这样做不会使硫化橡胶的性能发生变化。( )

140. 在镀硬铬的表面处理过程中,对水的接触角增大、硬度增高,则模具耐污染性得到改善,这是模具表面处理的准则之一。( )

141. 对模具的表面进行改性,可以达到增大对水的接触角、使表面变硬、降低表面摩擦系数等目的。( )

142. 橡胶模具中模腔的定位方法,大致可分为锥销式和锥形凹窝式两种。( )

143. 浇注模具主要有两种,一种用于料槽式浇注成型和移模注压成型那样的注压机,另一种用于平板硫化机。( )

144. 料槽式浇注模具,由作为阳模的压胶柱塞和作为阴模的料槽以及设有模腔的模具构成。( )

145. 设计注射模具时,如果模具流道和浇口过大,在多模腔模具设计中容易产生焦烧及胶料不足等现象。( )

146. 注射模具按其流道大致可分为热流道式和冷流道式。( )

147. 热流道式模具,对于单个模腔,流道以同一形状、同一胶料流动距离为基本参数进行设计。( )

148. 热流道式模具,在必须配置非常复杂而且弯曲的流道时,需用流动性试验机等装置测定所用胶料的压力损失,以获取胶料的流动特性,并且用流道模拟软件进行模拟,推断设计流道的形状、大小和长度。( )

149. 装入模具的混炼胶与模具接触后通过传热被加热,初期施压时,由于加热不充分,混炼胶的流动性不好,为了强迫混炼胶流动,必须加入大量的油类物质。( )

150. 热流道式模具,通过流道的胶料会黏附在流道壁上,装置连续工作时这些胶料已成为焦烧杂质而不能进入模腔。( )

151. 对注射模具而言,注射前排除气体至关重要,通过注射,首先除去胶料内能变成气体的物质,如脱去生胶和滑石粉等所含的水分以及硫化剂分解产生的气体。( )

152. 对注射模具,要先脱气而后注射,当注胶嘴温度进一步升高时,为了尽量除去气体,要反复进行脱气处理。( )

153. 对注射模具,当注射 1/3 胶料时,对模具进行脱气,再注射 1/3 量时,再脱气,此称之为脱气等待。( )

154. 混炼胶的温度和流动性按配方的不同而各异,但一般温度高时在较小的外力作用下即能流动。( )

155. 为排出卷入模腔中的空气或某些化学气体而进行的排气操作,排气效果往往依混炼胶的加热状态而变化,在混炼胶多少还残留收缩力的状态下进行,效果较好。( )

156. 对于硫化机的输出功率,硫化压力充裕较好,最好是在最高输出功率的 50%以内。( )

157. 胶料中的填充剂、石蜡、氧化锌、橡胶等组分在流痕的界面上析出,就会成为硫化制品上的缺陷。( )

158. 内聚能高而流动性差的胶料容易产生流痕。( )

159. 胶料流动性对模具内的流痕有影响,特别与注射成型时排气孔位置的关系很重要。( )

160. 支配模腔内胶料硫化特性的指标是正硫化时间和硫化速率。( )

161. 调节硫化速度不致发生焦烧,消除硫化制品凹缩、外观不良、硫化不足和气孔等不良问题成为硫化工艺的重点。( )

162. 从硫化特性与模具设计的关系看,硫化特性会影响排气孔结构、合模面间隙、抽真空结构和调温部分结构。( )

163. 加快橡胶的硫化速率容易引起焦烧,以及因急剧起硫而引起气体迅速产生,致使容易发生凹缩、制品内层和外层硫化不平衡等问题。( )

164. 为了不使硫化速度过快,模制品硫化多使用具有中等硫化速率的秋兰姆类硫化体系。( )

165. 产品一次性合格率=(原料毛坯投入数－各工序不合格品合计数)/原料毛坯投入数。( )

五、简 答 题

1. 什么叫结合橡胶?
2. 炭黑补强的三要素是什么?
3. 炭黑的比表面积的测定方法有哪些?
4. 什么是炭黑的一次结构?
5. 什么是炭黑的二次结构?

6. 包容橡胶的意义是什么？

7. 影响结合橡胶的因素有哪些？

8. 一般，橡胶模型制品平板硫化机的实际工作压力小于公称压力，原因是什么？

9. 与传统的炭黑补强相比，不饱和羧酸盐补强橡胶有哪些特点？

10. 能够减少喷硫现象的方法有哪些？

11. 短纤维的表面一般呈惰性，与橡胶的黏合性差，为改善纤维与橡胶的黏合性和分散性，可采用哪些方法？

12. 白炭黑补强硅橡胶时，混炼胶结构化效应的含义是什么？

13. 白炭黑补强硅橡胶时，混炼胶产生结构化效应的表现是什么？

14. 白炭黑补强硅橡胶时，混炼胶产生结构化效应的原因是什么？

15. 白炭黑补强硅橡胶时，混炼胶产生结构化效应的预防措施有哪些？

16. 与炭黑相比，无机填料具有哪些特点？

17. 为降低注射硫化时的压力损失，配方设计需要注意的事项有哪些？

18. 注压模具与注射模具分型面设计的原则是什么？

19. 注射模具浇注系统的注胶口设计的原则是什么？

20. 表1中，(a)～(d)所示的四种注射成型设备各是什么？

表 1

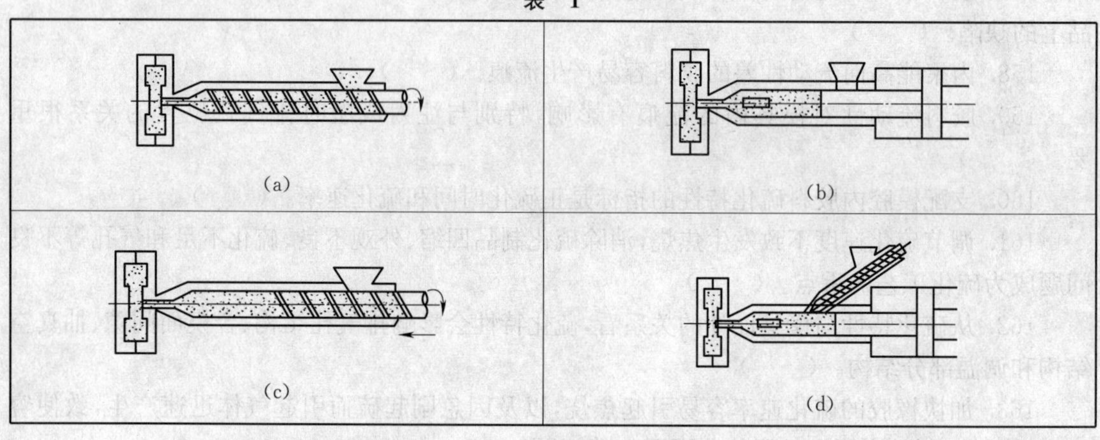

21. 图9为金属骨架表面微观状态示意图，请说明图中1～5指的各是什么？

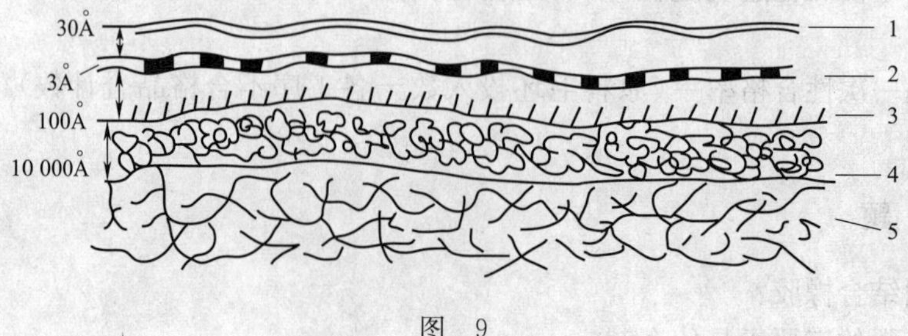

图 9

22. 通常，硫化温度的选择应根据哪几个方面进行综合考虑？

23. 什么是橡胶的焦烧？

24. 理想的橡胶配方,应该具备哪些特点?

25. 脱模剂的定义是什么?什么是内、外脱模剂?

26. 什么是模具的污染?

27. 什么是注射成型?

28. 什么是注射模具?

29. 橡胶螺杆预塑化注射机的优点有哪些?

30. 近来,由于提高生产效率的要求增强,因而加快了橡胶的硫化速率,这样做容易出现什么问题?

31. 橡胶模制品生产中都会用到脱模剂,脱模剂需要具备的性能有哪些?

32. 在铁质模具表面形成模垢的原因较为复杂,简述氧化锌与硫黄作用生成模垢的机理。

33. 模内压力从胶料起硫时会进一步上升,其原因是什么?

34. 从平板硫化机热板的维护保养考虑,安装模具时需要注意的事项有哪些?

35. 胶料压延效应产生的主要原因是什么?

36. 消除压延效应的方法有哪些?

37. 开发注射机用的胶料配方时,需注意哪些事项?

38. 橡胶制品中,骨架的作用是什么?

39. 对橡胶骨架材料的性能要求是什么?

40. 作为金属骨架,在与橡胶黏合硫化之前为什么要进行表面处理?

41. 模具设计时,设置分型面需要考虑哪些方面?

42. 橡胶的金属骨架,常采用喷砂的表面处理方法,喷砂处理的目的有哪些?

43. 什么是钢铁类骨架的磷化处理?

44. 金属骨架磷化处理的作用是什么?

45. 橡胶模制品,出模凹缩现象发生的机理是什么?

46. 橡胶注射机的液压传动装置和电气控制系统的作用是什么?

47. 什么是热塑性橡胶?

48. 生产中,对混炼胶设定"储存期"的原因是什么?

49. 橡胶注射机主要由哪几部分组成?

50. 橡胶注射机可实现生产过程的自动化,主要是综合运用了哪些技术来实现的?

51. 橡胶注射机的工作过程是什么?

52. 橡胶注射机的注射压力受哪些因素的影响?

53. 带有金属骨架的制品,橡胶与金属面粘接破坏分成哪几个类型?

54. 橡胶制品硫化后,造成金属嵌件与橡胶结合不牢、开裂的硫化工艺原因主要有哪些?

55. 橡胶注射机的直压式合模装置具有哪些优点?

56. 橡胶硫化的三大工艺参数是什么?

57. 什么是硫化压力?

58. 硫化压力的作用主要有哪些?

59. 硫化压力的选取需要考虑哪些因素?

60. 硫化压力选取的一般原则是什么?

61. 什么是硫化温度?

62. 综合考虑各橡胶的耐热性和“硫化返原”现象，各种橡胶适宜的硫化温度分别是什么？(至少列举 5 种)

63. 什么叫橡胶制品的硫化时间？

64. 胶料正硫化时间的测试方法有哪些？

65. 制品硫化时间的确定方法有哪些？

66. 简述设备预防性维修的目的。

67. 影响橡胶材料性能的主要因素有哪些？

68. 简述 NR 的 MWD 曲线中，高、低分子量部分对性能的影响。

69. 简述橡胶的分类方法及其分类。

70. 简述橡胶的分子量对其性能的影响。

六、综 合 题

1. 丁苯橡胶的化学组成和性能特点各是什么？

2. 顺丁橡胶的化学组成和性能特点各是什么？

3. 异戊橡胶的化学组成和性能特点各是什么？

4. 氯丁橡胶的化学组成和性能特点各是什么？

5. 丁基橡胶的化学组成和性能特点各是什么？

6. 丁腈橡胶的化学组成和性能特点各是什么？

7. 三元乙丙橡胶的化学组成和性能特点各是什么？

8. 应力软化效应的含义是什么？

9. 无机填料表面改性的主要方法有哪些？目前工业上广泛采用的是哪一种？

10. 在制备聚合物/层状硅酸盐纳米复合材料的过程中，插层剂的选择是极其重要的一个环节，选择合适的插层剂需要重点考虑哪几个方面的因素？

11. 冷冻修边的基本原理是什么？

12. 出现硫化机电机在到达完全闭合位失速故障的原因有哪些？

13. 橡胶模具的结构要素有哪些？

14. 为更好地保养模具，模具使用后送回模具库，需要检查的要点有哪些？

15. 带有金属骨架的制品，发生橡胶与黏合剂间破坏的原因有哪些？

16. 带有金属骨架的制品，发生金属与黏合剂间破坏的原因有哪些？

17. 造成模型橡胶制品缺胶的主要原因有哪些？

18. 为避免模型橡胶制品缺胶，可以采取哪些预防措施？

19. 橡胶模型制品平板硫化机的公称压力是什么？请写出它的表达式，并注明式中参数的意义及单位。

20. 什么是橡胶的补强与填充？

21. 结合橡胶的生成原因是什么？

22. 采用注射成型时，在整个注射和硫化过程中，模腔中胶料的压力也是不断变化的，注射和硫化过程中模内压力的变化如图 10 所示，请说明图中各阶段产生压力变化的原因是什么？

23. 图 11 所示的是带加料室的压铸模，请简述该模具设计时的注意事项。

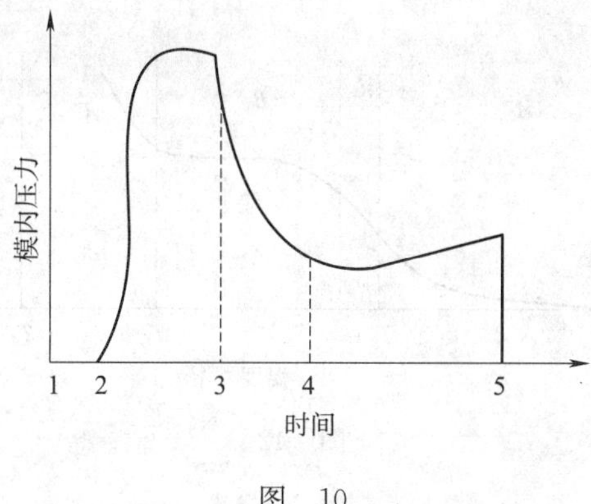

图 10

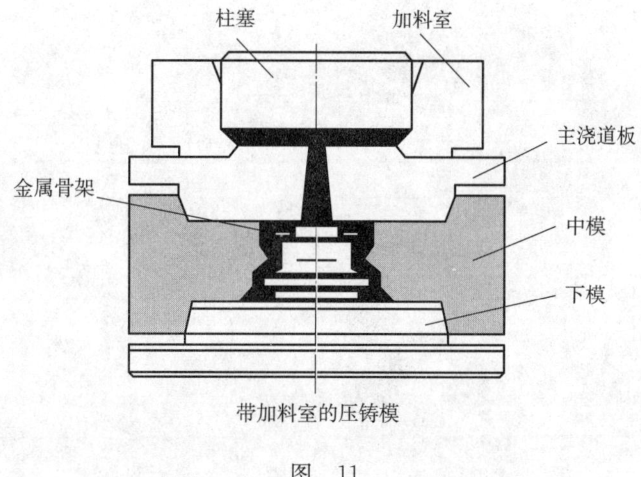

图 11

24. 简述硫化前的准备工作有哪些?

25. 橡胶制品经硫化后,都会存在一个收缩率,请说明影响橡胶制品收缩率的因素有哪些。

26. 硫化操作中,装模与出模的注意事项有哪些?

27. 压注硫化之前通常会对胶料进行烘胶处理,采用烘箱时,简述烘胶工艺的目的以及注意事项。

28. 选用脱模剂时,需遵循的原则有哪些?

29. 模具型腔表面被污染的机理是什么?

30. 橡胶制品硫化时都需要施加压力,硫化压力的作用是什么?

31. 高温快速硫化是目前技术人员努力的方向,但是提高硫化温度会导致许多问题,请列举高温硫化可能存在的问题。

32. 防止橡胶模制品出现流痕的方法有哪些?

33. 图 12 中为线性橡胶(生橡胶)在恒定应力下的变形温度曲线,请说明 A、B、C 三态以及其两区过渡态各是什么? T_g、T_f、T_d 各指的是什么?

34. 喷霜产生的原因是什么? 为避免喷霜应采取哪些措施?

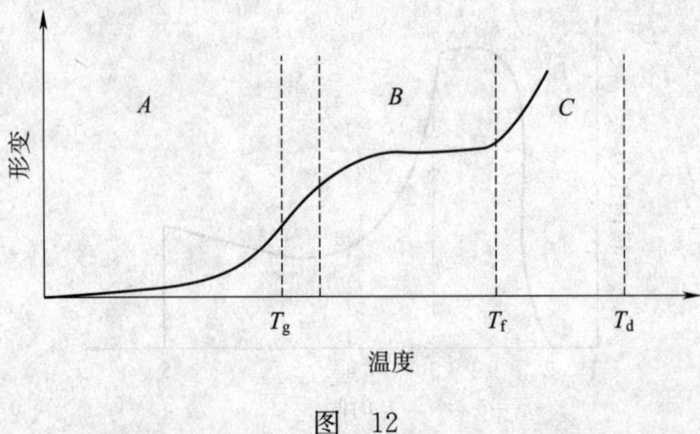

图 12

35. 橡胶注射机的最大注射容积、注射时间、注射压力及最大锁模力等参数指的是什么？

橡胶硫化工(中级工)答案

一、填 空 题

1. 合模刃槽　2. 流胶槽　3. 堆砌效应　4. 尺寸精确
5. 冷冻　6. 冷冻　7. D　8. 蒸汽加热
9. 2　10. 500 mm　11. 600 mm　12. 充满模腔
13. 喷嘴后退　14. 封住浇口　15. 热膨胀　16. 异戊二烯
17. 顺式　18. IR　19. 物理　20. SBR
21. 助燃物　22. 苯乙烯　23. 丁苯橡胶(或 SBR)
24. BR　25. 铅封　26. 丁二烯　27. 顺丁橡胶(或 BR)
28. CR　29. 二氧化碳　30. 氯丁二烯　31. 乳液
32. NBR　33. 安全技术　34. 丙烯腈　35. 丁腈橡胶(或 NBR)
36. IIR　37. 接零　38. 异丁烯　39. 丁基橡胶(或 IIR)
40. EPDM　41. 安全　42. 丙烯　43. 乙丙橡胶
44. 拉伸强度　45. 填充剂　46. 补强剂　47. 填充剂
48. 炭黑　49. 40　50. 软质　51. 一(或 1)
52. N　53. 硫化速度慢　54. 一(或 1)　55. 结构性
56. 定位　57. 粒径　58. 算术　59. 石墨
60. 石墨　61. 结构度　62. 一次结构　63. 二次结构
64. 邻苯二甲酸二丁酯(或 DBP)　65. 体积　66. 炭黑凝胶
67. 结合橡胶(或炭黑凝胶)　68. 结合橡胶(或炭黑凝胶)
69. 结合橡胶(或炭黑凝胶)　70. 比表面积　71. 吸留橡胶
72. 结合橡胶　73. 粒径　74. 结构　75. 结构
76. 沉淀　77. 气相　78. 沉淀
79. 二氧化硅(或 SiO_2)　80. 气相　81. 基本聚集体
82. 次级聚集体　83. 气相　84. 结构化　85. 迟延
86. 硅　87. 苯乙烯　88. 苯乙烯　89. 偶联剂
90. 硅烷类　91. 硅烷　92. 钛酸酯　93. 取向
94. 100　95. 增塑剂(或软化剂)　96. 物理　97. 化学
98. 相容性　99. 喷出(或析出)　100. 溶解度参数　101. 苯胺点
102. 苯胺点　103. 相容性　104. 门尼黏度　105. 填充指数
106. 软化力　107. 芳烃油　108. 环烷油
109. 石蜡油(或链烷烃油)　110. 二烯烃　111. 芳香烃
112. 倾点　113. 闪点　114. 酸性　115. 芳香烃

116. 增黏剂　117. 喷霜　118. 极性　119. 硫化时间
120. 硫化压力　121. 硫化时间　122. 硫化时间　123. 硫化温度
124. 硫化压力　125. 裂解温度　126. 硫化温度　127. 等效
128. 热　129. 温差(或温度梯度)　130. 门尼黏度　131. 硫化温度
132. 焦烧时间　133. 门尼黏度　134. 焦烧　135. 喷霜
136. 硫化压力　137. 物理机械　138. 交联密度　139. 放
140. 硫化压力　141. 三要素　142. 塑化注射　143. 收缩率
144. 流动　145. $(D'-D)/D'$　146. 硫化锌　147. 氧化锌
148. 氧化锌　149. 激光　150. 造粒　151. 喷射清洗
152. 焦烧杂质　153. 注射脱气　154. 1/3　155. 飞边
156. 模压硫化　157. 移模硫化　158. 启模口　159. 排气孔
160. 拔模斜度　161. 鼓　162. 过热水

二、单项选择题

1. D　2. C　3. B　4. B　5. B　6. C　7. A　8. D　9. A
10. D　11. B　12. A　13. B　14. D　15. C　16. B　17. D　18. C
19. B　20. D　21. D　22. C　23. A　24. C　25. A　26. C　27. B
28. D　29. B　30. A　31. B　32. A　33. C　34. B　35. D　36. C
37. A　38. B　39. A　40. B　41. A　42. D　43. C　44. D　45. C
46. B　47. D　48. A　49. A　50. B　51. C　52. A　53. A　54. A
55. B　56. A　57. C　58. D　59. A　60. D　61. C　62. B　63. A
64. B　65. B　66. D　67. C　68. A　69. B　70. C　71. A　72. B
73. C　74. A　75. B　76. A　77. B　78. A　79. A　80. A　81. A
82. B　83. A　84. A　85. C　86. D　87. C　88. A　89. B　90. C
91. B　92. D　93. B　94. D　95. C　96. B　97. A　98. D　99. B
100. A　101. B　102. C　103. D　104. C　105. D　106. A　107. B　108. B
109. C　110. D　111. D　112. A　113. D　114. B　115. D　116. A　117. A
118. C　119. B　120. B　121. D　122. C　123. D　124. D　125. B　126. A
127. A　128. D　129. A　130. B　131. A　132. D　133. A　134. B　135. A
136. A　137. A　138. C　139. B　140. C　141. D　142. D　143. B　144. C
145. C　146. D　147. A　148. B　149. B　150. C　151. A　152. A　153. C
154. B　155. D　156. A　157. C　158. A　159. B　160. C　161. B　162. C
163. B

三、多项选择题

1. ABCD　2. ABCD　3. ABD　4. ABCD　5. ABCD　6. ABCD　7. ABCD
8. ABC　9. BCD　10. ABCD　11. ABCD　12. ABCD　13. ABCD　14. AD
15. ABCD　16. ACD　17. ABC　18. ABC　19. ABCD　20. ABD　21. ACD
22. ABCD　23. ACD　24. AB　25. ABCD　26. ABCD　27. ABCD　28. ABD

29. ABCD 30. AD 31. BCD 32. ABC 33. AB 34. CD 35. ABCD
36. ABCD 37. BC 38. ABD 39. ABC 40. ABCD 41. ABCD 42. ABC
43. AC 44. ABCD 45. ABCD 46. ABCD 47. ABCD 48. ABCD 49. ABCD
50. ABD 51. CD 52. AD 53. ABCD 54. BC 55. ABC 56. ABCD
57. ABCD 58. ACD 59. BD 60. BCD 61. ABC 62. AB 63. ABCD
64. ABCD 65. AC 66. AD 67. ABC 68. ABCD 69. ABCD 70. ABC
71. BCD 72. ABC 73. ACD 74. ABCD 75. ABCD 76. ABC 77. ABCD
78. ABCD 79. BCD 80. ABCD 81. ABCD 82. ABCD 83. ABCD 84. BCD
85. ABCD 86. BCD 87. ABCD 88. ABC 89. CD 90. AC 91. ABCD
92. ABD 93. ABCD 94. BCD 95. ABCD 96. ABC 97. ABCD 98. ACD
99. ABCD 100. CD 101. ABCD 102. BCD 103. ABC 104. AC 105. ACD
106. AB 107. BCD 108. ABCD 109. ABCD 110. AD 111. AD 112. ABD
113. ABCD 114. ACD 115. ABCD 116. ABCD 117. ABCD 118. ACD 119. AD
120. ABCD 121. BD 122. AB 123. ABC 124. CD 125. ACD 126. ABCD
127. ABCD 128. ABD 129. BCD 130. ABCD 131. ABCD 132. BCD 133. ABCD
134. AC 135. ABCD 136. ABCD 137. ABCD 138. CD 139. BC 140. ABCD
141. AC 142. BC 143. ABCD 144. ABCD 145. ABCD 146. ABCD 147. ABCD
148. ABCD 149. ABCD 150. ABCD 151. ABCD 152. ABCD 153. ABCD 154. ABC
155. BCD 156. ABD 157. ABCD 158. BCD 159. AB 160. AD 161. BC
162. ABCD 163. ABCD 164. AB 165. CD 166. ABC

四、判 断 题

1. × 2. √ 3. √ 4. √ 5. × 6. √ 7. √ 8. × 9. √
10. √ 11. × 12. × 13. √ 14. √ 15. √ 16. × 17. √ 18. √
19. × 20. × 21. √ 22. × 23. × 24. × 25. × 26. √ 27. ×
28. √ 29. × 30. √ 31. √ 32. × 33. √ 34. × 35. √ 36. ×
37. × 38. × 39. √ 40. × 41. √ 42. √ 43. × 44. × 45. ×
46. × 47. × 48. × 49. √ 50. √ 51. × 52. × 53. × 54. ×
55. √ 56. √ 57. √ 58. √ 59. × 60. × 61. × 62. × 63. √
64. × 65. √ 66. √ 67. √ 68. × 69. × 70. × 71. × 72. √
73. √ 74. √ 75. √ 76. × 77. √ 78. √ 79. √ 80. √ 81. ×
82. √ 83. √ 84. √ 85. √ 86. √ 87. × 88. × 89. √ 90. ×
91. √ 92. √ 93. × 94. √ 95. √ 96. × 97. × 98. √ 99. √
100. √ 101. × 102. × 103. √ 104. √ 105. × 106. × 107. × 108. √
109. √ 110. √ 111. √ 112. √ 113. √ 114. √ 115. × 116. √ 117. ×
118. × 119. √ 120. × 121. × 122. √ 123. × 124. √ 125. √ 126. ×
127. √ 128. √ 129. × 130. × 131. √ 132. × 133. √ 134. √ 135. ×
136. √ 137. × 138. √ 139. × 140. √ 141. √ 142. √ 143. √ 144. √
145. × 146. √ 147. √ 148. √ 149. × 150. √ 151. × 152. √ 153. ×

154. √ 155. √ 156. × 157. √ 158. √ 159. × 160. × 161. √ 162. √
163. √ 164. × 165. √

五、简 答 题

1. 答:在混炼过程中(1 分),橡胶大分子会与活性填料(如炭黑粒子)的表面产生化学和物理的牢固结合(1 分),使一部分橡胶结合在炭黑粒子的表面(1 分),成为不能溶于有机溶剂的橡胶(2 分),叫结合橡胶。

2. 答:①炭黑的粒径(或比表面积);②结构性;③表面活性,通常称为补强三要素。(每点 1.5 分,全对得 5 分)

3. 答:①用电子显微镜测定炭黑的粒径及比表面积;②BET 法测定炭黑的比表面积;③碘吸附测定比表面积;④大分子表面活性剂吸附法测比表面积;⑤测定炭黑比表面积的其他方法。(每点 1 分,共 5 分)

4. 答:炭黑的一次结构就是聚集体(3 分),又称为基本聚熔体或原生结构,它是炭黑的最小结构单元(2 分)。

5. 答:炭黑的二次结构又称为附聚体、凝聚体或次生结构(1 分),它是炭黑聚集体间以范德华力相互聚集形成的空间网状结构(2 分),这种结构不太牢固,在与橡胶混炼时易被碾压粉碎成为聚集体(2 分)。

6. 答:包容橡胶是在炭黑聚集体链枝状结构中屏蔽包藏的那部分橡胶(5 分)。

7. 答:①炭黑比表面积的影响;②混炼薄通次数的影响;③温度的影响;④橡胶性质的影响;⑤陈化时间的影响。(每点 1 分,共 5 分)

8. 答:橡胶模型制品平板硫化机的公称压力不考虑柱塞或活塞、活动平台、热板等部件的重量(3 分),以及柱塞或活塞运动时密封装置的摩擦损失(2 分),所以实际工作压力小于公称压力。

9. 答:①在相当宽的硬度范围内都有着很高的强度(1 分);②随着不饱和羧酸盐用量的增加,胶料黏度变化不大,具有良好的加工性能(2 分);③在高硬度时仍具有较高的伸长率(1 分);④较高的弹性(1 分)。

10. 答:减少胶料喷硫现象的方法:①硫黄应在较低温度下加入胶料中;②采用合理的加药顺序;③使用不溶性硫黄等,都可减少喷硫现象。(每点 1.5 分,全对得 5 分)

11. 答:①短纤维表面进行处理;②橡胶本身进行改性;③添加相容剂分散剂;④对橡胶进行纤维接枝等。(每点 1 分,全对得 5 分)

12. 答:白炭黑,特别是气相法白炭黑是硅橡胶最好的补强剂(2 分),但有一个使混炼胶硬化的问题(3 分),一般称为"结构化效应"。

13. 答:结构化随胶料停放时间延长而增加(3 分),甚至严重到无法返炼、报废的程度(2 分)。

14. 答:对此有两种解释:一种认为是硅橡胶端基与白炭黑表面羟基缩合(2 分);另一种认为硅橡胶硅氧链节与白炭黑表面羟基形成氢键(3 分)。

15. 答:防止结构化有两个途径:其一是混炼时加入某些可以与白炭黑表面羟基发生反应的物质,如羟基硅油、二苯基硅二醇、硅氮烷等(2 分);另一途径是预先将白炭黑表面改性,先去掉部分表面羟基,从根本上消除结构化(3 分)。

16. 答:①来源丰富,价格比较低;②多为白色或浅色,可以制造彩色橡胶制品;③制造能耗低;④某些无机填料具有特殊功能,如阻燃性、磁性等;⑤对橡胶基本无补强性,或者补强性低。(每点1分,共5分)

17. 答:①降低可塑度,使其表现出近似于塑性流动的性能;②填充剂和补强剂用量过多,压力损失会增大;③通过使用软化剂或增塑剂,降低压力损失;④增黏剂会引起压力损失增大;⑤减小胶料与模具流道壁的摩擦;⑥模具流道内壁的平滑性和滑移性对降低压力损失也有影响。(每点1分,满分5分)

18. 答:①有利于提高制品质量;②要有利于排气;③有利于脱模;④有利于抽芯;⑤有利于加工制造。(每点1分,共5分)

19. 答:①注胶口一般选择在制品零件的非工作面上(1分);②注胶口通常选择在制品外观结构的隐蔽处(1分);③注胶口的位置要有利于加工制作(1分);④注胶口的位置在胶料充满型腔过程中,要有利于型腔中空气的排出(2分)。

20. 答:①螺杆式(1分);②柱塞式(1分);③往复螺杆式(1分);④螺杆预塑柱塞式(2分)。

21. 答:1表示污染物层;2表示气体吸附层;3表示氧化层;4表示加工硬化层;5表示金属基体。(每点1分,共5分)

22. 答:硫化温度的选择应考虑:①制品的类型(1.5分);②胶种(1.5分);③硫化体系(2分)。

23. 答:在橡胶的加工工序或胶料停放过程中(1分),可能出现早期硫化现象(1分),即胶料塑性下降、弹性增加(1.5分),无法进行加工(1.5分)的现象,称为焦烧。

24. 答:①焦烧时间要足够长,充分保证生产加工的安全性(2分);②硫化速度要适中,提高生产效率,降低能耗(1分);③硫化平坦期要长,防止厚制品长时间硫化时部分胶料出现硫化返原现象(2分)。

25. 答:能够帮助橡胶制品顺利脱离模具的助剂叫作脱模剂(2分)。内脱模剂指加入胶料之中,可起到脱模作用并改善胶料的流动性(1.5分);外脱模剂指喷洒到模具型腔表面作为隔离剂(1.5分)。

26. 答:模具在使用过程中,受到橡胶高温硫化反应释放出的各种挥发物的侵蚀(2分),模具型腔表面出现斑点、侵蚀、挥发气体沉积、胶垢等现象被称为模具的污染(至少列举3种现象,每个1分,共3分)。

27. 答:注射成型是使用在机筒内设置螺杆和柱塞的注压机(2分),通过螺杆和柱塞对经机筒加热的混炼胶进行塑化、熔融(2分),然后注射到模具内的一种成型硫化方式(1分)。

28. 答:注射模具是一种利用胶料在通过注射成型机的注射嘴、模具的流道和浇口时生热(每点1分,共3分),从而提高胶料进入模腔的温度(1分),缩短硫化时间的模具(1分)。

29. 答:①胶料的"熔融"、"流动"功能分离,容易设定进一步提高塑化程度和注射特性的体系(2分);②可以设计出塑化特性优良的螺杆直径和形状,螺杆设计和机筒温度分布的匹配相当容易(2分);③可根据注射量和注射速度确定柱塞直径(1分)。

30. 答:容易引起焦烧以及因急剧起硫而引起气体迅速产生、致使容易发生凹缩(制品表面缺陷)、开模缩裂、模腔内压迅速上升、制品内层和外层硫化不平衡等问题。(每项1分,满分5分)

31. 答:①脱模性能和脱模持续性好(2分);②对模具污染小(1分);③二次加工性好(1分);④发黏小(1分)。

32. 答:①氧化锌和硫黄的反应生成纳米硫化锌晶体;②纳米硫化锌晶体析出到模具型腔表面上;③铁质模具表面被氧化有 Fe_2O_3 存在;④硫化锌晶体与模具表面氧化的 Fe_2O_3 形成 ZnSFe 晶格;⑤大量纳米级硫化锌晶体的沉积,形成微米级尺寸的硫化锌晶体。(每点1分,共5分)

33. 答:由于堆砌效应的缘故(2分),合模面上早期硫化的薄层橡胶,封住了模腔内部的胶料(1分),模腔内失去流动场所的胶料因热膨胀(2分),使模内压力上升。

34. 答:①模具放置在热板的中部,避免机器受力不均(2分);②根据模具的大小调整工作液压力(1.5分);③模具的尺寸不可小于柱塞的直径,否则会使热板变形(1.5分)。

35. 答:①橡胶大分子链沿压延方向定向取向(2.5分);②各向异性填料的定向取向(2.5分)。

36. 答:①降低含胶率;②使用圆形填料;③提高辊温及减小上下辊的温差;④降低压延线速度;⑤提高热炼温度、多次热炼、提高胶料可塑度;⑥胶片压延后充分冷却停放。(每点1分,满分5分)

37. 答:①采用有效硫化体系为宜(1分);②选用生热小、流动性高的补强填充剂(1.5分);③选用分解温度高的软化剂,用量不宜过大(1.5分);④添加耐热性防老剂(1分)。

38. 答:橡胶的弹性模量很小,变形量很大,骨架的作用是提高制品的模量及强度(2分),限制其形变量(2分),保持其尺寸相对稳定(1分),很大程度上骨架决定了制品的使用功能以及应用范围。

39. 答:①强度高、耐热性良好;②尺寸稳定性高;③耐曲挠疲劳性能好;④耐腐蚀性能好;⑤与橡胶的黏合性能好;⑥相对密度小,便于制品的轻量化;⑦价格低廉。(每点1分,满分5分)

40. 答:①骨架加工制造时,表面往往沾染大量油类物质,对黏合不利(1.5分);②金属骨架表面都会产生锈斑,被灰尘、污垢覆盖表面形成隔离层,不利于黏接(1.5分);③金属表面的氧化物是亲水性物质,吸附空气中水分形成一层水膜,不利于黏接(1分);④金属骨架表面光滑不利于黏合剂的浸润和扩散,要增大其表面粗糙度(1分)。

41. 答:①保证制品取放容易;②排气方便;③避免锐角;④避开制品的工作面;⑤保证制品精度;⑥便于装填料,模具易拆装;⑦保证制品的外观以及容易去除胶边。(每点1分,满分5分)

42. 答:①清除骨架表面的锈斑、焊渣、积碳以及其他沾污物;②使骨架表面变得更为粗糙,增加比表面积;③除去骨架表面的氧化层;④清除骨架表面加工过程中形成毛刺及方向性痕迹;⑤以喷砂麻点对外骨架表面进行商品性装饰。(每点1分,共5分)

43. 答:将钢铁类骨架进行一系列前工艺处理后(1分),放入磷酸盐溶液之中(1分),使金属骨架表面沉积形成一层不溶于水的结晶性磷酸盐转化膜(3分),该工艺称之为磷化处理。

44. 答:①增强涂装膜层与工件间的结合力(1.5分);②提高涂装后零件表面涂层的抗腐蚀能力(1分);③提高橡胶与钢铁骨架的黏合力(1.5分);④提高钢铁零件的装饰性(1分)。

45. 答:橡胶硫化速率快,硫化制品容易产生凹缩,充入模具内的胶料硫化快时(1分),其表面薄层首先被硫化,内部胶料因未硫化而容易流动(1分),于是冲破了排气部位表面上薄薄的硫化胶层(2 分),这样硫化后从模具中取出的制品冷却时,因制品收缩而产生条纹状凹缩面(1 分),这种现象称为凹缩。

46. 答:橡胶注射机的液压传动装置和电气控制系统的作用是保证注射机按预定的注射工艺条件和动作程序进行工作(5 分)。

47. 答:在高温下能塑化成型(1 分),低温下又能显示出橡胶弹性(1 分),具有热塑性塑料的加工成型特征(1.5 分)、硫化橡胶的橡胶弹性性能的一类新型材料(1.5 分)。

48. 答:未经硫化的混炼胶(1 分),在储存期间也会缓慢的进行交联反应(1 分),随时间的推移,生橡胶的性能也在逐渐的发生着各种变化,即发生“自然硫化”(1 分),给橡胶带来了不良影响,降低了橡胶的各种性能,影响制品的使用质量(1 分),因此要对混炼胶料规定一定的储存期,储存期内性能的变化可以忽略不计,超过储存期的胶料性能变化较大而不能使用,称作过期橡胶(1 分)。

49. 答:橡胶注射机主要由注射装置、合模装置、加热冷却装置、液压传动装置和电气控制系统等组成。(每点 1 分,共 5 分)

50. 答:由于综合运用了螺杆塑化、强力合模、液压传动、电力拖动、液体介质加热冷却等技术,实现了生产过程的自动化。(至少 5 点,每点 1 分,共 5 分)

51. 答:①胶料由料斗进入机筒;②塑化装置对胶料热炼和塑化;③柱塞或螺杆推动胶料进入模腔内;④加热加压硫化;⑤开模取出制品。(每点 1 分,共 5 分)

52. 答:①胶料的流动性;②塑化方式;③喷嘴的孔径和模腔的形状。(每点 1.5 分,全对得 5 分)

53. 答:①R-橡胶破坏,又分为 SR-斑点状橡胶破坏,TR-薄层橡胶破坏,HR-厚层橡胶破坏;②RC-橡胶与黏合剂破坏;③CP-黏合剂内聚破坏;④MC-黏合剂与金属间破坏。(每点 1 分,满分 5 分)

54. 答:①硫化时间不足;②硫化压力不足;③硫化温度不足;④硫化温度过高,黏合剂失效;⑤胶料焦烧;⑥胶料硫化返原。(每点 1 分,满分 5 分)

55. 答:①结构简单,主要零件仅由油缸、活塞、模板、拉杆等组成,制造较为简便;②固定模板和活动模板间的间隔较大,扩大了模具厚度的变化范围,可以制取较深的制件;③活动模板钉在行程范围内任意停止,便于调整模具。(每点 1.5 分,答对 3 点得 5 分)

56. 答:橡胶件硫化的三大工艺参数是温度、时间和压力。(每点 1.5 分,全对得 5 分)

57. 答:硫化压力是指,橡胶混炼胶在硫化过程中,其单位面积上所承受的压力(5 分)。

58. 答:①防止混炼胶在硫化成型过程中产生气泡,提高制品的致密性;②提供胶料的充模流动的动力,使胶料在规定时间内能够充满整个模腔;③提高橡胶与夹件(帘布等)附着力及橡胶制品的耐曲挠性能。(每点 1.5 分,全对得 5 分)

59. 答:①胶料的配方;②胶料可塑性的大小;③成型模具的结构形式(模压,注压,射出等);④硫化设备的类型(平板硫化机,注压硫化机,射出硫化机,真空硫化机等);⑤制品的结构特点。(每点 1 分,共 5 分)

60. 答:①胶料硬度低的,压力宜选择小,硬度高的选择大;②薄制品选择小,厚制品选择大;③制品结构简单选择小,结构复杂选择大;④力学性能要求高选择大,要求低选择小;⑤硫化温度较高时,压力可以小一些,温度较低时,压力宜高点。(每点 1 分,共 5 分)

61. 答:橡胶硫化温度是硫化三大要素之一(1 分),是橡胶进行硫化反应(交联反应)的基本条件(2 分),直接影响橡胶硫化速度和制品的质量(2 分)。

62. 答:①NR 最好在 140～150 ℃,最高不超过 160 ℃;②BR、IR 和 CR 最好在 150～160 ℃,最高不超过 170 ℃;③SBR、NBR 可采用 150 ℃以上,但最高不超过 190 ℃;④丁基橡胶、三元乙丙橡胶一般选用 160～180 ℃,最高不超过 200 ℃;⑤硅橡胶、氟橡胶一般采用二段加硫,一段硫化温度可选 170～180 ℃,二段硫化则选用 200～230 ℃。(每点 1 分,满分 5 分)

63. 答:在一定的温度、模压下(1 分),为了使胶料从塑性变成弹性,且达到交联密度最大化(2 分),物理机械性能最佳化所用的时间叫橡胶制品硫化时间(2 分),通常不含操作过程的辅助时间。

64. 答:①物理—化学法;②物理—力学性能测定法;③专用仪器法等。(每点 1.5 分,全对得 5 分)

65. 答:①若制品厚度为 6 mm 或小于 6 mm,并且,胶料的成形工艺条件可以认为是均匀受热状态,那么,制品的硫化时间与硫化曲线中所测得的正硫化时间相同(温度一致的情况下,即加硫温度使用硫化仪测试的温度)(2 分);②若制品壁厚大于 6 mm,每增加 1 mm 的厚度,则测试的正硫化时间增加 1 min,这是一个经验数据(3 分)。

66. 答:目的在于将设备的故障率和实际折旧率降至最低(3 分),将设备使用周期中设备的可用性和可靠性增至最高(2 分)。

67. 答:①化学组成;②分子量及分子量分布;③大分子聚集状况;④添加剂的种类和用量;⑤外部条件:力学条件、温度条件、介质。(每点 1 分,共 5 分)

68. 答:低分子量部分可以起内润滑的作用,提供较好的流动性、可塑性及加工性,具体表现为混炼速率快、收缩率小、挤出膨胀率小(3 分);高分子量部分则有利于机械强度、耐磨、弹性等性能(2 分)。

69. 答:①按照来源分为天然橡胶和合成橡胶,合成胶又分为通用橡胶和特种橡胶(1 分);②按照化学结构分为碳链橡胶、杂链橡胶和元素有机橡胶(2 分);③按照交联方式分为传统热硫化橡胶和热塑性弹性体(2 分)。

70. 答:①分子量与橡胶的性能密切相关(1 分);②随着分子量上升,橡胶黏度逐步增大,流动性变小,在溶剂中的溶解度降低,力学性能逐步提高(2 分);③分子量超过一定值后,由于分子链过长,纠缠明显,对加工性能不利,具体反映为门尼黏度增加,混炼加工困难,功率消耗增大等(2 分)。

六、综 合 题

1. 答:化学组成:丁二烯和苯乙烯的共聚体(4 分)。

性能特点:①耐磨性、耐老化和耐热性超过天然橡胶;②弹性较低,抗屈挠、抗撕裂性能较差;③加工性能差,特别是自黏性差、生胶强度低。(每点 2 分,共 6 分)

2. 答:化学组成:是由丁二烯聚合而成的顺式结构橡胶(3 分)。

性能特点:①弹性与耐磨性优良;②耐老化性好;③耐低温性优异;④在动态负荷下发热量小;⑤易于金属黏合;⑥强度较低,抗撕裂性差;⑦加工性能与自黏性差。(每点 1 分,共 7 分)

3. 答:化学组成:是由异戊二烯单体聚合而成的一种顺式结构橡胶(4 分)。

性能特点:①化学组成、立体结构与天然橡胶相似,性能也非常接近天然橡胶,故有合成天然橡胶之称;②耐老化优于天然橡胶;③弹性和强力比天然橡胶稍低;④加工性能差,成本较

高。(每点 1.5 分,共 6 分)

4. 答:化学组成:是由氯丁二烯做单体乳液聚合而成的聚合体(2 分)。

性能特点:①具有优良的抗氧、抗臭氧性及耐老化性;②不易燃,着火后能自熄;③耐油、耐溶剂、耐酸碱性能好;④气密性好;⑤耐寒性较差;⑥比重较大、相对成本高,电绝缘性不好;⑦加工时易粘辊、易焦烧及易粘模;⑧生胶稳定性差,不易保存。(每点 1 分,共 8 分)

5. 答:化学组成:是异丁烯和少量异戊二烯或丁二烯的共聚体(2 分)。

性能特点:①最大特点是气密性好;②耐臭氧、耐老化性能好;③耐热性较高,长期工作温度可在 130 ℃以下;④能耐无机强酸和一般有机溶剂;⑤吸振和阻尼特性良好;⑥电绝缘性也非常好;⑦弹性差,加工性能差;⑧硫化速度慢,黏着性和耐油性差。(每点 1 分,共 8 分)

6. 答:化学组成:丁二烯和丙烯腈的共聚体(4 分)。

性能特点:①耐汽油和脂肪烃油类的性能特别好;②耐热性好,气密性、耐磨及耐水性等均较好;③黏结力强;④耐寒及耐臭氧性较差;⑤电绝缘性不好;⑥耐极性溶剂性能也较差。(每点 1分,共 6 分)

7. 答:化学组成:乙烯、丙烯及第三单体的共聚体(4 分)。

性能特点:①抗臭氧、耐紫外线、耐天候性和耐老化性优异,居通用橡胶之首;②电绝缘性、耐化学性、冲击弹性很好,耐酸碱;③比重小,可进行高填充配合;④耐热可达 150 ℃;⑤耐极性溶剂,但不耐脂肪烃和芳香烃;⑥自黏性和互黏性很差,不易黏合。(每点 1 分,共 6 分)

8. 答:硫化胶试片在一定的试验条件下拉伸至给定的伸长比 λ_1 时,去掉应力,恢复,第二次拉伸至同样的 λ_1 时所需应力比第一次低,第二次拉伸的应力—应变曲线在第一次的下面(3 分);若将第二次拉伸比增大超过第一次拉伸比 λ_1 时,则第二次拉伸曲线在 λ_1 处急骤上撇与第一次曲线衔接(3 分);若将第二次拉伸应力去掉,恢复,第三次拉伸,则第三次的应力应变曲线又会在第二次曲线下面(3 分);随次数增加,下降减少,大约 4～5 次后达到平衡(1 分),上述现象叫应力软化效应,也称为 Mullins 效应。

9. 答:表面改性的方法:①亲水基团调节;②偶联剂或表面活性剂改性无机填料表面;③粒子表面接枝——聚合物接枝,引发活性点吸附单体聚合接枝;④粒子表面离子交换——改变表面离子,自然改变了表面的性质;⑤粒子表面聚合物胶囊化,用聚合物把填料包一层,但互相无化学作用。(每点 1.5 分,共 7.5 分)

这些方法中,目前工业上广泛采用的是用偶联剂及表面活性剂改性无机填料(2.5 分)。

10. 答:①容易进入层状硅酸盐晶片间的纳米空间,并能显著增大黏土晶片间片层间距(3 分);②插层剂分子应与聚合物单体或高分子链具有较强的物理或化学作用,以利于单体或聚合物插层反应的进行,并且可以增强黏土片层与聚合物两相间的界面黏结,有助于提高复合材料的性能(5 分);③价廉易得,最好是现有的工业品(2 分)。

11. 答:让已硫化产品在冷冻和动态条件下降温,使飞边进入脆化状态(1 分),因厚度不同,橡胶在低温下变硬、变脆程度不同(1 分),在同样的低温条件下,薄的部分的变脆先于厚的部分(3 分),所以,利用飞边与本体的厚度差异所导致的脆性梯度来完成修边(1 分),也就是抓住飞边已脆而本体未脆的时间差,对待修产品施加摩擦、冲击、振动等外力将飞边去除(3 分),而此时制品本体尚处于弹性状态而不受损伤(1 分)。

12. 答:①起动前,传动系统润滑不充分;②硫化机锁模力调得太高;③减速机蜗轮或蜗杆齿面损坏,降低传动效率;④电压下降过多,电机扭矩不足;⑤主轴与轴承黏滞或过度磨损;

⑥减速机用油牌号不对，或油已变质。(每点 2 分，满分 10 分)

13. 答：①成型要素；②辅助要素；③连接要素；④定位要素；⑤注胶要素；⑥工艺要素；⑦操作要素；⑧标记要素。(每点 1.5 分，全对得 10 分)

14. 答：①模具是否变形；②配合部位是否松动、拉毛；③定位是否可靠；④型腔面是否光滑；⑤模具活动配合型芯、顶出附件是否齐全；⑥手柄是否松动或脱落。(每点 2 分，满分 10 分)

15. 答：①橡胶预硫化；②黏合剂预固化；③模型压力不足、温度不够；④硫化条件不当；⑤黏合剂涂层太厚或太薄；⑥胶料喷霜；⑦金属件涂胶后被污染；⑧黏合剂选择不当；⑨稀释不当、未搅拌均匀。(每点 1.5 分，满分 10 分)

16. 答：①金属表面处理不当、脱脂不充分；②涂胶前金属被再次污染；③黏合剂层残留溶剂；④采用喷涂法时，溶剂挥发太快；⑤异种金属接触产生电化学腐蚀；⑥环境影响；⑦未用底胶；⑧稀释不当、未搅拌均匀。(每点 1.5 分，满分 10 分)

17. 答：①用胶量太少；②溢料口太大，以致胶料不能充满型腔，从溢料口溢出或溢料口位置不对；③脱模剂用量太多，以致胶料在型腔内汇合处不能合拢；④胶料硫化速度太快，胶料未充满型腔便已硫化，以致胶料流动性变差，胶料不能充满型腔；⑤模具入料口设计不合理，胶料不能充满型腔；⑥胶料太硬或流动性不好，未充满型腔就已硫化。(每点 2 分，满分 10 分)

18. 答：①减少脱模剂的用量；②注意胶料使用前不能沾油污；③适当增加用胶量、控制半成品胶坯尺寸；④调整胶料配方，延长焦烧时间；⑤加大入料口的尺寸或增加入料口数量；⑥改善胶料配方或提高预塑温度，增加流动性；⑦改进模具、合理选择溢料口的位置；⑧调节注胶孔，保证注胶充足。(每点 1.5 分，满分 10 分)

19. 答：①公称压力以介质压力乘以活塞截面积表示(4 分)；

②公称压力表达式：$P_{公称}=S\cdot P\cdot n$(3 分)

式中 S——柱塞截面积，m^2；

P——工作介质压力，N/mm^2；

n——工作缸数目。(3 分)

20. 答：①补强：在橡胶中加入一种物质后，使硫化胶的耐磨性、抗撕裂强度、拉伸强度、模量、抗溶胀性等性能获得较大提高的行为(5 分)。

②填充：在橡胶中加入一种物质后，能够提高橡胶的体积，降低橡胶制品的成本，改善加工工艺性能，而又不明显影响橡胶制品性能的行为(5 分)。

21. 答：①吸附在炭黑表面上的橡胶分子链与炭黑的表面基团结合，或者橡胶在加工过程中经过混炼和硫化产生大量橡胶自由基或离子与炭黑结合，发生化学吸附，这是生成结合胶的主要原因(5 分)。②橡胶大分子链在炭黑粒子表面上的那些大于溶解力的物理吸附，要同时解脱所有被炭黑吸附的大分子链并不是很容易的，只要有一、两个被吸附的链节没有除掉，就有可能使整个分子链成为结合胶(5 分)。

22. 答：①注射开始时，机筒内部已经加热和塑化了的胶料在注射柱塞或螺杆的压力作用下，自喷嘴流经模具的浇道和浇口进入模腔，由于胶料沿着流程有压力损失，因此这时模腔内的胶料压力要比注射压力低得多(3 分)；②当胶料注满模腔时，胶料的流动过程随之结束，模内压力急剧增加(2 分)；③当注射和保压过程结束以后，喷嘴开始后退，模腔内的少部分胶料自浇口溢出，模内压力出现递减现象(2 分)；④胶料由于加热而被首先硫化，因而封住浇口，随着模腔内胶料被进一步加热,开始出现热膨胀现象,模腔内胶料压力再度开始升高,直至模具打开为止(3 分)。

23. 答:①因上模与料槽模共用,所以上模可以省去;②料槽基本上为圆形,方形料槽不适宜;③模腔应刻在料槽的投影面内,这是因为欲将合模压力 100%施于模腔;④料槽模和压模的间隙为 0.2～0.3 mm,从开模操作角度讲,间隙大的好,但一旦超过此间隙,则加压时料槽中的胶料会从上部流出;⑤模具结构以凹窝模具为最佳;⑥流道和注胶口的形状、注胶口直径和数量取决于制品形状、胶料流动难易程度和硫化速度,一般采用三个以上注胶口;⑦制品的投影形状为异形时,图中变得对称起来,但注胶口位置变成不对称,因为注胶口的中间点为熔合面,所以要将其位置错开;⑧有排气孔不等于是对开模具,对于凿刻较深的模腔来说是必要的;⑨料槽的深度要比压模凸起部浅;⑩当制品带金属嵌件和模具带排气孔时为减轻模具操作强度,托板模是必不可少的。(每点 1 分,满分 10 分)

24. 答:①检查设备及模具上各个配件是否异常,合页是否损坏,螺丝是否松动,导销是否变形下陷;②空模时将其模具上升查看上升到位时是否得当(上模板不可直接接触到机台上热板);③调整适合的硫化工艺参数:温度、时间及压力;④模温的量测,做好测温记录;⑤测试每模料重,烘胶或者硫化之前先检查所用胶坯的重量是否复合工艺要求;⑥装胶前再次确认温度无误后装胶;⑦清理设备以及模具的废胶边及杂质。(每点 1.5 分,满分 10 分)

25. 答:①胶种不同,收缩率不同;②含胶率越大,收缩率越大;③硫化温度越高,收缩率越大;④硫化压力越大,收缩率越小;⑤硫化程度不同收缩率也不同,收缩率随欠硫至正硫而减小,随正硫至过硫而增大;⑥有金属骨架的制品及夹布制品和纯胶制品的收缩率也不一样;⑦产品形状大小不同,其收缩率也不同;⑧硫化成型方式不同,收缩率不同(模压成型收缩率大于注射成型);⑨促进剂用量大,收缩率大;⑩软化增塑剂用量大,收缩率小。(每点 1 分,满分 10 分)

26. 答:胶料装模的注意事项:①交接班后工作之前,先检查设备的表显温度是否正常;②彻底清理干净模具以及设备上的胶边和杂质,以免混入制品硫化造成缺陷;③装胶时保证工艺要求正确的前提下,尽量提高装胶速度,避免焦烧现象;④执行工艺文件规定,搬模具、拿骨架、拿胶料需佩戴规定的手套;⑤注意观察注胶塞是否注射到位,特别是比较硬的胶料(门尼黏度较高),注射阻力较大,较容易出现注射不到位造成缺胶。(每点 1 分,共 5 分)

产品硫化出模注意事项:①准备好必要的出模工装;②对硫化完的每一件产品进行仔细的外观检查,有问题及时处理;③出模时,不要敲打橡胶部分,以免造成破坏;④观察模具状态,根据需要喷打脱模剂;⑤注意不要打砸、碰伤模具型腔表面。(每点 1 分,共 5 分)

27. 答:烘胶的目的是:①通过高温烘胶使混炼胶软化,降低门尼黏度,增加流动性,使注胶过程顺利进行,避免缺胶、流痕等缺陷(2.5 分);②烘胶后的胶料温度较高,装模后达到硫化温度的预热时间减少,以便减少硫化时间,提高硫化效率(2.5 分)。

烘胶的注意事项:①烘胶前检查胶料和骨架的生产日期,避免使用过期产品;②烘胶前检查胶料外观,看是否受到污染;③胶料较多时,应该平铺烘胶,避免叠放导致中间胶料受热不均;④烘胶时需打开烘箱鼓风,保证各处温度均匀;⑤及时填写标识卡,以免拿错胶。(每点 1 分,共 5 分)

28. 答:①要能够在模具型腔表面形成均匀的薄膜或聚合物层;②具有优异的耐热氧化性能;③热稳定性好,受热不碳化、不分解;④与所使用的胶料不起化学反应;⑤能提高胶料在成

型加工中的流动性能;⑥不产生流痕和气泡;⑦对模具型腔表面、工作场地及人员无污染。(每点 1.5 分,满分 10 分)

29. 答:模具型腔表面的污染被分为三个阶段:第一阶段,引起模具型腔表面污染的物质,在热条件作用下与胶料进行硫化反应,开始有胶料向模具型腔表面转移(3 分);第二阶段,这些能够对金属产生污染的物质,通过黏附和沉积的机理对模具型腔表面产生污染,进而生成污染沉积物并黏附在模具型腔表面上(4 分);第三阶段,污染物受热氧化而变质,从模具型腔表面脱落并黏合在橡胶制品表面上,直接影响制品的外观质量(3 分)。

30. 答:①提供锁模压力,防止胶料产生气泡,提高胶料的致密性;②使胶料流动,充满模具,以制得各种形状的制品;③提高制品中各部分胶料之间的黏着力,改善硫化胶的物理性能;④提供胶料和涂有黏合剂骨架的挤压力,便于黏合剂在金属骨架和胶料之间产生较高的黏合强度;⑤减少胶料硫化为制品后的收缩率,确保产品外形尺寸的稳定。(每点 2 分,满分 10 分)

31. 答:①容易引起橡胶分子链裂解和硫化返原,导致胶料力学性能下降;②使橡胶制品中的纺织物强度降低;③导致胶料焦烧时间缩短,减少了充模时间,造成制品局部缺胶;④由于厚制品会增加制品的内外温差,导致硫化不均;⑤涉及到胶料与骨架的黏合时,可能导致胶料的硫化速率与黏合剂的固化速率的不匹配,导致黏合失效;⑥硫化温度对胶料的收缩率有一定影响,一般情况下,硫化温度越高,产品的收缩率会越大。(每点 1.5 分,全对得 10 分)

32. 答:从胶料方面着手:①提高胶料的流动性;②给予胶料适中的黏性;③选择不产生焦烧和分解气体少的硫化体系;④采用分散性好的配合剂。

从模具设计方面着手:①变更注胶口的位置;②变更设置抽真空结构;③变更调节分流道直径;④使胶料温度分布均匀。(每点 1.5 分,满分 10 分)

33. 答:三态:A——玻璃态,B——高弹态,C——黏流态(3 分)。

两区:玻璃化转变区、黏弹转变区(4 分)。

T_g——玻璃化温度,T_f——流动温度,T_d——分解温度(3 分)。

34. 答:①混炼胶产生喷霜的原因:配合剂与橡胶的相容性差、配合剂用量过多、加工温度过高,时间过长、停放时降温过快,温度过低、配合剂分散不均匀(3 分)。

②硫化胶产生喷霜的原因:与橡胶相容性差的防老剂或促进剂用量多了、胶料硫化不熟,欠硫、使用温度过高,储存温度过低、胶料过硫,产生返原(3 分)。

③减轻喷霜的措施:低温炼胶、使用不溶性硫黄、用硫载体取代部分硫黄、适当提高混炼胶的停放温度、采用促进剂或防老剂并用,减少单一品种的用量、胶料中添加能够溶解硫黄的增塑剂如煤焦油、古马隆树脂、使用防喷剂(4 分)。

35. ①最大注射容积,是指注射螺杆或柱塞进行一次最大行程后,所能射出胶料的最大容积(3 分)。

②注射时间,是指螺杆或注射柱塞往模腔内注射最大容量的胶料时所需要的最短时间(3 分)。

③注射压力,是指注射螺杆或柱塞的端部作用在胶料单位面积上的最大压力(2 分)。

④最大锁模力,是指机器所能产生的最大夹紧模具力(2 分)。

橡胶硫化工(高级工)习题

一、填 空 题

1. 如果胶料极易(　　),在模腔内迅速流过,它在模腔内停留时间短,模腔内压难以上升,难以制得致密的硫化橡胶制品。

2. 我们希望胶料的刚性和黏度要平衡,一般可使用操作油和增塑剂,但最好是与低分子量的(　　)并用,因为这样既能提高胶料黏度,又可保持胶料刚性,具有双重效果。

3. 流动性高的胶料,可能会未充满模腔之前就向外流出,将(　　)溢料面放长一些,以延长胶料在模腔内滞留的时间,可制得致密的硫化制品。

4. 为了制品的出模方便,橡胶模具设计中需设计适当的(　　)斜度,并需要改善脱模装置等。

5. 热流道式模具流道非常复杂而且弯曲时,需用流动性试验机等装置测定所用胶料的(　　)损失,以获取胶料的流动特性,并且用流道模拟软件进行模拟,推断设计流道的形状、大小和长度。

6. 使硫化制品容易地从模具中脱出的化学试剂是(　　)。

7. 装入模具的混炼胶与模具接触后通过传热被加热,初期施压时,由于加热不充分,混炼胶的流动性不好,为了强迫混炼胶流动,必须施加(　　)。

8. 为排出卷入模腔中的空气或某些化学气体而进行的排气操作,排气效果往往依混炼胶的加热状态而变化,在混炼胶具有(　　)收缩力的状态下进行,效果较好。

9. 对于硫化机的输出功率,硫化压力充裕较好,最好是在最高输出功率的(　　)以内。

10. 为了达到合理的制造工艺和合理成本,可采用把橡胶硫化分为一段、二段两个过程来完成的工艺方法,其第二段的工艺就是所谓的(　　)。

11. 根据化工行业标准,橡胶模压制品中,能够造成故障或严重降低产品使用性能的缺陷,被称作(　　)缺陷。

12. 根据化工行业标准,橡胶模压制品中,只对产品的使用性能造成轻微影响或几乎没有影响的缺陷,被称作(　　)缺陷。

13. 根据化工行业标准,橡胶模压制品中,出现在橡胶模压制品表面起主要作用的、与尺寸公差和使用性能有关的工作面上的缺陷,被称作(　　)缺陷。

14. 根据化工行业标准,橡胶模压制品中,出现在橡胶模压制品表面不是起主要作用的、与尺寸公差和使用性能无关的工作面上的缺陷,被称作(　　)缺陷。

15. 常用的金属氧化物硫化剂是氧化锌和氧化镁并用,单独使用(　　)时,硫化速度慢。

16. 氢化丁腈橡胶的字母代号是(　　)。

17. 丙烯酸乙酯或丙烯酸丁酯的聚合物是(　　)橡胶。

18. 导致"温室效应"的主要污染物是(　　)。

19. 丙烯酸酯橡胶的字母代号是(　　)。

20. 氯磺化聚乙烯橡胶是(　　)经氯化和磺化处理后,所得到具有弹性的聚合物。

21. 创伤救护包括(　　)、包扎、固定和搬运四项技术。

22. 氯磺化聚乙烯橡胶字母代号是(　　)。

23. 由环氧氯丙烷均聚或由环氧氯丙烷与环氧乙烷共聚而成的聚合物是(　　)。

24. 氢化丁腈橡胶是通过全部或部分氢化(　　)的丁二烯中的双键而得到的。

25. 氯醚橡胶的字母代号是(　　)。

26. 消防工作贯彻(　　)、防消结合的原则。

27. 氯化聚乙烯橡胶是由(　　)通过氯取代反应制成的具有弹性的聚合物。

28. 在液体表面产生足够的可燃蒸气,遇火能产生一闪即灭的火焰燃烧现象称为(　　)。

29. 氯化聚乙烯橡胶的字母代号是(　　)。

30. 硅橡胶的字母代号是(　　)。

31. 硅橡胶为主链含有硅、氧原子的特种橡胶,其中起主要作用的是(　　)元素。

32. 硅橡胶分子链化学组成的基本单元是(　　)。

33. 灭火的基本方法是冷却、窒息、(　　)和抑制。

34. 既耐高温(最高 300 ℃)又耐低温(最低－100 ℃)的橡胶是(　　)。

35. 氟橡胶的字母代号是(　　)。

36. 由含氟单体共聚而成的有机弹性体是(　　)橡胶。

37. 火灾(　　)阶段是扑救火灾最有利的阶段。

38. 耐温高可达 300 ℃,耐酸碱、耐油性能最好的橡胶是(　　)。

39. 聚氨酯橡胶的字母代号是(　　)。

40. 聚氨酯橡胶是由聚酯或(　　)与二异氰酸酯类化合物聚合而成的弹性体。

41. 泡沫灭火器可分为(　　)和推车式两种。

42. 耐温高可达 300 ℃,耐真空性能最好的特种橡胶是(　　)橡胶。

43. 氢化丁腈橡胶比丁腈橡胶的耐高温性能(　　)(填“优”或“劣”)。

44. 灭火器压力表用红、黄、绿三色表示压力情况,当指针指在(　　)区域表示正常。

45. 橡胶或橡胶制品在加工、储存和使用的过程中,由于受内、外因素的综合作用使性能逐渐下降,以至于最后丧失使用价值,这种现象称为橡胶的(　　)。

46. 天然橡胶的热氧化、氯醇橡胶的老化,表现为(　　)。

47. 顺丁橡胶的热氧老化,丁腈橡胶、丁苯橡胶的老化,表现为(　　)。

48. 不饱和橡胶的臭氧老化、大部分橡胶的光氧老化,表现为(　　),但形状不一样。

49. 硫化胶交联键有—S—、—S_2—、—S_x—、—C—C—,交联键结构不同,硫化胶耐老化性不同,其中以(　　)最差。

50. 橡胶常见的老化方式是热氧老化、光氧老化、臭氧老化和(　　)老化。

51. 橡胶的防护方法中,尽量避免橡胶与老化因素相互作用的方法被称作(　　)防护。

52. 橡胶的防护方法中,通过化学反应延缓橡胶老化反应继续进行的方法被称作(　　)防护。

53. 橡胶老化最主要的因素是(　　)作用,它使橡胶分子结构发生裂解或结构化,致使橡胶材料性能变坏。

54. 橡胶老化时,不饱和橡胶氧化的特征之一是它的(　　)作用。

55. 含有大量(　　)的橡胶,即不饱和橡胶,如 NR、SBR、BR 等都易于受氧的袭击而不耐老化。

56. 当聚合物产生(　　)时,分子链在晶区内产生有序排列,使其活动性降低,聚合物的密度增大,氧在聚合物中的渗透率降低。

57. 与链增长自由基 R—或 RO_2—反应,以终止链增长过程来减缓氧化反应的防老剂,被称作(　　)型防老剂。

58. 根据链终止型防老剂与自由基的作用方式不同,可分为(　　)捕捉体、电子给予体和氢给予体。

59. 从橡胶的自动氧化机理可以看到,大分子的氢过氧化物是引发(　　)的游离基的主要来源。

60. 能够破坏氢过氧化物,使它们不生成活性游离基,也能延缓自动催化的引发过程,能起到这种作用的化合物又被称为氢过氧化物(　　)剂。

61. 因为(　　)分解剂要等到氢过氧化物生成后才能发挥作用,所以一般不单独使用,而是与酚类等抗氧剂并用,因此称为辅助防老剂。

62. 两种或两种以上防老剂并用,往往可以产生加和效应、(　　)或对抗效应。

63. 假设一种防老剂单独使用时防护效果为 A,另一种防老剂单独使用时防护效果为 B,两种防老剂并用时的效果为 C,当 $C<A+B$ 时,被称作(　　)效应。

64. 两种防老剂并用时的防护效果小于单独使用时防护效果之和,被称作(　　)效应,也就是一种防老剂对另外的防老剂产生有害影响的现象。

65. 两种防老剂并用时的防护效果等于单独使用时防护效果之和,被称作(　　)效应。

66. 当抗氧剂并用时,它们的总效能超过它们各自单独使用的加和效能时,被称为(　　)效应。

67. 防老剂的协同效应又分为均协同效应和(　　)效应。

68. 几种稳定机理相同,但活性不同的抗氧剂并用时所产生的协同效应,被称为(　　)效应。

69. 几种稳定机理不同的抗氧剂并用时产生的协同效应,被称为(　　)效应。

70. 对于同一防老剂分子具有两种或两种以上的稳定机理者,常称为(　　)效应。

71. 抗氧剂和紫外光吸收剂,炭黑和含硫抗氧剂并用时,都可以产生(　　)效应。

72. 在实践中,通常是采用添加(　　)的方法来阻止聚合物的光氧化。

73. 常用的光稳定剂有三大类:光屏蔽剂、(　　)吸收剂和猝灭剂。

74. 能在聚合物与光辐射源之间起到屏蔽作用的物质是(　　)。

75. 在多次变形条件下,使橡胶大分子发生断裂或者氧化,结果使橡胶的物性及其他性能变差,最后完全丧失使用价值,这种现象称为(　　)老化。

76. 填料的活性越大对橡胶分子吸附作用越强,在粒子表面形成一层致密结构,使体系中大分子运动性下降,应力松弛能力下降,易产生应力集中,容易导致(　　)老化。

77. 在多硫交联键为主的硫化橡胶的疲劳过程中,网络结构中交联键密度有增大的趋势,这是由于多硫交联键中分裂出的硫原子又参与了(　　)作用,生成了新的交联键。

78. 防护疲劳老化最有效的方法是加入化学防老剂,防护效果最好的是胺类防老剂中的

(　　)类防老剂。

79. 防护疲劳老化时,防老剂的主要作用是提高橡胶疲劳过程中结构变化的稳定性,特别是在高温条件下,防老剂有力地阻碍了机械活化(　　)反应的进行。

80. 臭氧老化先是在表面层,特别容易在(　　)集中处或配合粒子与橡胶的界面处产生,通常先生成薄膜,然后薄膜龟裂。

81. 橡胶的臭氧老化是一个(　　)反应。

82. 臭氧龟裂的裂纹方向(　　)于受力方向。

83. 橡胶大分子链的(　　)取代基降低了双键的反应活性,降低了臭氧反应能力。

84. 橡胶大分子链的(　　)取代基增加了电子云密度,提高了双键的反应活性,提高了臭氧反应能力。

85. 按防老剂化学结构可分为(　　)、酚类、杂环类及其他类。

86. 按防老剂防护效果可分为抗氧、(　　)、抗疲劳、抗有害金属和抗紫外线等防老剂。

87. 对热氧老化、臭氧老化、重金属及紫外线的催化氧化以及疲劳老化都有显著的防护效果的是(　　)类防老剂。

88. 有污染性,不宜用于白色或浅色橡胶制品的防老剂是(　　)类防老剂。

89. 胺类防老剂可细分为酮胺类、醛胺类、二芳仲胺类、二苯胺类、(　　)类以及烷基芳基仲胺类六个类型。

90. 无污染性,不变色,适用于浅色或彩色橡胶制品的防老剂是(　　)类防老剂。

91. 非迁移性防老剂可分为(　　)防老剂和高分子量防老剂。

92. 反应性防老剂,是防老剂分子以(　　)的形式结合在橡胶的网构之中,使防老剂分子不能自由迁移,也就不发生挥发或抽出现象,因而提高了防护作用的持久性。

93. CR 常用的促进剂是(　　)。

94. 常见的促进剂并用体系有 A/B 互为活化型、A/A 相互(　　)型以及 N/A、N/B 并用型。

95. A/B 型促进剂并用体系,称为(　　)型,活化噻唑类硫化体系,并用后促进效果比单独使用 A 型或 B 型都好。

96. 常用的 A/B 体系一般采用(　　)作主促进剂,胍类或醛胺类作副促进剂。

97. N/A、N/B 促进剂并用型,采用酸性或碱性促进剂活化(　　)类促进剂。

98. N/A、N/B 促进剂并用型,是采用秋兰姆或(　　)类促进剂为第二促进剂来提高次磺酰胺的硫化活性,加快硫化速度。

99. A/A 相互抑制型促进剂并用时,主促进剂一般为(　　)级或超超速级,焦烧时间短,另一 A 型能起抑制作用,改善焦烧性能。

100. 硫化反应中,在没有活性剂时,促进剂与硫黄反应生成"促—S_x—H"和"(　　)"的促进剂有机多硫化物。

101. 硫化反应中,有活性剂时,促进剂与活性剂生成"促—M—促"化合物,以及又与硫黄生成"促—S_x—M—S_y—促"的多硫中间化合物,其中 M 代表(　　)。

102. ZnO 一般不溶于非极性的橡胶中,而大多数促进剂具有极性,在橡胶中溶解性也不好,但当他们相互作用生成(　　)时,则溶解性会得到改善。

103. ZnO 与促进剂相互作用生成 ZMBT 或 ZDMC 时,ZMBT 等与橡胶中天然存在的碱性物质的氮,或与添加进去的(　　)类碱性物质的氮反应生成络合物时,则具有极好的相容性。

104. 硫化反应中,在有活性剂 ZnO 和(　　)存在时,硫化胶的交联密度增加,这是因为可溶性锌离子的存在,与多硫侧挂基团生成了络合物。

105. 在硫化过程中,交联结构的继续变化有短化、(　　)、环化及主链改性等。

106. 硫载体又称硫给予体,是指分子结构中含硫的有机或无机化合物,在硫化过程中能析出(　　),参与交联过程,所以又称无硫硫化。

107. 硫载体的主要品种有秋兰姆、含硫的(　　)衍生物、多硫聚合物以及烷基苯酚硫化物。

108. 二烯类橡胶的普通硫黄用量范围的硫化体系是(　　)硫化体系。

109. 对 NR 的(　　)硫化体系,一般促进剂的用量为 0.5～0.6 份,硫黄用量为 2.5 份。

110. 普通硫黄硫化体系得到的硫化胶网络中 70%以上是(　　),具有较高的主链改性特征。

111. 一般有效硫化体系采取的配合方式有两种:低硫高促配合和(　　)配合。

112. 有效硫化体系采取(　　)配合时,需提高促进剂用量至 3～5 份,降低硫黄用量至 0.3～0.5 份。

113. 有效硫化体系采取(　　)配合时,可采用 1.5～2 份 TMTD 或 DTDM 作硫化剂。

114. 所谓高温硫化是指温度在(　　)下进行的硫化。

115. 一般硫化温度每升高(　　)℃,硫化时间大约可缩短一半,生产效率大大提高。

116. 为了减少或消除硫化胶的硫化返原现象,高温硫化体系应该选择(　　)含量低的橡胶。

117. 高温快速硫化体系多使用单硫和双硫键含量高的有效和(　　)硫化体系,其硫化胶的耐热氧老化性能好。

118. 通常为了使离心泵启动,在底部装的阀门叫(　　)阀。

119. 在硫化体系中,增加(　　)用量,会降低硫化效率,并使多硫交联键的含量增加。

120. 在硫化体系中,保持硫用量不变,增加(　　)用量,可以提高硫化效率。

121. Si-69 是一种多功能助剂,它具有硫化剂、(　　)、抗返原剂等作用。

122. 在有白炭黑填充的胶料中,Si-69 除了参与交联反应外,还与(　　)偶联,产生填料——橡胶键,进一步改善了胶料的物理性能和工艺性能。

123. 可用于不饱和橡胶的硫化体系有硫黄硫化体系、过氧化物硫化体系、(　　)硫化体系、树脂硫化体系等。

124. 饱和橡胶必须用(　　)硫化体系,主要有过氧化物硫化体系、金属氧化物硫化体系、树脂硫化体系等。

125. EPM 只能用(　　)硫化,EPDM 既可用过氧化物硫化也可以用硫黄硫化。

126. 过氧化物硫化体系的特点是硫化胶的网络结构为(　　)键,键能高,化学稳定性高,具有优异的抗热氧老化性能。

127. 目前使用最多的一种过氧化物硫化剂是(　　)。

128. 过氧化物的过氧化基团受热易分解产生(　　),引发橡胶分子链产生自由基型的交联反应。

129. 1 g 分子的有机过氧化物能使多少 g 橡胶分子产生化学交联，被称作过氧化物的(　　)。

130. 采用过氧化物硫化橡胶时，ZnO 的作用是提高胶料的(　　)，而不是活化剂。

131. 采用过氧化物硫化橡胶时，(　　)的作用是提高 ZnO 在橡胶中的溶解度和分散性。

132. 采用过氧化物硫化橡胶时，其助硫化剂主要是(　　)、HVA-2 和 TAIC 等。

133. 采用过氧化物硫化橡胶时，可使用 MgO 和三乙醇胺等，提高(　　)。

134. 采用过氧化物硫化橡胶时，避免使用槽法炭黑和白炭黑等酸性填料，酸性物质使(　　)钝化。

135. 采用过氧化物硫化橡胶时，硫化温度应该高于过氧化物的(　　)温度。

136. 采用过氧化物硫化橡胶时，硫化时间一般为过氧化物半衰期的(　　)倍。

137. 一定温度下，过氧化物分解到原来浓度的一半时所需要的时间，被称作过氧化物的(　　)，用 $t_{1/2}$ 表示。

138. 常用的金属氧化物是氧化锌和(　　)。

139. 金属氧化物硫化 CR 时，氧化锌能将氯丁橡胶 1,2 结构中的(　　)置换出来，从而使橡胶分子链产生交联。

140. 常用的金属氧化物硫化剂是氧化锌和氧化镁并用，最佳并用比为 ZnO∶MgO=(　　)。

141. 常用的金属氧化物硫化剂是氧化锌和氧化镁并用，单独使用(　　)时，硫化速度快，容易焦烧。

142. 精密预成型机的(　　)对挤出胶坯的质量有重要影响。

143. 一般说来，硫化胶的性能取决于三个方面：橡胶本身的结构、交联的密度和(　　)的类型。

144. 两个相邻的交联点间链段的平均分子量，被称作(　　)。

145. 单位体积内的交联点数目，被称作(　　)，它正比于单位体积内的有效链数目。

146. 橡胶制品的外形尺寸较厚，规格较大时，不宜采用高温硫化，温度过高可能造成制品表面(　　)硫化。

147. 当胶料的 K 值为 2 时，根据范特霍夫方程，如果达到相同的硫化程度，温度提高 10 ℃，则硫化时间缩短(　　)。

148. 阿累尼乌斯方程描述硫化温度与时间的关系时，其基于的假设是胶料的(　　)不变。

149. 利用等效硫化效应确定厚制品的硫化时间时，胶料在一定温度下，单位时间所取得的硫化程度，被称作(　　)。

150. 橡胶厚制品(厚度大于 6 mm)，在硫化出模后温度不能很快地降下来，因此会产生一定的(　　)效应。

151. 利用特定的型腔，将混炼胶料制成具有一定形状和尺寸精度的硫化制品的工具，被称为(　　)。

152. 在硫化反应过程中，能使多硫化物开裂变成二硫化物的配合剂是(　　)。

153. 在硫化反应过程中，(　　)的作用是使氧化锌活化。

154. 硫黄/促进剂硫化体系中，根据硫黄量或硫黄与促进剂之比，可分为普通硫黄硫化体系、半有效硫化体系和(　　)硫化体系三种。

155. 交联的含义是采用化学、物理方法将线型天然或合成高分子连接成(　　)结构。

156. 从反应机理方面看,交联反应有自由基反应机理和(　　)反应机理,另外作为有机反应可分为加成反应、取代反应和消除反应等。

157. 弹性体分为由化学交联生成的交联橡胶和由物理交联生成的(　　)两种。

158. 二烯类橡胶使用的交联剂有很多,但工业上应用最广泛的仍然是(　　)交联体系。

159. 橡胶的硫黄硫化体系中,生成的交联键结构为—C—S—C—、—C—S_2—C—、—C—S_x—C—三种,不存在(　　)键。

160. 橡胶的普通硫黄硫化体系中,生成的多硫键热稳定性差,长时间高温硫化会产生(　　)现象,力学性能较差。

161. 当橡胶胶料的配方中使用了白炭黑、陶土、滑石粉等表面活性大的填充剂时,存在(　　)的倾向。

162. 白炭黑等表面活性大的填充剂会对橡胶产生迟延硫化的倾向,这是由于(　　)等化学品被吸附在活性粉体粒子表面上所致。

163. 采用(　　)硫化体系硫化的橡胶,在高温下的耐蠕变性能较优异,而且富有耐热性。

164. 用范特霍夫方程可以计算出不同温度下的等效硫化时间,其计算公式为(　　),温度在 T_1 时的硫化时间用 τ_1 表示,min;温度为 T_2 时的硫化时间用 τ_2 表示,min;硫化温度系数用 K 表示。

165. 用阿累尼乌斯方程可以计算出不同温度下的等效硫化时间,其计算公式为(　　),用 τ_1 表示硫化温度为 T_1(单位:K)时的正硫化时间,min;用 τ_2 表示硫化温度为 T_2(单位:K)时的正硫化时间,min;K 表示硫化温度系数;E 表示硫化反应活化能,kJ/mol;R 表示气体常数,$R=8.314$ J/(mol·K)。

166. 橡胶在特定的硫化温度下获得一定性能的硫化时间与温度相差 10 ℃时获得同样性能所需的硫化时间之比,称作(　　)。

167. 胶料的硫化在过硫化阶段中,可能会出现曲线转为下降的现象,这是胶料在过硫化阶段中发生网状结构的热裂解,产生(　　)现象所致。

168. 胶料的硫化历程,通常会分为诱导期、热硫化期、(　　)期和过硫化期四个阶段。

169. 硫化强度 I 取决于胶料的硫化温度系数和硫化温度,其计算公式为(　　),式中胶料硫化温度用 T 表示,硫化温度系数用 K 表示,规定硫化效应所采用的温度为 T_0。

170. 硫化效应 E 是用来衡量胶料硫化程度深浅的尺度,它的计算公式为(　　),式中硫化强度用 I 表示,硫化时间用 τ 表示,min。

171. 采用热电偶测试,胶料硫化时的温度—时间曲线,通过计算得到硫化强度—硫化时间曲线,该曲线所包围的面积即为(　　)。

172. 多数情况下,橡胶的硫化都是在加热条件下进行的,对胶料加热,就需要一种能传递热能的物质,这种物质称为(　　)。

173. 用于描述橡胶硫化温度和硫化时间关系的计算公式,常用的是范特霍夫方程和(　　)方程。

174. 职业病防治工作坚持(　　)、防治结合的方针,建立用人单位负责、行政机关监管、行业自律、职工参与和社会监督的机制,实行分类管理、综合治理。

175. 化工行业工厂应经常性对生产作业场所职业病危害因素进行监测与防护,对重点

(　　)岗位必须采取有效的防护措施。

176. 化工行业工厂应对有毒有害岗位定期进行(　　)检测，并公布检测数据，接受职工监督。

177. 注射成型模具内，胶料的流动性能与压模内胶料的流动性能相比，其压力高两倍，剪切速率提高(　　)倍，胶料的流动更具动态性质。

178. 注射成型模具内，由注胶口注出的胶料，最初经由注胶口接触到对面壁上，以(　　)的形状从模腔的尖端开始进行填充。

179. 压模内胶料的流动行为是边软化边流向(　　)。

180. 压模内胶料在硫化进行方向上一边产生气孔，一边向内部推进，继之沿(　　)排出。

181. 由平板机加热时，压模内胶料的硫化进行方向为：(　　)进行硫化。

182. 压模内胶料的焦烧时间过短，在合模面与模腔的界面上的薄层橡胶开始硫化，由于(　　)效应，气体不能从内部溢出，从而容易变成气孔。

183. 压模内胶料硫化过程中，从硫化中期到后期所产生的气体以(　　)的分解为主，有望随着之后硫化进行的同时压力增高，沿合模线排出。

184. 压模内胶料硫化过程中，模内胶料压力随着硫化起步，内部的胶料由于(　　)而出现模内压力增高现象，该压力增高现象有助于制得外观质量好且致密的橡胶制品。

185. 胶料在细管中流动于不同内径的流道内时，压力急剧降低的现象被称为(　　)。

186. A/A 型促进剂并用，称为(　　)型，主要作用是降低体系的促进活性。

二、单项选择题

1. 下列制品中，属于橡胶模型制品的是(　　)。

(A)减振制品类　(B)轮胎类　(C)管带类　(D)乳胶类

2. 各种橡胶硫化后收缩范围一般为(　　)，橡胶的收缩率有利于脱模，但不利于尺寸的准确。

(A)0.5%～1%　(B)1.5%～3%　(C)3%～3.5%　(D)3.5%～6%

3. 橡胶是热的不良导体，它的表面与内层温差随断面增厚而加大，当制品的厚度大于(　　)时，就必须考虑热传导、热容、模型的断面形状、热交换系统及胶料硫化特性和制品厚度对硫化的影响。

(A)1 mm　(B)1.5 mm　(C)6 mm　(D)10 mm

4. 一个完整的(　　)主要由硫化剂、促进剂和活性剂组成。

(A)补强体系　(B)防护体系　(C)硫化体系　(D)软化体系

5. 在加工工序或胶料停放过程中，可能出现早期硫化现象，即胶料塑性下降、弹性增加、无法进行加工的现象，称为(　　)。

(A)焦烧　(B)喷霜　(C)硫化　(D)老化

6. 橡胶制品在储存和使用一段时间以后，就会变硬、龟裂或发黏，以至不能使用，这种现象称之为(　　)。

(A)焦烧　(B)喷霜　(C)硫化　(D)老化

7. 橡胶在产生臭氧龟裂时，裂纹的方向与受力的方向(　　)。

(A)垂直　(B)水平　(C)平行　(D)一致

8. 天然橡胶在(　　)以下为玻璃态,高于 130 ℃为黏流态,两温度之间为高弹态。

(A)－52 ℃　　(B)－62 ℃　　(C)－42 ℃　　(D)－72 ℃

9. 橡胶配方中起补强作用的是(　　)。

(A)硫黄　　(B)炭黑　　(C)芳烃油　　(D)促进剂

10. 橡胶配方中防老剂的作用是(　　)。

(A)提高强度　　(B)提高硬度　　(C)增加可塑度　　(D)减缓老化

11. 添加了(　　)的混炼胶加热后可制得塑性变形较小,弹性和拉伸强度等诸性能均优异的制品,该操作称为硫化。

(A)硫黄　　(B)炭黑　　(C)芳烃油　　(D)防老剂

12. 在橡胶的交联反应中,为促进硫化剂与橡胶分子的反应以利于形成交联键、缩短硫化时间、降低硫化温度、减少硫黄用量、提高硫化橡胶制品的物理、化学性质而使用的物质是(　　)。

(A)硫黄　　(B)炭黑　　(C)芳烃油　　(D)促进剂

13. 由天然胶乳经过浓缩、加酸凝固、压成具有菱形花纹的胶片,再经烟熏制成的是(　　)。

(A)标准胶　　(B)烟片胶　　(C)丁苯橡胶　　(D)顺丁橡胶

14. 天然胶乳经过浓缩凝固后,撕裂成几毫米的碎片,然后充入一定量的蓖麻油、压成块状而制成的是(　　)。

(A)标准胶　　(B)烟片胶　　(C)丁苯橡胶　　(D)顺丁橡胶

15. 橡胶硫化大都是加热加压条件下完成的,加热胶料需要一种能传递热能的物质,称为(　　)。

(A)硫化剂　　(B)硫化促进剂　　(C)硫化活性剂　　(D)硫化介质

16. 硅橡胶的字母代号是(　　)。

(A)CM　　(B)EPDM　　(C)FPM　　(D)Q

17. 硅橡胶为主链含有硅、氧原子的特种橡胶,其中起主要作用的是(　　)元素。

(A)氢　　(B)碳　　(C)硅　　(D)氧

18. 硅橡胶分子链化学组成的基本单元是(　　)。

(A)二甲基硅氧烷　　(B)一氧化硅　　(C)二氧化硅　　(D)单晶硅

19. 既耐高温(最高 300 ℃)又耐低温(最低－100 ℃)的橡胶是(　　)。

(A)CM　　(B)MVQ　　(C)FPM　　(D)EPDM

20. 氟橡胶的字母代号是(　　)。

(A)CM　　(B)EPDM　　(C)FPM　　(D)Q

21. 氟橡胶中对性能起主要作用的是(　　)元素。

(A)氢　　(B)碳　　(C)氟　　(D)氧

22. 耐温高可达 300℃,耐酸碱、耐油性能最好的橡胶是(　　)。

(A)CM　　(B)MVQ　　(C)FPM　　(D)EPDM

23. 聚氨酯橡胶的字母代号是(　　)。

(A)CM　　(B)EPDM　　(C)PU　　(D)Q

24. 目前使用最多的一种过氧化物硫化剂是(　　)。

(A)BPO　　(B)TAIC　　(C)DCP　　(D)PVI

25. 由聚酯与二异氰酸酯类化合物聚合而成的弹性体是(　　)。

(A)CM　　(B)MVQ　　(C)PU　　(D)EPDM

26. 下列橡胶中,机械强度和耐磨性高的橡胶是(　　)。

(A)HNBR　　(B)EPDM　　(C)FPM　　(D)Q

27. 氢化丁腈橡胶的字母代号是(　　)。

(A)CM　　(B)EPDM　　(C)FPM　　(D)HNBR

28. 氢化丁腈橡胶的缺点是(　　)。

(A)机械强度差　　(B)耐热性差　　(C)耐磨性差　　(D)价格较高

29. 丙烯酸乙酯或丙烯酸丁酯的聚合物是(　　)。

(A)HNBR　　(B)EPDM　　(C)FPM　　(D)ACM/AEM

30. 丙烯酸酯橡胶的字母代号是(　　)。

(A)CM　　(B)ACM/AEM　　(C)FPM　　(D)HNBR

31. 氯磺化聚乙烯橡胶是(　　)经氯化和磺化处理后,所得到具有弹性的聚合物。

(A)聚丙烯　　(B)聚氯乙烯　　(C)聚乙烯　　(D)聚乙烯醇

32. 氯磺化聚乙烯橡胶是聚乙烯经氯化和(　　)处理后,所得到具有弹性的聚合物。

(A)氧化　　(B)磺化　　(C)氢化　　(D)硫化

33. 氯磺化聚乙烯橡胶的字母代号是(　　)。

(A)CM　　(B)EPM　　(C)EVM　　(D)CSM

34. 由环氧氯丙烷均聚或由环氧氯丙烷与环氧乙烷共聚而成的聚合物是(　　)。

(A)EVM　　(B)EPM　　(C)CO/ECO　　(D)CSM

35. 氯醚橡胶是由(　　)均聚或由环氧氯丙烷与环氧乙烷共聚而成的聚合物。

(A)乙醚　　(B)氯化聚乙烯　　(C)环氧氯丙烷　　(D)环氧乙烷

36. 氯醚橡胶的字母代号是(　　)。

(A)CO/ECO　　(B)EPM　　(C)EVM　　(D)CSM

37. 氯化聚乙烯橡胶是由聚乙烯通过(　　)反应制成的具有弹性的聚合物。

(A)氯取代　　(B)氧化　　(C)硫化　　(D)氯化

38. 氯化聚乙烯橡胶的字母代号是(　　)。

(A)CO/ECO　　(B)CM/CPE　　(C)EVM　　(D)CSM

39. 橡胶或橡胶制品在加工、储存和使用的过程中,由于受内、外因素的综合作用使性能逐渐下降,以至于最后丧失使用价值,这种现象称为橡胶的(　　)。

(A)老化　　(B)硫化　　(C)氮化　　(D)氧化

40. 生胶经久储存时会变硬、变脆或者发黏,这种现象属于(　　)。

(A)硫化　　(B)老化　　(C)氮化　　(D)氧化

41. 在户外架设的电线、电缆,由于受大气作用会变硬、破裂,以至影响绝缘性,这种现象属于(　　)。

(A)氮化　　(B)硫化　　(C)老化　　(D)氧化

42. 在仓库储存的制品会发生龟裂,这种现象属于(　　)。

(A)氧化　　(B)硫化　　(C)氮化　　(D)老化

43. 橡胶的基本结构如天然橡胶的单元异戊二烯,存在( )及活泼氢原子,所以易发生老化反应。

(A)双键 (B)甲基 (C)碳碳键 (D)单硫键

44. 硫化胶的下列交联键类型中,耐老化性能最差的是( )。

(A)—S— (B)—S_2— (C)—S_x— (D)—C—C—

45. 在橡胶中加入石蜡,橡塑共混,电镀,涂上涂料等,尽量避免橡胶与老化因素相互作用的方法,被称为( )。

(A)物理防护法 (B)化学防护法 (C)机械防护法 (D)复合防护法

46. 加入化学防老剂,通过化学反应延缓橡胶老化反应继续进行的方法,被称为( )。

(A)物理防护法 (B)化学防护法 (C)机械防护法 (D)复合防护法

47. 橡胶老化最主要的因素是( )作用,它使橡胶分子结构发生裂解或结构化,致使橡胶材料性能变坏。

(A)疲劳 (B)臭氧破坏 (C)氧化 (D)变价金属离子

48. 橡胶老化时的( )作用是不饱和橡胶氧化的特征之一。

(A)加成 (B)氯化 (C)分解 (D)自加速

49. 橡胶的品种不同,耐热氧老化的程度不同,这主要是由于过氧自由基从橡胶分子链上夺取( )的速度不同所造成的。

(A)碳 (B)氢 (C)氧 (D)硫

50. CR在温度不太高时氧化作用进行得较为缓慢,比较耐氧老化,主要是因为氯原子对双键的( )。

(A)吸电子效应 (B)推电子效应 (C)位阻效应 (D)协同效应

51. NR分子结构中双键的碳原子上有—CH_3基团,它的( ),使NR更易与氧起作用,不耐氧老化。

(A)吸电子效应 (B)推电子效应 (C)位阻效应 (D)协同效应

52. 聚苯乙烯有着庞大的苯环侧基,且又是刚性的,所以它能起到屏蔽主链,阻碍氧扩散的作用,即起到( ),妨碍氧袭击主链上的薄弱点,这是PS较耐热氧老化的主要原因之一。

(A)吸电子效应 (B)推电子效应 (C)位阻效应 (D)协同效应

53. 能与链增长自由基R—或RO_2—反应,以终止链增长过程来减缓氧化反应的防老剂属于( )。

(A)链终止型防老剂 (B)破坏氢化过氧化物性防老剂
(C)金属离子钝化剂 (D)紫外线吸收剂

54. 能够破坏氢过氧化物,使它们不生成活性游离基,延缓自动催化的引发过程,能起到这种作用的化合物称为( )。

(A)链终止型防老剂 (B)破坏氢化过氧化物性防老剂
(C)金属离子钝化剂 (D)紫外线吸收剂

55. 长链脂肪族含硫脂和亚磷酸酯防老剂属于( )。

(A)链终止型防老剂 (B)破坏氢化过氧化物性防老剂
(C)金属离子钝化剂 (D)紫外线吸收剂

56. 设防老剂a单独使用时防护效果为A,防老剂b单独使用时防护效果为B,防老剂a

与 b 并用时的效果为 C,$C<A+B$,称之为(　　)。

(A)加和效应　　(B)对抗效应　　(C)协同效应　　(D)膨胀效应

57. 两种防老剂并用时的防护效果等于单独使用时防护效果之和,称为(　　)。

(A)加和效应　　(B)对抗效应　　(C)协同效应　　(D)膨胀效应

58. 当抗氧剂并用时,它们的总效能超过它们各自单独使用的加和效能时,称为(　　)。

(A)加和效应　　(B)对抗效应　　(C)协同效应　　(D)膨胀效应

59. 几种稳定机理相同,但活性不同的抗氧剂并用时所产生的协同效应,被称为(　　)。

(A)加和效应　　(B)自协同效应　　(C)杂协同效应　　(D)均协同效应

60. 几种稳定机理不同的抗氧剂并用时产生的协同效应,被称为(　　)。

(A)加和效应　　(B)自协同效应　　(C)杂协同效应　　(D)均协同效应

61. 对于同一分子具有两种或两种以上的稳定机理者,常称为(　　)。

(A)加和效应　　(B)自协同效应　　(C)杂协同效应　　(D)均协同效应

62. 能在聚合物与光辐射源之间起到屏蔽作用的物质,属于(　　)。

(A)光屏蔽剂　　(B)紫外光吸收剂

(C)紫外光猝灭剂　　(D)链终止型防老剂

63. 能吸收并消散能引发聚合物降解的紫外线辐射的物质属于(　　)。

(A)光屏蔽剂　　(B)紫外光吸收剂　　(C)紫外光猝灭剂　　(D)链终止型防老剂

64. 能够在瞬间把受到紫外光照射后处于激发态分子的激发能转移,使分子再回到稳定的基态,因而避免了高聚物的光氧老化的物质属于(　　)。

(A)光屏蔽剂　　(B)紫外光吸收剂　　(C)紫外光猝灭剂　　(D)链终止型防老剂

65. 在多次变形条件下,使橡胶大分子发生断裂或者氧化,结果使橡胶的物性及其他性能变差,最后完全丧失使用价值,这种现象称为(　　)老化。

(A)光氧　　(B)臭氧　　(C)热氧　　(D)疲劳

66. 室外消火栓的间距不应超过(　　),保护半径不应超过 150 m。

(A)60 m　　(B)90 m　　(C)120 m　　(D)100 m

67. 属于污染性防老剂的是(　　)。

(A)防老剂 AW　　(B)防老剂 264　　(C)防老剂 2246　　(D)防老剂 MB

68. 属于非污染性防老剂的是(　　)。

(A)防老剂 AW　　(B)防老剂 BLE　　(C)防老剂 RD　　(D)防老剂 MB

69. 噻唑类、秋兰姆类、二硫代氨基甲酸盐类及黄原酸盐类促进剂属于(　　)促进剂。

(A)酸性　　(B)碱性　　(C)中性　　(D)两性

70. 次磺酰胺类与硫脲类促进剂属于(　　)促进剂。

(A)酸性　　(B)碱性　　(C)中性　　(D)两性

71. 胍类与醛胺类促进剂属于(　　)促进剂。

(A)酸性　　(B)碱性　　(C)中性　　(D)两性

72. 国际上习惯以促进剂(　　)对 NR 的硫化速度为准速,作为标准来比较促进剂的硫化速度。

(A)M　　(B)DM　　(C)CZ　　(D)TT

73. 国际上习惯以促进剂的(　　)分类,比促进剂 M 快的属于超速或超超速级,比 M 慢的属于慢速或中速级。

(A)结构　(B)pH值

(C)硫化速度　(D)A、B、N(酸碱性)+数字1、2、3、4、5(速级)

74. 促进剂H与NA-22属于(　　)促进剂。

(A)中速级　(B)准速级　(C)超速级　(D)慢速级

75. 促进剂D属于(　　)促进剂。

(A)中速级　(B)准速级　(C)超速级　(D)超超速级

76. 促进剂M、DM、CZ、DZ及NOBS属于(　　)促进剂。

(A)中速级　(B)准速级　(C)超速级　(D)超超速级

77. 二硫代氨基甲酸盐类促进剂属(　　)促进剂。

(A)中速级　(B)准速级　(C)超速级　(D)超超速级

78. 促进剂NA-22是(　　)常用的促进剂。

(A)NR　(B)NBR　(C)CR　(D)EPDM

79. A/B型促进剂并用体系,称为(　　),活化噻唑类硫化体系,并用后促进效果比单独使用A型或B型都好。

(A)相互活化型　(B)相互加速型　(C)相互抑制型　(D)相互减速型

80. 常用的A/B体系一般采用(　　)作主促进剂,胍类或醛胺类作副促进剂。

(A)秋兰姆类　(B)噻唑类

(C)二硫代氨基甲酸盐类　(D)黄原酸盐类

81. 促进剂采用(　　)并用体系制备相同机械强度的硫化胶时,优点是促进剂用量少、促进剂的活性高,硫化温度低、硫化时间短,硫化胶的性能好。

(A)A/B　(B)N/A　(C)N/B　(D)A/A

82. N/A、N/B促进剂并用型,它是采用秋兰姆、胍类为第二促进剂来提高(　　)促进剂的硫化活性,加快硫化速度。

(A)秋兰姆类　(B)噻唑类

(C)二硫代氨基甲酸盐类　(D)次磺酰胺类

83. 促进剂采用A/A并用型时,称为(　　),主要作用是降低体系的促进活性。

(A)相互活化型　(B)相互加速型　(C)相互抑制型　(D)相互减速型

84. A/A相互抑制型促进剂并用时,主促进剂一般为(　　),焦烧时间短,另一A型能起抑制作用,改善焦烧性能。

(A)中速级　(B)准速级　(C)超速级　(D)慢速级

85. 硫化反应中,在没有(　　)时,促进剂与硫黄反应生成"促—S_x—H"和"促—S_x—促"的促进剂有机多硫化物。

(A)活性剂　(B)防焦剂　(C)硫化剂　(D)抗返原剂

86. 硫化反应中,有(　　)时,促进剂与活性剂生成"促—M—促"化合物,以及又与硫黄生成"促—S_x—M—S_y—促"的多硫中间化合物,其中M代表金属。

(A)活性剂　(B)防焦剂　(C)硫化剂　(D)抗返原剂

87. 一般(　　)不溶于非极性的橡胶中,而大多数促进剂具有极性,在橡胶中溶解性也不好,但当他们相互作用生成ZMBT或ZDMC时,则溶解性会得到改善。

(A)碳酸钙　(B)ZnO　(C)炭黑　(D)白炭黑

88. 当(　　)与促进剂具相互作用生成 ZMBT 或 ZDMC 时,ZMBT 等与橡胶中天然存在的碱性物质的氮,或与添加进去的胺类碱性物质的氮反应生成络合物时,则具有极好的相容性。

(A)碳酸钙　(B)ZnO　(C)炭黑　(D)白炭黑

89. 硫化反应中,在有活性剂 ZnO 和(　　)存在时,硫化胶的交联密度增加,这是因为可溶性锌离子的存在,与多硫侧挂基团生成了络合物。

(A)碳酸钙　(B)白炭黑　(C)炭黑　(D)硬脂酸

90. 在硫黄硫化体系的硫化过程中,最初所得的交联键多是较长的(　　)。

(A)单硫键　(B)多硫键　(C)双硫键　(D)醚键

91. 硫载体又称硫给予体,是指分子结构中含硫的有机或无机化合物,在硫化过程中能析出(　　),参与交联过程,所以又称无硫硫化。

(A)单晶硫　(B)硫原子　(C)硫黄　(D)活性硫

92. 秋兰姆、含硫的吗啡啉衍生物、多硫聚合物及烷基苯酚硫化物都属于(　　)。

(A)硫载体　(B)偶联剂　(C)防焦剂　(D)抗返原剂

93. 二烯类橡胶的通常硫黄用量范围的硫化体系属于(　　)。

(A)普通硫黄硫化体系　(B)半有效硫化体系

(C)有效硫化体系　(D)平衡硫化体系

94. 对 NR,促进剂的用量为 0.5～0.6 份,硫黄用量为 2.5 份时,属于(　　)。

(A)普通硫黄硫化体系　(B)半有效硫化体系

(C)有效硫化体系　(D)平衡硫化体系

95. 得到的硫化胶网络中 70%以上是多硫交联键($—S_x—$),具有较高的主链改性的硫化体系是(　　)。

(A)普通硫黄硫化体系　(B)半有效硫化体系

(C)有效硫化体系　(D)平衡硫化体系

96. 硫化胶具有良好的初始疲劳性能的硫化体系是(　　)。

(A)普通硫黄硫化体系　(B)半有效硫化体系

(C)有效硫化体系　(D)平衡硫化体系

97. 硫化胶不耐热氧老化的硫化体系是(　　)。

(A)普通硫黄硫化体系　(B)半有效硫化体系

(C)有效硫化体系　(D)平衡硫化体系

98. 低硫高促配合和无硫配合的硫化体系都属于(　　)。

(A)普通硫黄硫化体系　(B)半有效硫化体系

(C)有效硫化体系　(D)平衡硫化体系

99. 有效硫化体系采取(　　)配合时,需提高促进剂用量,降低硫黄用量。

(A)高硫低促　(B)低硫高促　(C)无硫　(D)过氧化物

100. 有效硫化体系采取无硫配合时,可采用 TMTD 或(　　)。

(A)PVI　(B)CTP　(C)M　(D)DTDM

101. 硫化过程中,生胶与硫黄的化学反应是一个(　　)反应过程。

(A)吸热　(B)先放热后吸热　(C)放热　(D)先吸热后放热

102. 硫化反应过程中,生胶与硫黄生成的反应热随结合硫黄的增加而(　　)。

(A)增大　(B)先增大后减小　(C)减小　(D)先减小后增大

103. 橡胶为有机高分子材料,高温硫化易引起橡胶分子链的裂解破坏,乃至发生交联键的断裂,而导致硫化胶的强度下降,这种现象称作(　　)。

(A)硫化返原　(B)硫化不足　(C)焦烧　(D)氧化

104. 天然橡胶的最适宜硫化温度是(　　)。

(A)143 ℃　(B)151 ℃　(C)160 ℃　(D)184 ℃

105. 硫化温度系数的意义是,橡胶在特定的硫化温度下获得一定性能的硫化时间与温度相差(　　)时获得同样性能所需的硫化时间之比。

(A)1 ℃　(B)5 ℃　(C)10 ℃　(D)100 ℃

106. 由于每一胶料达到正硫化后都有一硫化平坦范围,其中最小硫化效应为 E_{min},最大硫化效应为 E_{max},在改变硫化条件时,只要把改变后的硫化效应 E 控制在(　　)范围,制品的物理机械性能就可与原硫化条件的相近。

(A)$E<E_{min}$　(B)$E>E_{max}$

(C)$E<E_{min}$或 $E>E_{max}$　(D)$E_{min}<E<E_{max}$

107. 采用热电偶测试可得到胶料硫化时的温度—时间曲线,通过计算可得到硫化强度—硫化时间曲线,该曲线所包围的面积即为(　　)。

(A)硫化程度　(B)硫化效应　(C)硫化能　(D)活化能

108. 多数情况下,橡胶的硫化都是在加热条件下进行的,对胶料加热,就需要一种能传递热能的物质,这种物质称为(　　)。

(A)加工助剂　(B)硫化介质　(C)活性剂　(D)促进剂

109. 用于描述橡胶硫化温度和硫化时间关系的计算公式,常用的是范特霍夫方程和(　　)。

(A)能量守恒方程　(B)热力学第一定律

(C)质能方程　(D)阿累尼乌斯方程

110. 对硫黄硫化体系而言,硫化平坦期与硫化胶性能、硫化工艺条件及(　　)类型和用量相关。

(A)活性剂　(B)促进剂　(C)防焦剂　(D)增塑剂

111. 硫化温度过高,橡胶分子链断裂显著,易发生(　　)现象。

(A)喷霜　(B)欠硫　(C)硫化返原　(D)过度交联

112. 胶料在一定温度下,单位时间内所达到的硫化程度被称作(　　)。

(A)硫化效应　(B)硫化强度　(C)交联密度　(D)硫化温度系数

113. 在特定温度下,橡胶达到一定硫化程度所需时间与在温度相差 10 ℃条件下所需时间的比值,被称作(　　)。

(A)硫化效应　(B)硫化强度　(C)交联密度　(D)硫化温度系数

114. 在胶料整个的硫化过程中,各个小单元的累计硫化程度被称作(　　)。

(A)硫化效应　(B)硫化强度　(C)交联密度　(D)硫化温度系数

115. 橡胶注射成型主要经历(　　)和热压硫化两个阶段。

(A)塑化注射　(B)胶料混炼　(C)胶料塑炼　(D)胶料预成型

116. 橡胶注压成型过程中，要同时考虑胶料的(　　)性和硫化特性。

(A)高温　(B)低温　(C)流动　(D)收缩

117. 胶料在热硫化过程中，内部发生形变和交联，由此产生热膨胀内应力，硫化胶料在冷却过程中，应力趋于消除，胶料的线性尺寸成比例地缩小，缩小的比例即为模压橡胶制品的(　　)。

(A)收缩率　(B)膨胀率　(C)溶胀率　(D)硫化效率

118. 下列各方程式中，(　　)是阿累尼乌斯方程。

(A)$(4T+2S+M+H)/8$　(B)$\frac{\tau_1}{\tau_2}=K^{\frac{t-100}{10}}$

(C)$\ln\frac{\tau_2}{\tau_1}=\frac{E}{R}\left(\frac{1}{T_1}-\frac{1}{T_2}\right)$　(D)$\frac{G_2-G_1}{G_1}\times 100\%$

119. 硫化前后橡胶的可塑性变化是(　　)。

(A)由大变小　(B)由小变大　(C)不变化　(D)变黏

120. 下列变化，不属于在硫化过程中交联键结构变化的是(　　)。

(A)短化　(B)氯磺化　(C)环化　(D)主链改性

121. 下列硫化剂中，不能产生双硫键的是(　　)。

(A)TMTD　(B)S　(C)DTDM　(D)DCP

122. 下列物质中，不属于过氧化物交联剂的是(　　)。

(A)烷基过氧化物　(B)酰基过氧化物　(C)过氧乙酸　(D)过氧酯

123. 下列材料，不可使用过氧化物硫化的是(　　)。

(A)杂链橡胶　(B)塑料　(C)丁基橡胶　(D)饱和橡胶

124. 如图 1 所示，该硫化设备属于(　　)硫化机。

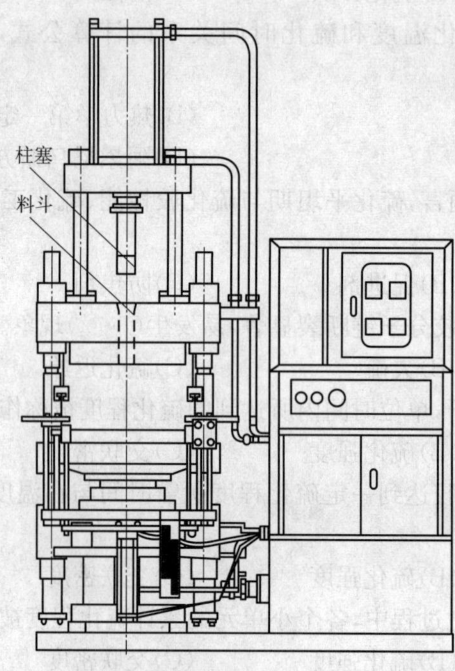

图　1

(A)螺杆预塑柱塞式　　(B)注压式
(C)螺杆式　　(D)往复螺杆式

125. NBR 的“镉镁硫化体系”被称为是制造耐 150 ℃热油胶料的优异耐热硫化体系，该硫化体系中，(　　)是一种致癌物质，可使人患前列腺癌和肾癌。

(A)氮化镉　　(B)氯化镉　　(C)氧化镉　　(D)溴化镉

126. 图 2 中结构所示的硫化模具属于(　　)。

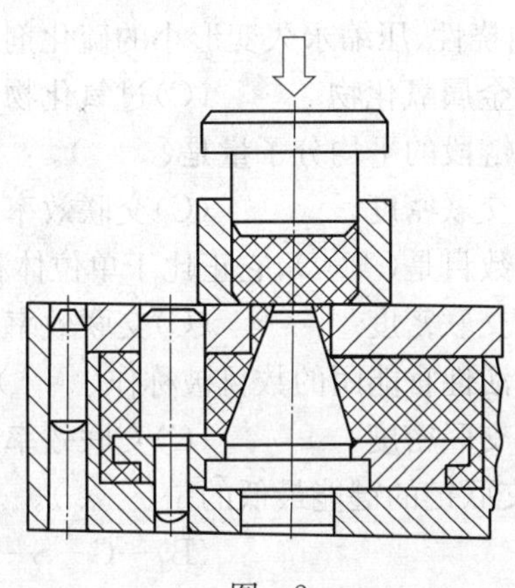

图　2

(A)整体式自压注模具　　(B)分离式自压注模具
(C)注射模具　　(D)模压模具

127. 图 3 中结构所示的硫化模具属于(　　)。

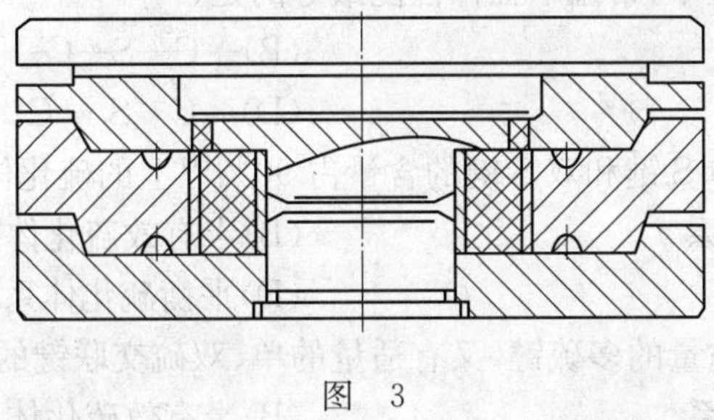

图　3

(A)整体式自压注模具　　(B)分离式自压注模具
(C)注射模具　　(D)模压模具

128. 帮助非极性橡胶吸收微波能量最有效的添加剂是(　　)。

(A)氧化锌　　(B)炭黑　　(C)增塑剂　　(D)防老剂

129. 金属氧化物硫化 CR 时，(　　)能将氯丁橡胶 1,2 结构中的氯原子置换出来，从而使橡胶分子链产生交联。

(A)氧化铁　　(B)氧化钙　　(C)氧化锌　　(D)氧化镉

130. 常用的金属氧化物硫化剂是氧化锌和氧化镁并用，最佳并用比为 ZnO∶MgO=(　　)。

(A)5∶2　　(B)2∶5　　(C)4∶5　　(D)5∶4

131. CR 中广泛使用的促进剂是(　　)，它能提高 GN 型 CR 的生产安全性，并使物性和耐热性得到提高。

(A)ETU (B)CTP (C)TMTD (D)DTDM

132. 如要提高胶料的耐热性,可以提高( )的用量(15～20 份)。

(A)氧化铁 (B)氧化钙 (C)氧化锌 (D)氧化镉

133. 提高二烯类橡胶的耐热性和屈挠性,可采用( )硫化。

(A)硫黄 (B)金属氧化物 (C)过氧化物 (D)树脂

134. 硫化胶中形成热稳定性较高的C—C交联键,显著地提高了硫化胶的耐热性和化学稳定性,硫化胶还具有好的耐屈挠性、压缩永久变形小的硫化剂是( )。

(A)硫黄 (B)金属氧化物 (C)过氧化物 (D)树脂

135. 两个相邻的交联点间链段的平均分子量是( )。

(A)交联分子量 (B)交联密度 (C)交联效率 (D)交联官能度

136. 单位体积内的交联点数目是( ),它正比于单位体积内的有效链数目。

(A)交联分子量 (B)交联密度 (C)交联效率 (D)交联官能度

137. 交联剂本身所具有的活性官能团的数目被称作( )。

(A)交联分子量 (B)交联密度 (C)交联效率 (D)交联官能度

138. 下列交联键类型中,交联键的键能最低的是( )。

(A)—C—C— (B)—C—S—C—

(C)—C—S_2—C— (D)—C—S_x—C—

139. 下列交联键类型中,耐热性最好的是( )。

(A)—C—C— (B)—C—S—C—

(C)—C—S_2—C— (D)—C—S_x—C—

140. 下列交联键类型中,常温下强伸性能最好的是( )。

(A)—C—C— (B)—C—S—C—

(C)—C—S_2—C— (D)—C—S_x—C—

141. 硫化胶网络中单S键和双S键的含量占90%以上的硫化体系是( )。

(A)普通硫黄硫化体系 (B)半有效硫化体系

(C)有效硫化体系 (D)平衡硫化体系

142. 硫化胶既具有适量的多硫键,又有适量的单、双硫交联键的硫化体系是( )。

(A)普通硫黄硫化体系 (B)半有效硫化体系

(C)有效硫化体系 (D)平衡硫化体系

143. 硫化胶既具有较好的动态性能,又有中等程度的耐热氧老化性能,能满足这些性能的硫化体系是( )。

(A)普通硫黄硫化体系 (B)半有效硫化体系

(C)有效硫化体系 (D)平衡硫化体系

144. 所谓高温硫化是指温度在( )条件下进行的硫化。

(A)100～140 ℃ (B)140～180 ℃ (C)180～240 ℃ (D)高于 240 ℃

145. 高温硫化体系应该选择双键含量低的橡胶,目的是为了减少或消除硫化胶的( )现象。

(A)老化 (B)氧化 (C)喷霜 (D)硫化返原

146. 高温快速硫化体系多使用单硫键和双硫键含量高的有效硫化体系和( ),其硫化胶的耐热氧老化性能好。

(A)普通硫黄硫化体系　(B)半有效硫化体系

(C)金属氧化物硫化体系　(D)平衡硫化体系

147. 扑灭固体物质火灾需用(　　)灭火器。

(A)BC型干粉　(B)ABC型干粉　(C)泡沫　(D)二氧化碳

148. 在硫化体系中,增加硫黄用量,会降低硫化效率,并使(　　)的含量增加。

(A)单硫键　(B)碳碳键　(C)多硫键　(D)醚键

149. 在硫化体系中,保持硫用量不变,增加(　　)用量,可以提高硫化效率。

(A)促进剂　(B)防老剂　(C)活性剂　(D)偶联剂

150. Si-69是一种多功能助剂,它具有硫化剂、抗返原剂以及(　　)等作用。

(A)促进剂　(B)防老剂　(C)活性剂　(D)偶联剂

151. 高温下,(　　)不均匀裂解成由双[三乙氧基甲硅烷基丙基]二硫化物和双[三乙氧基甲硅烷基丙基]多硫化物组成的混合物。

(A)TMTD　(B)Si-69　(C)DTDM　(D)HVA-2

152. Si-69是作为硫给予体参与橡胶的硫化反应,生成橡胶—橡胶交联键,所形成的交联键的化学结构与(　　)的类型有关。

(A)促进剂　(B)防老剂　(C)活性剂　(D)偶联剂

153. 硫黄硫化时的硫化返原而导致的交联密度的下降,可以由Si-69生成的新的多硫或双硫交联键补偿,从而使(　　)在硫化过程中保持不变,硫化胶的物性处于稳定状态。

(A)分子量　(B)交联密度　(C)反应活性　(D)多硫键数量

154. EPM只能用(　　)硫化。

(A)硫黄硫化体系　(B)过氧化物硫化体系

(C)金属氧化物硫化体系　(D)树脂硫化体系

155. 硅橡胶的硫化通常采用(　　)。

(A)硫黄硫化体系　(B)过氧化物硫化体系

(C)金属氧化物硫化体系　(D)树脂硫化体系

156. 硫化胶的网络结构为C—C键,键能高,化学稳定性高,具有优异的抗热氧老化性能的硫化体系是(　　)。

(A)硫黄硫化体系　(B)过氧化物硫化体系

(C)金属氧化物硫化体系　(D)树脂硫化体系

157. 目前使用最多的一种过氧化物硫化剂是(　　)。

(A)DCP　(B)CTP　(C)DTDM　(D)TAIC

158. 1 g有机过氧化物分子能使多少g橡胶分子产生化学交联被称为过氧化物的(　　)。

(A)交联效率　(B)交联密度　(C)交联速率　(D)硫化强度

159. 采用过氧化物硫化橡胶时,ZnO的作用是(　　)。

(A)活化剂　(B)提高胶料的耐热性

(C)硫化剂　(D)填充剂

160. 采用过氧化物硫化橡胶时,能提高ZnO在橡胶中的溶解度和分散性的是(　　)。

(A)HVA-2　(B)TAIC　(C)硬脂酸　(D)TAC

161. 采用过氧化物硫化橡胶时,TAIC 是有效的(　　)。

(A)偶联剂　　(B)防老剂　　(C)防焦剂　　(D)助硫化剂

162. 采用过氧化物硫化橡胶时,其助硫化剂主要是硫黄和(　　)。

(A)TAIC　　(B)TT　　(C)CZ　　(D)DTDM

163. 采用过氧化物硫化橡胶时,使用 MgO 与三乙醇胺等,目的是提高(　　)。

(A)交联效率　　(B)交联密度　　(C)交联速率　　(D)硫化强度

164. 采用过氧化物硫化橡胶时,避免使用槽法炭黑和白炭黑等酸性填料,原因是酸性物质使自由基(　　)。

(A)活化　　(B)钝化　　(C)腐蚀　　(D)变质

165. 采用过氧化物硫化橡胶时,硫化温度应该高于过氧化物的(　　)。

(A)液化温度　　(B)软换温度　　(C)结晶温度　　(D)分解温度

166. 采用过氧化物硫化橡胶时,硫化时间一般为过氧化物半衰期的(　　)。

(A)1 倍　　(B)2 倍　　(C)6～10 倍　　(D)10～20 倍

167. 过氧化物半衰期是指一定温度下,过氧化物分解到原来浓度的(　　)时所需要的时间,用 $t_{1/2}$ 表示。

(A)一半　　(B)三分之一　　(C)四分之一　　(D)八分之一

168. 常用作硫化剂的金属氧化物是(　　)和氧化镁。

(A)氧化铁　　(B)氧化钙　　(C)氧化锌　　(D)氧化镉

169. 下列交联键类型中,动态性能最好的是(　　)。

(A)—C—C—　　(B)—C—S—C—

(C)—C—S_2—C—　　(D)—C—S_x—C—

170. 橡胶模压成型的生产工艺流程是(　　)。

(A)胶料→剪切称量→装入模具型腔→加压、硫化→启模取件→修除飞边→成品质量检查

(B)胶料预热→压注入模→硫化→启模取件→修除飞边→成品质量检查

(C)胶料预热塑化→注射入模→硫化→启模取件→修除飞边→成品质量检查

(D)胶料预热塑化→剪切称量→硫化→启模取件→修除飞边→成品质量检查

171. 橡胶压注成型的生产工艺流程是(　　)。

(A)胶料→剪切称量→装入模具型腔→加压、硫化→启模取件→修除飞边→成品质量检查

(B)胶料预热→压注入模→硫化→启模取件→修除飞边→成品质量检查

(C)胶料预热塑化→注射入模→硫化→启模取件→修除飞边→成品质量检查

(D)胶料预热塑化→剪切称量→硫化→启模取件→修除飞边→成品质量检查

172. 橡胶注射成型的生产工艺流程是(　　)。

(A)胶料→剪切称量→装入模具型腔→加压、硫化→启模取件→修除飞边→成品质量检查

(B)胶料预热→压注入模→硫化→启模取件→修除飞边→成品质量检查

(C)胶料预热塑化→注射入模→硫化→启模取件→修除飞边→成品质量检查

(D)胶料预热塑化→剪切称量→硫化→启模取件→修除飞边→成品质量检查

173. 在模具的下列各要素中，主流道属于(　　)。

(A)工艺要素　　(B)操作要素　　(C)标记要素　　(D)注胶要素

174. 在模具的下列各要素中，工艺定位孔属于(　　)。

(A)工艺要素　　(B)操作要素　　(C)标记要素　　(D)注胶要素

175. 在模具的下列各要素中，启模口属于(　　)。

(A)工艺要素　　(B)操作要素　　(C)标记要素　　(D)注胶要素

三、多项选择题

1. 硫化机的正确维护，对提高其利用率，延长其使用寿命，以及确保安全生产都具有重大意义，属于硫化机日检项目的有(　　)。

(A)观察干油泵储油量是否足够

(B)检查曲柄齿轮合模指针是否指在正确位置

(C)仔细检查蒸汽、过热水、惰性气体、动力水、压缩空气、润滑系统有无泄漏

(D)检查调整承胎臂

2. 硫化机的正确维护，对提高其利用率，延长其使用寿命，以及确保安全生产都具有重大意义，属于硫化机周检项目有(　　)。

(A)检查连杆端盖

(B)检查硫化机运行时有无不正常声音

(C)检查压力指示仪表指针是否平稳移动

(D)检查上、下模合拢时，有无异常响声

3. 硫化机的正确维护，对提高其利用率，延长其使用寿命，以及确保安全生产都具有重大意义，属于硫化机月检项目有(　　)。

(A)检查摩擦片磨损、清洁情况，有无碎裂

(B)检查蜗轮减速机油位是否正常

(C)检查主电机制动器性能是否正常

(D)检查压力开关的设定和动作是否正常

4. 硫化机的正确维护，对提高其利用率，延长其使用寿命，以及确保安全生产都具有重大意义，属于硫化机年检项目有(　　)。

(A)检查所有电气元件的接触情况及接地安全性

(B)检查所有软管的磨损，破裂情况

(C)检查硫化机的裂纹有无扩展

(D)检查加热介质和动力水阀有无异常

5. 造成模型橡胶制品缺胶的主要原因有(　　)。

(A)用胶量太少

(B)溢料口太大，以致胶料不能充满型腔，从溢料口溢出或溢料口位置不对

(C)胶料未充满型腔便已硫化，以致胶料流动性变差，胶料不能充满型腔

(D)模具入料口设计不合理，胶料不能充满型腔

6. 为避免模型橡胶制品缺胶，可以采取的预防措施有(　　)。

(A)提高硫化温度

(B)适当增加用胶量、控制半成品胶坯尺寸

(C)调整胶料配方,延长焦烧时间

(D)改善胶料配方或提高预塑温度,增加流动性

7. 造成模型橡胶制品闷气的主要原因有(　　)。

(A)胶料填入后,有空气堵在期间　(B)型腔中的空气无法排除

(C)加压速率过快,空气来不及排出　(D)胶料沾有油污

8. 预防模型橡胶制品闷气的主要措施有(　　)。

(A)模具增设排气结构要素　(B)合模速率放慢,使胶料充分流动和充模

(C)填压式改为注压式　(D)增设抽真空机构

9. 下列因素会使得橡胶模型制品的飞边增厚的是(　　)。

(A)硫化设备的锁模力小,或设备掉压　(B)模具内装胶量过大

(C)用胶量太少　(D)脱模剂用量太多

10. 为了减少橡胶制品飞边的生成,可以采取的措施有(　　)。

(A)设计制品结构时,需要考虑制品的生产工艺

(B)骨架制作时,严格控制封模尺寸和定位尺寸

(C)模具设计时,纯橡胶件要设计成无飞边结构,带骨架的制品要保证结构的合理性和封模尺寸的正确性

(D)对于硫化设备要处于完好状态,上下热板不得出现变形、压力表和温度表要定期校验、对设备的动作定位机构要做好检测和保养、对注射量要进行校核

11. 硅橡胶的性能特点有(　　)。

(A)既耐高温又耐低温　(B)电绝缘性优良

(C)对热氧化和臭氧的稳定性很高　(D)化学惰性大

12. 硅橡胶的缺点有(　　)。

(A)机械强度较低　(B)耐油、耐溶剂和耐酸碱性差

(C)价格较贵　(D)耐天候老化性较差

13. 硅橡胶的主要用途有(　　)。

(A)耐高低温制品　(B)无毒无味制品

(C)耐高温电线电缆绝缘层　(D)食品及医疗工业

14. 氟橡胶的性能特点有(　　)。

(A)耐温高可达 300 ℃

(B)耐油性是耐油橡胶中最好的

(C)耐真空性能好

(D)耐化学腐蚀性、耐臭氧、耐大气老化性均优良

15. 氟橡胶的缺点有(　　)。

(A)加工性差　(B)价格昂贵　(C)耐寒性差　(D)耐高温较差

16. 氟橡胶的主要用途有(　　)。

(A)耐真空密封件　(B)耐高温制品

(C)耐低温制品　(D)耐化学腐蚀制品

17. 氟橡胶分子结构的基本单元有(　　)。

(A)四氟乙烯　　(B)偏氟乙烯　　(C)六氟丙烯　　(D)氟化氢

18. 聚氨酯橡胶的性能特点有(　　)。

(A)耐磨性好　　(B)强度高、弹性好、耐油性优良

(C)耐臭氧、耐老化、气密性优异　　(D)耐热性好

19. 聚氨酯橡胶的性能缺点有(　　)。

(A)耐磨性较差

(B)耐水和耐碱性差

(C)耐芳香烃、氯化烃及酮、酯、醇类等溶剂性较差

(D)耐温性能较差

20. 聚氨酯橡胶的主要用途有(　　)。

(A)耐磨制品　　(B)耐低温制品

(C)耐高温制品　　(D)高强度和耐油制品

21. 聚氨酯橡胶是由(　　)化合物聚合而成的弹性体。

(A)聚酯　　(B)聚醚　　(C)氨基酸　　(D)二异氰酸酯

22. 氢化丁腈橡胶的性能特点有(　　)。

(A)机械强度高　　(B)耐热性比 NBR 好

(C)耐油性较差　　(D)耐磨性高

23. 氢化丁腈橡胶的应用范围有(　　)。

(A)耐油密封制品　　(B)耐高温密封制品

(C)耐高寒减振制品　　(D)高阻尼减振制品

24. 丙烯酸酯橡胶的性能特点有(　　)。

(A)兼有良好的耐热、耐油性能

(B)在含有硫、磷、氯添加剂的润滑油中性能稳定

(C)耐老化、耐氧和臭氧、耐紫外线、气密性优良

(D)耐寒性优良

25. 丙烯酸酯橡胶的性能缺点有(　　)。

(A)耐寒性差

(B)不耐水,不耐蒸汽及有机和无机酸、碱

(C)耐热性差

(D)甲醇、乙二醇、酮酯等水溶性溶液内膨胀严重

26. 丙烯酸酯橡胶的应用范围有(　　)。

(A)耐寒性优良制品　　(B)耐油

(C)耐热　　(D)耐老化的制品

27. 氯磺化聚乙烯橡胶是聚乙烯经(　　)处理后,所得到具有弹性的聚合物。

(A)氧化　　(B)磺化　　(C)氯化　　(D)硫化

28. 丙烯酸酯橡胶的性能特点有(　　)。

(A)耐臭氧及耐老化优良

(B)抗撕裂性能优秀

(C)阻燃、耐热、耐溶剂性及耐大多数化学药品和耐酸碱性能较好

(D)耐低温优异

29. 丙烯酸酯橡胶的性能缺点有(　　)。

(A)阻燃性差　(B)抗撕裂性能差　(C)加工性能不好　(D)耐臭氧较差

30. 丙烯酸酯橡胶的应用范围有(　　)。

(A)臭氧发生器上的密封材料　(B)制造耐油密封件

(C)耐油橡胶制品　(D)化工衬里

31. 合成氯醚橡胶的单体有(　　)。

(A)环氧氯丙烷　(B)环氧乙烷　(C)氯乙烯　(D)乙醚

32. 氯醚橡胶的性能特点有(　　)。

(A)耐脂肪烃及氯化烃溶剂　(B)耐碱好

(C)耐水好　(D)耐老化性能极好

33. 氯醚橡胶的主要用途有(　　)。

(A)胶管　(B)容器衬里　(C)胶辊　(D)油封、水封

34. 氯化聚乙烯橡胶性能特点有(　　)。

(A)流动性好,容易加工　(B)优良的耐天候性、耐臭氧性和耐电晕性

(C)耐低温好　(D)耐热、耐酸碱、耐油性良好

35. 氯化聚乙烯橡胶缺点有(　　)。

(A)电绝缘性较低　(B)弹性差　(C)压缩变形较大　(D)耐候性差

36. 氯化聚乙烯橡胶主要用途有(　　)。

(A)胶带　(B)电线电缆护套　(C)轮胎　(D)化工衬里

37. 橡胶老化的现象多种多样,下列属于橡胶老化的是(　　)。

(A)生胶经久储存时会变硬、变脆或者发黏

(B)橡胶薄膜制品经过日晒雨淋后会变色、变脆以至破裂

(C)在户外架设的电线、电缆,由于受大气作用会变硬、破裂,以至影响绝缘性

(D)在仓库储存的制品会发生龟裂

38. 橡胶的老化过程是一种不可逆的化学反应,像其他化学反应一样,伴随着(　　)的变化。

(A)环境　(B)外观　(C)性能　(D)结构

39. 橡胶在老化过程中,常见的外观变化有(　　)。

(A)变软发黏　(B)变硬变脆　(C)龟裂　(D)发霉

40. 橡胶在老化过程中,常见的性能变化有(　　)。

(A)比重变化　(B)玻璃化温度变化

(C)流变性变化　(D)拉伸强度变化

41. 橡胶在老化过程中,常见的结构变化有(　　)。

(A)分子间产生交联　(B)分子链降解

(C)主链或侧链的改性　(D)侧基脱落弱键断裂

42. 能使橡胶发生老化的变价金属有(　　)。

(A)Cu　(B)Fe　(C)Co　(D)Ni

43. 能使橡胶发生老化的外因有(　　)。

(A)高能辐射　(B)臭氧　(C)微生物　(D)蟑螂

44. 橡胶老化诸类型中,其中最常见、影响最大、破坏性最强的几个因素是(　　)。

(A)热氧老化　(B)光氧老化　(C)臭氧老化　(D)疲劳老化

45. 饱和碳链橡胶发生热氧老化的特点是(　　)。

(A)没有明显自催化作用　(B)分子量下降

(C)常产生其他的异构化反应　(D)吸氧速度慢,有较好的耐氧化作用

46. 影响橡胶热氧老化的因素有(　　)。

(A)橡胶的品种　(B)温度　(C)氧的浓度　(D)金属离子

47. 橡胶的品种不同,耐热氧老化的程度不同,橡胶种类的影响有(　　)。

(A)双键的影响　(B)双键取代基的影响

(C)位阻效应　(D)橡胶的结晶性的影响

48. 橡胶的品种不同,耐热氧老化的程度不同,双键取代基的影响有(　　)。

(A)吸电子效应　(B)推电子效应

(C)量子效应　(D)隧道效应

49. 链终止型防老剂,根据它们与自由基的作用方式不同分为(　　)。

(A)自由基捕捉体　(B)氧给予体　(C)电子给予体　(D)氢给予体

50. 链终止型防老剂中,氢给予体防老剂应具备的条件有(　　)。

(A)具有活泼的氢原子,而且比橡胶主链的氢原子更易脱出

(B)防老剂本身应较难被氧化

(C)防老剂的游离基活性要较小,以减少它对橡胶引发的可能性

(D)防老剂本身应容易被氧化

51. 关于氢过氧化物分解剂的说法,正确的有(　　)。

(A)要等到氢过氧化物生成后才能发挥作用

(B)一般不单独使用

(C)能够破坏氢过氧化物

(D)能延缓自动催化的引发过程

52. 常见的破坏氢化过氧化物型防老剂有(　　)。

(A)二烷基硫化物　(B)亚磷酸酯

(C)硫醇　(D)二烷基二硫代氨基甲酸盐

53. 作橡胶防老剂使用的金属离子钝化剂的作用特点是(　　)。

(A)能以最大配位数强烈地络合重金属离子

(B)能降低重金属离子的氧化还原电位

(C)所生成的新络合物必须难溶于橡胶

(D)有大的位阻效应

54. 两种或两种以上橡胶防老剂并用时,可以产生(　　)。

(A)对抗效应　(B)加和效应　(C)协同效应　(D)加速效应

55. 下列橡胶防老剂并用,可以产生协同效应的是(　　)。

(A)抗氧剂和紫外光吸收剂　(B)炭黑和含硫抗氧剂

(C)防老剂 4010 和防老剂 4020　(D)抗氧剂 264 和抗氧剂 2246

56. 通过硫化胶的热氧化与其橡胶烃热氧化的比较，可以得知（　　）。
(A)硫化胶比其橡胶烃更耐热氧化
(B)橡胶烃所发生的热氧化反应及其特征，在其硫化胶中同样发生
(C)交联结构及其硫化网外物对其热氧化不会产生影响
(D)交联结构及其硫化网外物对其热氧化要产生影响
57. 橡胶的不同交联键对热氧化的影响是（　　）。
(A)单硫键在无氧化情况下，可部分的恢复被破坏的交联键
(B)单硫和双硫交联结构的硫化胶具有较好的耐氧化作用
(C)多硫交联键分裂出自由基，然后引发自动氧化的过程
(D)多硫交联的耐氧化作用最差
58. 橡胶防老剂中，常用的光稳定剂有（　　）。
(A)光屏蔽剂　　(B)紫外光吸收剂　　(C)紫外光猝灭剂　　(D)紫外光反射剂
59. 紫外光吸收剂按其结构不同可分为（　　）。
(A)胺类　　(B)邻羟基二苯甲酮类
(C)水杨酸酯类　　(D)邻羟基苯并三唑类
60. 造成模型橡胶制品出现烂边现象的主要原因有（　　）。
(A)胶料硫速过慢　　(B)设备热板温度低
(C)装模时温度过低　　(D)模具凹处窝气
61. 为解决模型橡胶制品出现烂边现象，可采取的措施主要有（　　）。
(A)检查胶料硫化点，调整配方　　(B)控制设备热板温度
(C)装模前充分预热模具　　(D)改进模具结构
62. 造成模型橡胶制品出现缩边、卷边、抽边现象的主要原因有（　　）。
(A)胶料硫速过快　　(B)硫化机压力波动
(C)装模时间过长　　(D)填胶量不足
63. 为解决模型橡胶制品出现缩边、卷边、抽边现象，可采取的措施有（　　）。
(A)采用高温硫化　　(B)检查胶料硫化点，调整配方
(C)控制硫化压力稳定　　(D)提高装模速度
64. 橡胶模型制品启模取件时，在制品上出现撕裂现象的原因有（　　）。
(A)隔离剂喷涂过多，熔接痕处强度低　　(B)排气次数过多
(C)过硫　　(D)模具温度过高
65. 橡胶模型制品启模取件时，在制品上出现撕裂现象的原因有（　　）。
(A)胶料成型工艺方法不对
(B)模具结构不合理，棱角未倒角、表面粗糙度不合要求
(C)低温慢速硫化
(D)启模方法不对，启模太快、受力不均
66. 造成模型橡胶制品表面和内部出现鼓泡现象的主要原因有（　　）。
(A)压制时，型腔内的空气没有彻底排出
(B)胶料中含有水分或易挥发物质
(C)模具结构不合理，排气不良

(D)过硫

67. 能够解决模型橡胶制品表面和内部出现鼓泡现象的措施有(　　)。

(A)加强排气,胶料表面有气泡的需刺破

(B)严格控制配合剂和生胶的含水率,不符合要求需要烘干

(C)提高硫化速度

(D)改进模具结构,增设排气机构

68. 造成模型橡胶制品在合模缝处开裂现象的主要原因有(　　)。

(A)胶料被污染　　(B)胶料的焦烧时间太短

(C)装模时间过长　　(D)硫化返原

69. 能够改善模型橡胶制品在合模缝处开裂现象的主要措施有(　　)。

(A)加强物料管理,防止胶料被污染　　(B)更改配方,延长焦烧时间

(C)提高硫化温度　　(D)提高设备压力,并防止设备掉压

70. 能够改善模型橡胶制品在合模缝处开裂现象的主要措施有(　　)。

(A)提高硫化温度　　(B)更改配方,增加胶料流动性

(C)严格控制脱模剂喷涂量　　(D)减少硫化时间

71. 造成模型橡胶制品在合模缝处开裂现象的主要原因有(　　)。

(A)胶料自粘性差　　(B)胶料喷霜

(C)提高硫化温度　　(D)脱模剂喷涂过量

72. 常用的非污染性防老剂有(　　)。

(A)防老剂 2246S　　(B)防老剂 MB

(C)防老剂 RD　　(D)防老剂 4010NA

73. 非迁移性防老剂是指在橡胶中能够持久地发挥防护效能的防老剂,非迁移性防老剂的特点是(　　)。

(A)难抽出　　(B)难分解　　(C)难挥发　　(D)难迁移

74. 非迁移性防老剂可分为(　　)。

(A)反应性防老剂　　(B)偶联型防老剂

(C)高分子量防老剂　　(D)液体防老剂

75. 反应性防老剂的类型有(　　)。

(A)在加工过程中防老剂与橡胶化学键合　　(B)在加工前将防老剂接枝到橡胶上

(C)在加工时将防老剂接枝到炭黑上　　(D)具有防护功能的单体与橡胶单体共聚

76. 防老剂的防护效能与(　　)等有关。

(A)防老剂本身的性能　　(B)聚合物的类型

(C)加工条件　　(D)制品的使用条件

77. 应根据具体的情况来选用防老剂,通常在选用防老剂时应(　　)。

(A)了解橡胶制品的使用条件及引起老化的因素

(B)考虑加工过程中工艺条件的影响

(C)考虑所采用的橡胶及配合剂的性质

(D)防老剂本身性质的选择

78. 防老剂本身性质的选择,需要考虑的因素有(　　)。

(A)变色及污染性 (B)挥发性 (C)溶解性 (D)稳定性

79. 未来促进剂的发展方向是一剂多能，即兼备( )功能及对环境无污染的特点。

(A)硫化剂 (B)活性剂 (C)促进剂 (D)防焦剂

80. 常见酸性促进剂有( )。

(A)噻唑类 (B)秋兰姆类

(C)二硫代氨基甲酸盐类 (D)黄原酸盐类

81. 常见中性促进剂有( )。

(A)噻唑类 (B)秋兰姆类 (C)次磺酰胺类 (D)硫脲类

82. 常见的碱性促进剂有( )。

(A)胍类 (B)秋兰姆类 (C)次磺酰胺类 (D)醛胺类

83. 常见的准速级促进剂有( )。

(A)M (B)DM (C)CZ (D)NOBS

84. 常见的超速级促进剂有( )。

(A)TMTD (B)DM (C)TMTM (D)CZ

85. 常见的超超速级促进剂有( )。

(A)M (B)ZDMC (C)ZDC (D)CZ

86. 噻唑类促进剂的作用特性有( )。

(A)属于酸性、准速级促进剂，硫化速度快 (B)焦烧时间短，易焦烧

(C)硫化曲线平坦性好，过硫性小 (D)硫化胶具有良好的耐老化性能

87. 噻唑类促进剂的配合特点是( )。

(A)被炭黑吸附不明显，宜和酸性炭黑配合

(B)无污染，可以用作浅色橡胶制品

(C)DM、M对CR有延迟硫化和抗焦烧作用，可作为CR的防焦剂，也可用作NR的塑解剂

(D)有苦味，不宜用于食品工业

88. 次磺酰胺类促进剂的作用特性有( )。

(A)焦烧时间长，硫化速度快，硫化曲线平坦，硫化胶综合性能好

(B)宜与炉法炭黑配合，有充分的安全性，利于压出、压延及模压胶料的充分流动性

(C)适用于合成橡胶的高温快速硫化和厚制品的硫化

(D)与酸性促进剂(TT)并用，形成活化的次磺酰胺硫化体系，可以减少促进剂的用量

89. 秋兰姆类促进剂的作用特点是( )。

(A)属超速级酸性促进剂，硫化速度快，焦烧时间短，应用时应特别注意焦烧倾向

(B)秋兰姆类促进剂中的硫原子数大于或等于2时，可以作硫化剂使用

(C)一般不单独使用，而与噻唑类、次磺酰胺类并用

(D)硫化胶的耐热氧老化性能好

90. 二硫代氨基甲酸盐类促进剂的作用特点是( )。

(A)属超超速级酸性促进剂

(B)硫化速度比秋兰姆类还要快

(C)适用于室温硫化和胶乳制品的硫化

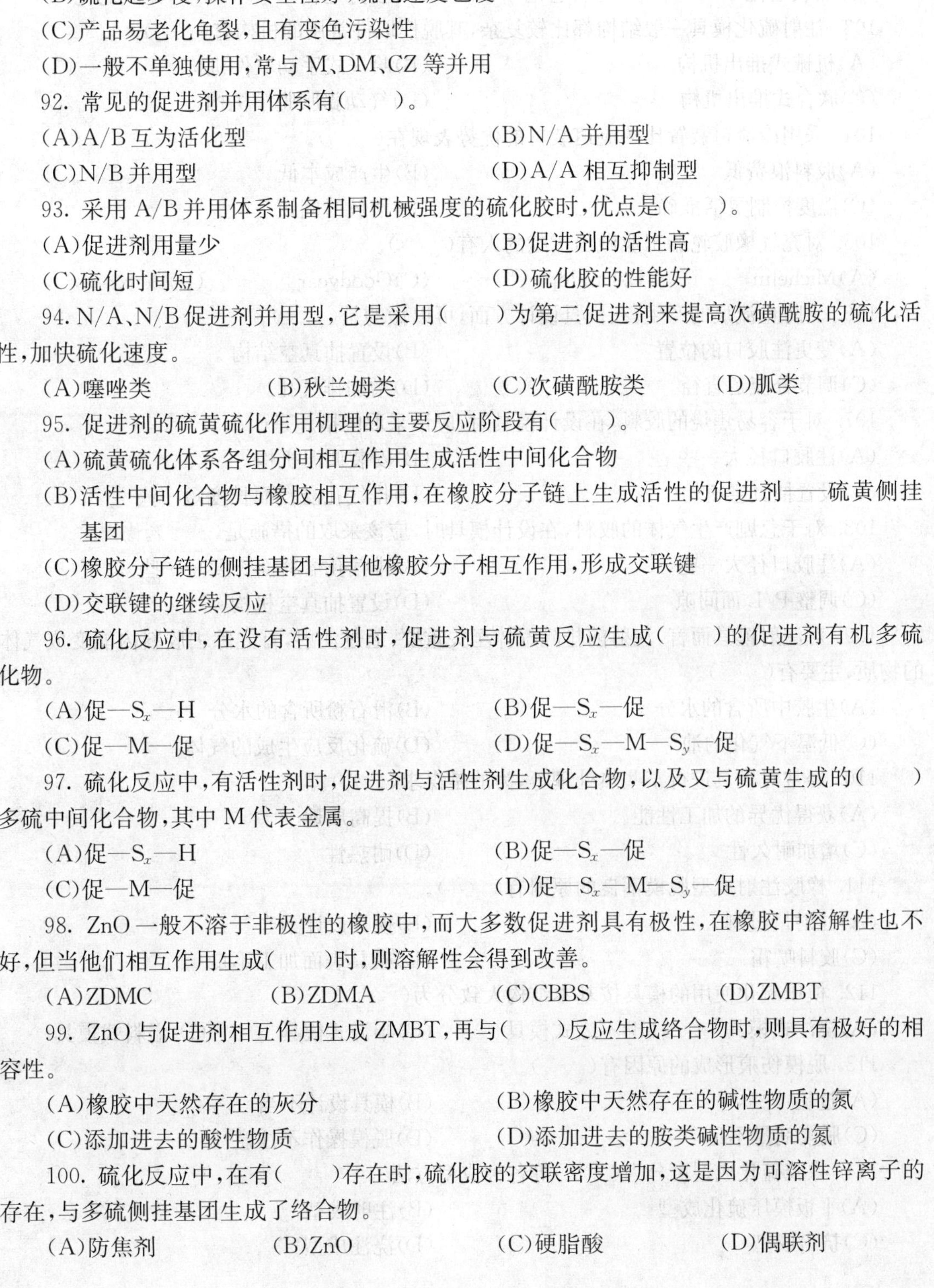

(D)可用于低不饱和度橡胶如 IIR、EPDM 的硫化

91. 胍类促进剂作用特点有(　　)。

(A)碱性促进剂中用量最大的一种

(B)硫化起步慢,操作安全性好,硫化速度也慢

(C)产品易老化龟裂,且有变色污染性

(D)一般不单独使用,常与 M、DM、CZ 等并用

92. 常见的促进剂并用体系有(　　)。

(A)A/B 互为活化型　　(B)N/A 并用型

(C)N/B 并用型　　(D)A/A 相互抑制型

93. 采用 A/B 并用体系制备相同机械强度的硫化胶时,优点是(　　)。

(A)促进剂用量少　　(B)促进剂的活性高

(C)硫化时间短　　(D)硫化胶的性能好

94. N/A、N/B 促进剂并用型,它是采用(　　)为第二促进剂来提高次磺酰胺的硫化活性,加快硫化速度。

(A)噻唑类　　(B)秋兰姆类　　(C)次磺酰胺类　　(D)胍类

95. 促进剂的硫黄硫化作用机理的主要反应阶段有(　　)。

(A)硫黄硫化体系各组分间相互作用生成活性中间化合物

(B)活性中间化合物与橡胶相互作用,在橡胶分子链上生成活性的促进剂——硫黄侧挂基团

(C)橡胶分子链的侧挂基团与其他橡胶分子相互作用,形成交联键

(D)交联键的继续反应

96. 硫化反应中,在没有活性剂时,促进剂与硫黄反应生成(　　)的促进剂有机多硫化物。

(A)促—S_x—H　　(B)促—S_x—促

(C)促—M—促　　(D)促—S_x—M—S_y—促

97. 硫化反应中,有活性剂时,促进剂与活性剂生成化合物,以及又与硫黄生成的(　　)多硫中间化合物,其中 M 代表金属。

(A)促—S_x—H　　(B)促—S_x—促

(C)促—M—促　　(D)促—S_x—M—S_y—促

98. ZnO 一般不溶于非极性的橡胶中,而大多数促进剂具有极性,在橡胶中溶解性也不好,但当他们相互作用生成(　　)时,则溶解性会得到改善。

(A)ZDMC　　(B)ZDMA　　(C)CBBS　　(D)ZMBT

99. ZnO 与促进剂相互作用生成 ZMBT,再与(　　)反应生成络合物时,则具有极好的相容性。

(A)橡胶中天然存在的灰分　　(B)橡胶中天然存在的碱性物质的氮

(C)添加进去的酸性物质　　(D)添加进去的胺类碱性物质的氮

100. 硫化反应中,在有(　　)存在时,硫化胶的交联密度增加,这是因为可溶性锌离子的存在,与多硫侧挂基团生成了络合物。

(A)防焦剂　　(B)ZnO　　(C)硬脂酸　　(D)偶联剂

101. 下列现象属于橡胶老化的表现是(　　)。
(A)变软发黏　(B)变硬发脆　(C)变色及龟裂　(D)发霉及粉化
102. 多种外因共同起作用,形成不同的橡胶老化方式,常见老化方式有(　　)。
(A)热氧老化　(B)臭氧老化　(C)疲劳老化　(D)光氧老化
103. 注射硫化模具一般结构都比较复杂,其脱模取件常用的机构有(　　)。
(A)机械式推出机构　(B)哈夫式手动取件机构
(C)联合式推出机构　(D)气动膨胀脱模机构
104. 采用冷流道装置比热流道装置的优势表现在(　　)。
(A)胶料浪费低　(B)生产成本低
(C)温度控制灵活准确　(D)清胶时间短
105. 对充气橡胶轮胎工业做出贡献的人有(　　)。
(A)Michelin　(B)Dunlop　(C)Goodyear　(D)Benz
106. 为防止流痕的产生,在模具设计方面,可以做的是(　　)。
(A)变更注胶口的位置　(B)设置抽真空结构
(C)调节分流道直径　(D)增加排气孔
107. 对于容易焦烧的胶料,在设计模具时,应该采取的措施是(　　)。
(A)注胶口径大一些　(B)安装调温机构
(C)设置抽真空机构　(D)排气孔溢料面长度短一些
108. 对于急剧产生气体的胶料,在设计模具时,应该采取的措施是(　　)。
(A)注胶口径大一些　(B)排气孔溢料面长度短一些
(C)调整 P/L 面间隙　(D)设置抽真空机构
109. 对注射模具而言,注射前排除气体至关重要,通过注射,首先除去胶料内能变成气体的物质,主要有(　　)。
(A)生胶中所含的水分　(B)滑石粉所含的水分
(C)低温下气化的油　(D)硫化反应生成的气体
110. 经常对模具进行某些热处理等,为的是谋求(　　)。
(A)获得优异的加工性能　(B)提高质地
(C)增加耐久性　(D)耐热性
111. 橡胶注射成型脱模不良的原因有(　　)。
(A)注射量过剩　(B)模具设计不当
(C)胶料喷霜　(D)模具表面加工不良
112. 模压硫化使用的模具按基本结构大致分为(　　)。
(A)浇注式模具　(B)不溢式模具　(C)半溢式模具　(D)溢料式模具
113. 脱模伤痕形成的原因有(　　)。
(A)过硫　(B)模具设计不当
(C)脱模剂量不足　(D)脱模操作不注意
114. 橡胶硫化成型可分为(　　)等各种成型方法。
(A)平板模压硫化成型　(B)注射成型
(C)挤出成型　(D)浇注成型

115. 橡胶注射机的工作周期有(　　)。

(A)注射供料系统移向模具　　(B)胶料注入模具

(C)打开或闭合模具　　(D)从模具中取出硫化制品

116. 分离式自压注模具的工作流程是(　　)。

(A)先合模再注胶　　(B)注胶后取出压注器

(C)对模具加压　　(D)开模

117. 整体式自压注模具的特点是(　　)。

(A)自身兼容了料斗和柱塞结构　　(B)结构紧凑、使用方便

(C)生产效率高　　(D)用于成型结构复杂和带骨架的制品

118. 整体式自压注模具的工作流程是(　　)。

(A)装入骨架、闭合模具　　(B)装入胶料、加压注胶

(C)开模取件　　(D)清理料斗、胶道和型腔内胶皮

119. 常见的连续硫化工艺有(　　)。

(A)热空气连续硫化室硫化法　　(B)蒸汽管道连续硫化法

(C)液体介质连续硫化法　　(D)沸腾床连续硫化法

120. 橡胶制品产生开模缩裂的主要原因是与模具接触的制品表面和制品内部存在的温度差异,改善的措施有(　　)。

(A)减小制品表面和内部的温差　　(B)增大硫化压力

(C)提高硫化温度　　(D)减小制品表面与内部硫化速率的差异

121. 可将充满模腔的未硫化橡胶的温度从内部提高的模具类型有(　　)。

(A)溢料式模具　　(B)注射模具　　(C)模压模具　　(D)移模模具

122. 模制品修边的难易取决于模具结构,设计模具时需要在无损于制品的位置上设置模具分型面,其目的是(　　)。

(A)减轻单块模具重量　　(B)便于排气

(C)便于加工　　(D)容易脱模

123. 橡胶与其他基材的黏合由(　　)等各界面的结合状态共同决定。

(A)被黏材料　　(B)模具　　(C)黏合剂　　(D)橡胶

124. 模具的定位方法有(　　)。

(A)圆柱定位　　(B)圆锥定位　　(C)销钉定位　　(D)斜面定位

125. 使模具型腔表面粗糙的因素有(　　)。

(A)启模工具碰撞引起的麻点　　(B)脱模剂形成的污垢

(C)型腔锐角磨损成钝角　　(D)镀铬处理

126. 模具存放时的保养要求是(　　)。

(A)存放前逐副检查　　(B)及时上油

(C)做好编号存放　　(D)填写模具档案

127. 平板硫化机的规格可以用加热平板的“长度×宽度”表示,也可以用其公称吨位表示或者两者的混合表示,对于热板长 6 m、宽 5 m 的 200 t 硫化机,下面表示正确的是(　　)。

(A)600×500　　(B)60×50　　(C)200/600×500　　(D)200/60×50

128. 平板硫化机维护保养的重点是(　　)。

(A)液压系统　(B)脱模系统　(C)热板　(D)加热系统

129. 硫化设备的日检要求有(　　)。

(A)检查液压系统是否超过规定的最高工作压力

(B)检查液压管路是否漏油

(C)检查加热系统的温度控制器指示和设定是否正常

(D)检查紧固件是否松动

130. 成型工序的操作目的是(　　)。

(A)保证制品的规格、形状准确　(B)确保产品外观质量

(C)方便硫化时装模　(D)保证制品机械性能

131. 制备半成品时,需要控制好(　　)等因素,才可以保证制品硫化后的质量。

(A)规格　(B)形状　(C)尺寸　(D)重量

132. 胶片压延后往往出现顺压延方向和垂直于压延方向的机械性能不一致的现象,受到该现象影响的性能有(　　)。

(A)拉伸强度　(B)黏度　(C)伸长率　(D)收缩率

133. 压延效应产生的主要原因是(　　)。

(A)橡胶大分子链沿压延方向定向取向　(B)橡胶大分子链沿压延方向定向结晶

(C)各向同性填料的定向取向　(D)各向异性填料的定向取向

134. 下列填料中,能对胶料的压延效应产生重要影响的有(　　)。

(A)陶土　(B)炭黑　(C)滑石粉　(D)白炭黑

135. 注射硫化法,按注射装置的种类可以分为(　　)。

(A)螺杆式　(B)柱塞式

(C)往复螺杆式　(D)螺杆预塑柱塞式

136. 在注射过程中,决定胶料注射顺利与否的主要因素是胶料的(　　)。

(A)流动性　(B)黏度　(C)耐高温性能　(D)正硫化时间

137. 注射硫化法,在注压过程中,胶料经历(　　)两个过程。

(A)塑化注射　(B)压延剪切　(C)加热软化　(D)热压硫化

138. 注射硫化法,在注压过程中,胶料在压力作用下通过(　　)等,最终进入硫化模型。

(A)喷嘴　(B)主流道　(C)分流道　(D)浇口

139. 橡胶的注射温度控制中,需要控制的温度有(　　)。

(A)机筒温度　(B)注射温度　(C)骨架温度　(D)胶料初始温度

140. 注射硫化法的注射温度即胶料通过喷嘴之后的温度,可以提高注射温度的方法有(　　)。

(A)提高机筒温度　(B)提高螺杆转速　(C)提高注射压力　(D)减小喷嘴直径

141. 不同橡胶通过喷嘴时的温度升高幅度是不同的,下列胶种的平均温升情况正确的是(　　)。

(A)IR 平均温升 10 ℃　(B)CR 平均温升 23 ℃

(C)NR 平均温升 35 ℃　(D)NBR 平均温升 60 ℃

142. 下列各因素中,对注射压力有影响的是(　　)。

(A)胶料的流动性　(B)塑化方式　(C)喷嘴的直径　(D)模腔形状

143. 注射硫化法,在注压过程中,注射压力过大容易造成的问题有(　　)。
(A)缺胶　(B)制品飞边过大
(C)模腔内气体不易排出　(D)制品脱模困难
144. 注射硫化法,在注压过程中,注射压力过低容易造成的问题有(　　)。
(A)注射时间增加　(B)注射温度降低
(C)胶料不能充满型腔　(D)制品飞边过大
145. 注射硫化法,在模腔内胶料的压力分布状况比较复杂,模腔内不同位置点的压力值与(　　)等因素有关。
(A)注射压力　(B)胶料黏度　(C)喷嘴形状　(D)模腔结构
146. 注射机螺杆背压是指螺杆在转动塑化并逐渐后退时,要用一定的压力顶住胶料,背压的作用是(　　)。
(A)提高胶料温度　(B)排除胶料中的气泡、挥发份
(C)提高塑化和混炼效果　(D)提高螺杆转速
147. 注射机的注射速度与(　　)等因素有关。
(A)注射压力　(B)喷嘴直径　(C)模具温度　(D)胶料性质
148. 注射机螺杆驱动电机的功率与(　　)等因素有关。
(A)螺杆转速　(B)胶料黏度　(C)预塑背压　(D)螺杆几何参数
149. 取出较为困难的制品,模具结构可按制品的形状相应配有适宜的(　　)启模装置。
(A)顶　(B)吹　(C)拉　(D)拔
150. 微波硫化生产线由(　　)等部分组成。
(A)成型　(B)硫化　(C)冷却　(D)切断
151. 微波技术在橡胶工业中的应用有(　　)。
(A)模型制品胶坯的预热　(B)废橡胶的再生
(C)连续硫化　(D)硫化模型制品
152. 使用饱和蒸汽作硫化介质的缺点是(　　)。
(A)蒸汽压力与温度相互依赖　(B)易产生冷凝点
(C)大型制品易产生局部低温　(D)对容器内壁有腐蚀
153. 使用过热蒸汽作硫化介质的缺点是(　　)。
(A)过热部分热量小　(B)给热系数比饱和蒸汽低
(C)对设备腐蚀强　(D)硫化胶的返原倾向增大
154. 使用热空气作硫化介质的缺点是(　　)。
(A)传热性能差　(B)硫化罐中氧气易造成硫化胶返原
(C)过氧化物硫化受限制　(D)加入蒸汽易使聚氨酯橡胶等水解
155. 金属骨架的化学处理方法有(　　)。
(A)酸蚀法　(B)阳极化法　(C)抛丸处理　(D)磷化处理
156. 橡胶硫化时的热量传递,在不同条件下具有不同的机理,它有(　　)三种基本方式。
(A)热涡流　(B)热传导　(C)热对流　(D)热辐射
157. 硫化胶的耐寒性能主要取决于高聚物的(　　)两个基本特征,两者都会使橡胶在低温下丧失工作能力。

(A)玻璃化转变　(B)取向　(C)高弹性　(D)结晶

158. 聚合物的玻璃化转变是一个松弛过程，与过程相关，因此对 T_g 有影响的因素有(　　)。

(A)升温或冷却速度　(B)外力的大小

(C)外力作用速度　(D)外力作用时间的长短

159. 橡胶的硫化三要素指的是(　　)。

(A)硫化时间　(B)硫化模具　(C)硫化压力　(D)硫化温度

160. 通常，硫化温度的选择应根据(　　)等几个方面进行综合考虑。

(A)制品的类型　(B)胶种　(C)硫化体系　(D)硫化压力

161. 用于描述橡胶硫化温度和硫化时间关系的计算公式，常用的是(　　)。

(A)能量守恒方程　(B)范特霍夫方程

(C)质能方程　(D)阿累尼乌斯方程

162. 用于描述橡胶硫化温度和硫化时间关系的计算公式中，硫化温度系数 K 随(　　)而变化。

(A)胶料的配方　(B)硫化温度　(C)硫化压力　(D)硫化时间

163. 胶料的硫化强度取决于(　　)等因素。

(A)硫化时间　(B)硫化温度系数　(C)硫化温度　(D)硫化压力

164. 硫化效应 E 是衡量胶料硫化程度深浅的尺度，其值取决于(　　)。

(A)硫化压力　(B)硫化强度　(C)硫化时间　(D)制品大小

165. 作为优良的硫化介质，应该具备(　　)的特性。

(A)具有优良的导热性和传热性

(B)具有较高的蓄热能力

(C)对橡胶制品及硫化设备无污染性和腐蚀性

(D)具有较宽的温度范围

166. 胶种、填料及配合剂对微波能的吸收能力主要决定于(　　)。

(A)硫化温度系数　(B)功率损耗因子　(C)溶解度参数　(D)介电常数

167. 硫化介质的种类很多，下列属于硫化介质的是(　　)。

(A)饱和蒸汽　(B)热空气　(C)熔融盐　(D)γ射线

168. 过热水是常用的一种硫化介质，主要是靠温度的降低来供热，其特点是(　　)。

(A)密度大　(B)比热大　(C)导热系数大　(D)给热系数大

169. 在下列交联键型中，橡胶的硫黄硫化体系中可能生成的交联键结构为(　　)。

(A)—C—S—C—　(B)—C—S_2—C—

(C)—C—S_x—C—　(D)—C—C—

170. 下列各方程式中，可以计算出不同温度下的等效硫化时间的是(　　)。

(A)$(4T+2S+M+H)/8$　(B)$\frac{\tau_1}{\tau_2}=K^{\frac{T_2-T_1}{10}}$

(C)$\ln\frac{\tau_2}{\tau_1}=\frac{E}{R}\left(\frac{1}{T_1}-\frac{1}{T_2}\right)$　(D)$\frac{G_2-G_1}{G_1}\times 100\%$(溶胀率)

171. 下列各方程式中，可以用于判定正硫化时间的是(　　)。

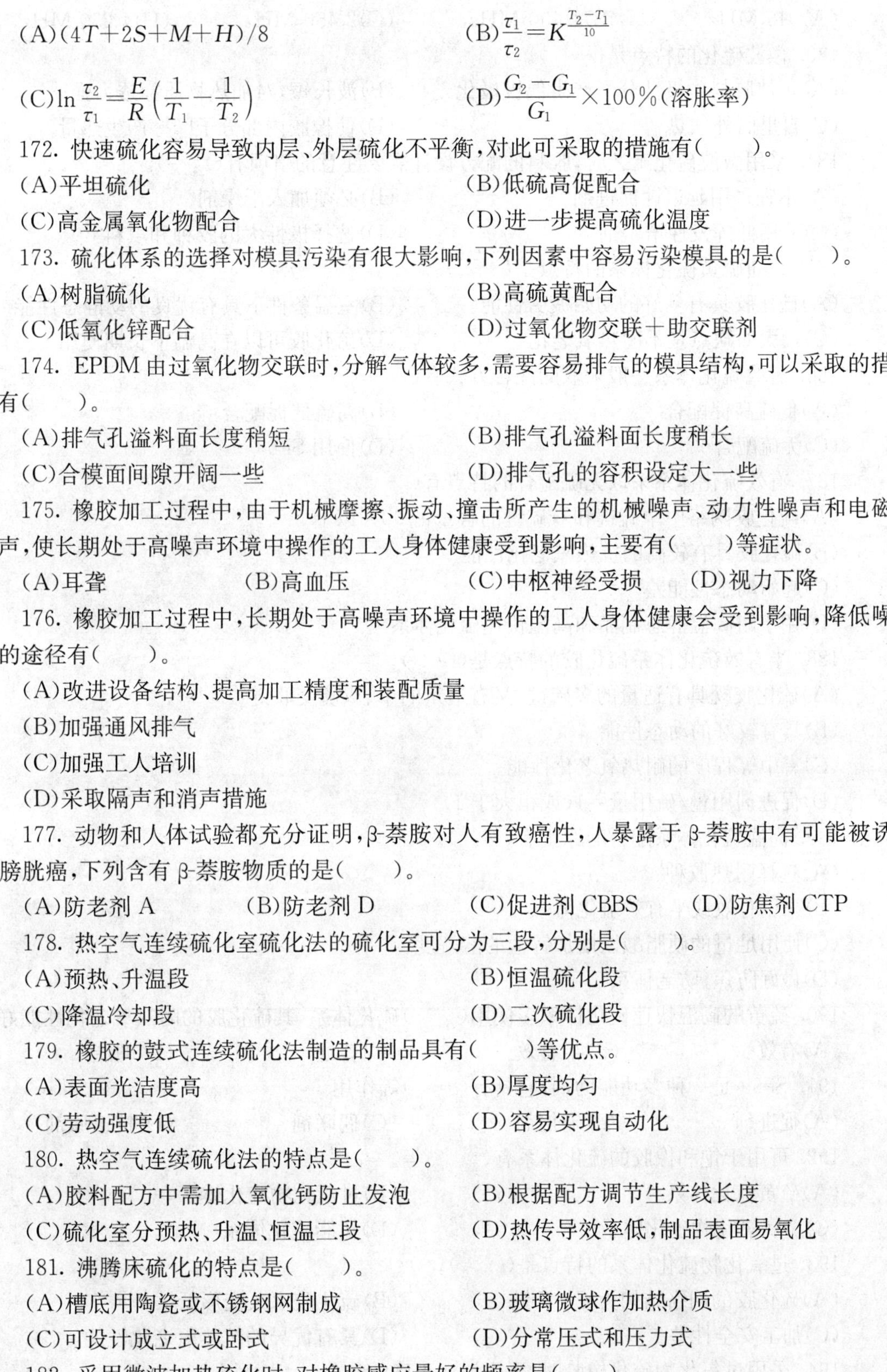

(A)$(4T+2S+M+H)/8$　　(B)$\frac{\tau_1}{\tau_2}=K^{\frac{T_2-T_1}{10}}$

(C)$\ln\frac{\tau_2}{\tau_1}=\frac{E}{R}\left(\frac{1}{T_1}-\frac{1}{T_2}\right)$　　(D)$\frac{G_2-G_1}{G_1}\times100\%$(溶胀率)

172. 快速硫化容易导致内层、外层硫化不平衡,对此可采取的措施有(　　)。

(A)平坦硫化　　(B)低硫高促配合

(C)高金属氧化物配合　　(D)进一步提高硫化温度

173. 硫化体系的选择对模具污染有很大影响,下列因素中容易污染模具的是(　　)。

(A)树脂硫化　　(B)高硫黄配合

(C)低氧化锌配合　　(D)过氧化物交联+助交联剂

174. EPDM 由过氧化物交联时,分解气体较多,需要容易排气的模具结构,可以采取的措施有(　　)。

(A)排气孔溢料面长度稍短　　(B)排气孔溢料面长度稍长

(C)合模面间隙开阔一些　　(D)排气孔的容积设定大一些

175. 橡胶加工过程中,由于机械摩擦、振动、撞击所产生的机械噪声、动力性噪声和电磁噪声,使长期处于高噪声环境中操作的工人身体健康受到影响,主要有(　　)等症状。

(A)耳聋　　(B)高血压　　(C)中枢神经受损　　(D)视力下降

176. 橡胶加工过程中,长期处于高噪声环境中操作的工人身体健康会受到影响,降低噪声的途径有(　　)。

(A)改进设备结构、提高加工精度和装配质量

(B)加强通风排气

(C)加强工人培训

(D)采取隔声和消声措施

177. 动物和人体试验都充分证明,β-萘胺对人有致癌性,人暴露于 β-萘胺中有可能被诱发膀胱癌,下列含有 β-萘胺物质的是(　　)。

(A)防老剂 A　　(B)防老剂 D　　(C)促进剂 CBBS　　(D)防焦剂 CTP

178. 热空气连续硫化室硫化法的硫化室可分为三段,分别是(　　)。

(A)预热、升温段　　(B)恒温硫化段

(C)降温冷却段　　(D)二次硫化段

179. 橡胶的鼓式连续硫化法制造的制品具有(　　)等优点。

(A)表面光洁度高　　(B)厚度均匀

(C)劳动强度低　　(D)容易实现自动化

180. 热空气连续硫化法的特点是(　　)。

(A)胶料配方中需加入氧化钙防止发泡　　(B)根据配方调节生产线长度

(C)硫化室分预热、升温、恒温三段　　(D)热传导效率低,制品表面易氧化

181. 沸腾床硫化的特点是(　　)。

(A)槽底用陶瓷或不锈钢网制成　　(B)玻璃微球作加热介质

(C)可设计成立式或卧式　　(D)分常压式和压力式

182. 采用微波加热硫化时,对橡胶感应最好的频率是(　　)。

(A)915 MHz (B)1 450 MHz (C)2 450 MHz (D)4 250 MHz

183. 微波硫化的特点是(　　)。

(A)可使胶料中极性分子产生偶极极化 (B)波长短,对加热物质穿透力强

(C)自里而外加热 (D)使橡胶内部分子摩擦产生热量

184. 采用微波硫化工艺时,胶料的配方设计需要注意的事项有(　　)。

(A)不宜采用延迟性促进剂 (B)必须加入干燥剂

(C)采用低挥发性增塑剂 (D)选择极性大的胶种和填料

185. 普通硫黄硫化体系的特点是(　　)。

(A)硫化胶具有良好的初始疲劳性能 (B)室温条件下具有优良的动静态性能

(C)最大的缺点是不耐热氧老化 (D)硫化胶可以在高温下长期使用

186. 有效硫化体系一般采取的配合方式有(　　)。

(A)低硫高促配合 (B)高硫低促配合

(C)无硫配合 (D)使用 Si-69

187. 有效硫化体系采取无硫配合的特点有(　　)。

(A)硫化胶网络中单硫键和双硫键的含量占 90%以上

(B)硫化胶具有较高的抗热氧老化性能

(C)起始动态性能差

(D)用于耐高温静态制品和高温快速硫化体系

188. 半有效硫化体系硫化胶的特点是(　　)。

(A)硫化胶既具有适量的多硫键,又有适量的单、双硫交联键

(B)具有较好的动态性能

(C)有中等程度的耐热氧老化性能

(D)促进剂用量/硫用量=1(或稍大于 1)

189. 高温硫化体系配合的原则有(　　)。

(A)选择耐热胶种

(B)采用有效或半有效硫化体系

(C)使用足量的硬脂酸以增加锌盐的溶解度

(D)做好防焦、防老体系

190. 硫黄的高温快速硫化体系多使用(　　)硫化体系,其硫化胶的耐热氧老化性能好。

(A)有效 (B)半有效 (C)普通 (D)树脂

191. Si-69 是一种多功能助剂,它具有(　　)等作用。

(A)促进剂 (B)硫化剂 (C)偶联剂 (D)抗返原剂

192. 可用于饱和橡胶的硫化体系有(　　)等。

(A)硫黄硫化体系 (B)过氧化物硫化体系

(C)金属氧化物硫化体系 (D)树脂硫化体系

193. 过氧化物硫化体系的特点是(　　)。

(A)硫化胶的网络结构为 C—C 键 (B)硫化胶永久变形低

(C)加工安全性差 (D)具有优异的抗热氧老化性能

194. 采用过氧化物硫化橡胶时,下列说法正确的是(　　)。

(A)ZnO 的作用是提高胶料的耐热性

(B)硬脂酸的作用是提高 ZnO 在橡胶中的溶解度和分散性

(C)HVA-2 是有效的抗返原剂

(D)助硫化剂主要是硫黄和 TAIC

195. 采用过氧化物硫化橡胶时,硫化工艺应该注意(　　)。

(A)硫化温度应该高于过氧化物的分解温度

(B)硫化温度应该低于过氧化物的分解温度

(C)硫化时间一般为过氧化物半衰期的 6～10 倍

(D)硫化时间一般为过氧化物半衰期的 2 倍

196. 采用金属氧化物硫化体系时,下列说法正确的是(　　)。

(A)常用的是氧化锌和氧化镁并用

(B)氧化锌和氧化镁最佳并用比为 ZnO∶MgO=4∶5

(C)单独使用氧化锌,硫化速度快,容易焦烧

(D)单独使用氧化镁,硫化速度慢

四、判 断 题

1. 与压模相同,注射胶料充满模腔后,模腔内压随着硫化的进行而下降,达到正硫化后保持恒压,直至硫化终结。(　　)

2. 建立胶料配方设计中黏度的调整、硫化速度的调整与模具设计之间的关系十分重要。(　　)

3. 为制作优异的模制品,首先是胶料的黏度必须低而且容易流动,储存过程中黏度变化要小。(　　)

4. NBR 胶料在储存中因结晶而引起黏度上升,以及硅橡胶由于塑性返原引起黏度上升,对模制品的加工不利。(　　)

5. 胶料黏度波动小也是很重要的,注射成型现场必须检查胶料黏度随时间变化的情况。(　　)

6. 胶料极易流动,在模腔内迅速流过,它在模腔内停留时间短,模腔内压难以上升,难以制得致密的硫化橡胶制品。(　　)

7. 我们希望胶料的刚性和黏度要平衡,一般可使用操作油和增塑剂,但最好是与低分子量的聚合物类加工助剂并用,因为这样既能提高胶料黏度,又可保持胶料刚性。(　　)

8. 模具设计时主流道、分流道、浇口的形状和直径、排气孔结构、合模面间隙等受胶料的结晶性影响。(　　)

9. 流动性好的胶料在模制成型时的特点是生热小、易卷入空气、产生流痕少、内压上升快。(　　)

10. 压力损失小的胶料在模制成型时的特点是分流道直径可以小、内部生热大、压力降幅小。(　　)

11. 胶料韧性大的胶料应力松弛缓慢,在模制成型时的特点是流动性稍许降低、模腔内滞留时间长、内压不易上升。(　　)

12. 胶料黏度提高,对于胶料通过注射成型模具的主流道、分流道和浇口时特别有

利。(　　)

13. 胶料黏度高,可能造成胶料在模腔内流动过快,未充满模腔之前就向外流出,制得的硫化制品致密度较低。(　　)

14. 胶料流动性高的胶料,可能会未充满模腔之前就向外流出,将排气孔溢料面的长度放短一些,可延长胶料在模腔内滞留的时间,可制得致密的硫化制品。(　　)

15. 流痕是从不同方向流动的胶料会合,沿着模腔厚壁内侧折弯形成的。(　　)

16. 环境保护是可持续发展的基础,保护环境的实质就是保护生产力。(　　)

17. 氢化丁腈橡胶的字母代号是 NBR。(　　)

18. 丙烯酸酯橡胶是丙烯酸乙酯或丙烯酸丁酯的聚合物。(　　)

19. 水电是对环境友好的无污染的可再生资源。(　　)

20. 丙烯酸酯橡胶的字母代号是 ACM/AEM。(　　)

21. 氯磺化聚乙烯橡胶是聚氯乙烯经氯化和磺化处理后,所得到具有弹性的聚合物。(　　)

22. 地下水受到污染后会在很短时间内恢复到原有的清洁状态。(　　)

23. 氯磺化聚乙烯橡胶字母代号是 EPDM。(　　)

24. 氯醚橡胶是由环氧氯丙烷均聚或由环氧氯丙烷与环氧乙烷共聚而成的聚合物。(　　)

25. 氯醚橡胶的字母代号是 CO/ECO。(　　)

26. 充分掌握和合理利用大气自净能力,可以减少大气污染的危害。(　　)

27. 氯化聚乙烯橡胶是由聚氯乙烯通过氯取代反应制成的具有弹性的聚合物。(　　)

28. 昏迷伤员的舌后坠堵塞声门,应用手从下颌骨后方托向前侧,将舌牵出使声门通畅。(　　)

29. 氯醚橡胶的字母代号是 CM/CPE 。(　　)

30. 氢化丁腈橡胶特点是机械强度和耐磨性高。(　　)

31. 硅橡胶为主链含有硅、氧原子的特种橡胶,其中起主要作用的是氧元素。(　　)

32. 硅橡胶分子链化学组成的基本单元是二甲基硅氧烷。(　　)

33. 骨折固定的范围应包括骨折远近端的两个关节。(　　)

34. 既耐高温(最高 250 ℃)又耐低温(最低−80 ℃)的橡胶是氟橡胶。(　　)

35. 硅橡胶的字母代号是 Q。(　　)

36. 氟橡胶是由含氟单体共聚而成的有机弹性体。(　　)

37. 压迫包扎法常用于一般的伤口出血。(　　)

38. 耐温高可达 300 ℃,耐酸碱,耐油性能最好的橡胶是氟橡胶。(　　)

39. 氟橡胶的字母代号是 Q。(　　)

40. 聚氨酯橡胶是由聚酯(或聚醚)与二异氰酸酯类化合物聚合而成的弹性体。(　　)

41. 消防工作实行防火安全责任制。(　　)

42. 耐温高可达 300 ℃,耐酸碱,耐油性能最好的橡胶是氯丁橡胶。(　　)

43. 聚氨酯橡胶的字母代号是 AU/EU。(　　)

44. 氢化丁腈橡胶是通过全部或部分氢化 NBR 的丁二烯中的双键而得到的。(　　)

45. 橡胶或橡胶制品在加工、储存和使用的过程中,由于受内、外因素的综合作用使性能

逐渐下降,以至于最后丧失使用价值,这种现象称为橡胶的硫化。( )

46. 生胶经久储存时会变硬、变脆或者发黏是橡胶的老化现象。( )

47. 老化过程是一种不可逆的化学反应,像其他化学反应一样,伴随着外观、结构和性能的变化。( )

48. 天然橡胶的热氧化、氯醇橡胶的老化,表现为变硬变脆。( )

49. 顺丁橡胶的热氧老化,丁腈橡胶、丁苯橡胶的老化,表现为变软发黏。( )

50. 不饱和橡胶的臭氧老化、大部分橡胶的光氧老化,表现为龟裂,但龟裂形状不一样。( )

51. 橡胶的基本结构如天然橡胶的单元丁二烯,存在双键及活泼氢原子,所以易参与反应,成为橡胶老化的内因。( )

52. 硫化胶交联键有—S—、—S_2—、—S_x—、—C—C—,交联键结构不同,硫化胶耐老化性不同,—C—C—最差。( )

53. 橡胶常见的老化方式是热氧老化、光氧老化、臭氧老化和疲劳老化。( )

54. 橡胶的防护方法中,尽量避免橡胶与老化因素相互作用的方法被称作化学防护。( )

55. 橡胶的防护方法中,通过化学反应延缓橡胶老化反应继续进行的方法被称作物理防护。( )

56. 橡胶老化最主要的因素是臭氧化作用,它使橡胶分子结构发生裂解或结构化,致使橡胶材料性能变坏。( )

57. 温度对氧化有很大影响,提高温度会加速橡胶氧化反应,特别是橡胶制品在高温下或动态下使用时,生热会发生显著的热氧化作用。( )

58. 橡胶老化的自加速作用是饱和橡胶氧化的特征之一。( )

59. 饱和碳链橡胶的老化没有明显自催化作用。( )

60. 饱和碳链橡胶的热氧化反应必须在较高的温度下才能进行,但这时产生的氢化过氧化物很快分解,不能发挥催化氧化作用,因此没有明显自催化作用。( )

61. 含有大量双键的不饱和橡胶,如 NR、SBR、BR 等都易于受氧的袭击而不耐老化。( )

62. NR 分子结构中双键的碳原子上有—CH_3基团,它是吸电子的基团,使得 NR 分子中的双键和 α-氢原子更加活泼,使 NR 更易与氧起作用,不耐氧老化。( )

63. CR 的侧基氯原子,屏蔽着主链上的双键,加上氯原子的推电子作用,使双键和亚甲基上的氢都较稳定,这也使得 CR 在不饱和橡胶中比较耐老化。( )

64. 当聚合物产生结晶时,分子链在晶区内产生有序排列,使其活动性降低,聚合物的密度增大,氧在聚合物中的渗透率降低。( )

65. 聚合物的耐热氧老化性能随着结晶度及密度的提高而降低。( )

66. 氢过氧化物分解剂的作用主要是与链增长自由基 R—或 RO_2—反应,以终止链增长过程来减缓氧化反应。( )

67. 从橡胶的自动氧化机理可以看到,大分子的氢过氧化物是引发氧化的游离基的主要来源。( )

68. 能够破坏氢过氧化物,使它们不生成活性游离基,也能延缓自动催化的引发过程,能

起到这种作用的化合物又称为链终止型防老剂。（ ）

69. 因为氢过氧化物分解剂要等到氢过氧化物生成后才能发挥作用，所以一般不单独使用，而是与酚类等抗氧剂并用，因此称为辅助防老剂。（ ）

70. 两种或两种以上防老剂并用，往往可以产生加和效应、协同效应或对抗效应。（ ）

71. 假设一种防老剂单独使用时防护效果为 A，另一种防老剂单独使用时防护效果为 B，两种防老剂并用时的效果为 C，若 $C<A+B$，被称作协同效应。（ ）

72. 两种防老剂并用时的防护效果小于单独使用时防护效果之和，即对抗效应。（ ）

73. 两种防老剂并用时的防护效果等于单独使用时防护效果之和，即 $C=A+B$ 称为加和效应。（ ）

74. 当抗氧剂并用时，它们的总效能超过它们各自单独使用的加和效能时，称为对抗效应或超加和效应。（ ）

75. 几种稳定机理相同，但活性不同的抗氧剂并用时所产生的协同效应，被称为自协同效应。（ ）

76. 几种稳定机理不同的抗氧剂并用时产生的协同效应，被称为杂协同效应。（ ）

77. 对于同一分子具有两种或两种以上的稳定机理者，常称均协同效应。（ ）

78. 抗氧剂和紫外光吸收剂，炭黑和含硫抗氧剂并用时，都可以产生对抗效应。（ ）

79. 能在聚合物与光辐射源之间起到屏蔽作用的物质是光屏蔽剂。（ ）

80. 在多次变形条件下，使橡胶大分子发生断裂或者氧化，结果使橡胶的物性及其他性能变差，最后完全丧失使用价值，这种现象称为臭氧老化。（ ）

81. 当橡胶分子链处于应力作用时，由于机械力作用于分子链中原子的次价力使其减弱，结果使橡胶氧化反应活化能降低，活化了氧化过程。（ ）

82. 橡胶疲劳老化试验中，频率越高，应力松弛能力下降，易产生应力集中，易疲劳老化。（ ）

83. 橡胶疲劳老化试验中，振幅增加，应力活化能下降，越易疲劳老化。（ ）

84. 橡胶疲劳老化试验中，温度越高，分子的活动性越强，应力松弛速度越快，不易产生应力集中，引起断链机会下降，易发生疲劳老化。（ ）

85. 橡胶疲劳老化试验中，温度升高，疲劳生热的散出就困难，使温度进一步升高，越易产生热机械破坏，热氧化提高，疲劳老化加快。（ ）

86. 硫交联键中，硫原子数越少，交联键的刚性越大，则交联结构的活动性越小，橡胶分子链段受到的束缚力越大，结果耐疲劳老化越好。（ ）

87. 在多硫交联键为主的硫化橡胶的疲劳过程中，网络结构中交联键密度有增大的趋势，这是由于多硫交联键中分裂出的硫原子又参与了硫化作用，生成了新的交联键。（ ）

88. 防护疲劳老化防老剂的主要作用是提高橡胶疲劳过程中结构变化的稳定性，特别是在高温条件下，防老剂有力地阻碍了机械活化氧化反应的进行。（ ）

89. 臭氧老化先是在表面层，特别容易在应力集中处或配合粒子与橡胶的界面处产生，通常先生成薄膜，然后薄膜龟裂，特别是在动态条件下使用时，薄膜更易不断破裂而露出新鲜表面，使得臭氧老化不断向纵深发展，直到完全破坏。（ ）

90. 橡胶的疲劳老化是一个表面反应。（ ）

91. 臭氧龟裂的裂纹方向平行于受力方向。（ ）

92. 橡胶双键的含量越高,耐臭氧老化性越好。( )

93. 臭氧的浓度越高,臭氧老化越严重。( )

94. 酚类防老剂对热氧老化、臭氧老化、重金属及紫外线的催化氧化以及疲劳老化都有显著的防护效果。( )

95. 胺类防老剂的防护效果远优于酚类防老剂。( )

96. 防老剂 264 主要用于防止臭氧老化和疲劳老化,同时具有良好的耐热氧老化性能,适用于动态橡胶制品。( )

97. 防老剂 BLE 对热氧老化、疲劳老化具有很好的防护效果,同时还可提高胶料与金属的黏合力。( )

98. 防老剂 MB 在胶料中相容性好,不易喷出,有轻微的污染性,对热氧老化具有优秀的防护效果,对臭氧老化和疲劳老化防护效果差。( )

99. 防老剂 4010NA(IPPD)对臭氧和屈挠疲劳老化有卓越的防护效能,对热氧老化、光氧老化具有良好的防护作用,同时还有钝化重金属离子的作用,其防护效能比 4010 更全面,应用范围更广。( )

100. 防老剂 RD 对热氧老化有一定的防护作用,也能抑制铜离子的老化作用,不变色,易分散,无污染,用于制造浅色和透明制品。( )

101. 在硫化曲线上的 t_{10}～t_{90} 期间,橡胶中可交联的自由基或离子在橡胶分子链之间产生反应,生成交联键。( )

102. 硫化曲线在交联期的斜率(转矩对时间的二阶导数)就是该胶料在一定温度下的硫化速率。( )

103. 硫化曲线在交联期的硫化速率的变化率(转矩对时间的一阶导数)可以反映硫化速率在交联期的变化情况。( )

104. 在硫化平坦期内,初始形成的交联键发生短化、重排和裂解反应,最后网络趋于稳定,获得网络相对稳定的硫化胶,在平坦期中硫化胶的各项物理机械性能保持上升。( )

105. 正硫化时间的长短,不仅表明胶料热稳定性的高低,而且对硫化工艺的安全操作以及厚制品硫化质量的好坏均有直接影响。( )

106. 硫化反应开始前,胶料必须有充分的焦烧时间以便进行混炼、压延、压出、成型及模压时充满模型。( )

107. 在配方上搭配防焦剂使用,通常使用 1～2 质量份防焦剂 PVI 就可以有效延长焦烧时间。( )

108. 防焦剂 PVI 可以有效延长焦烧时间,而用量超过 0.2 份后效果不再明显,所以 PVI 的用量通常不超过 0.2 份。( )

109. 防焦剂 PVI 除了能延长焦烧时间外,还会对胶料的其他性能产生影响。( )

110. 防焦剂 PVI 不仅对存在次磺酰胺类促进剂的硫黄硫化体系有明显作用,对 DCP 也有明显效果。( )

111. 氯丁橡胶作为一种通用型特种橡胶,除具有一般橡胶的良好物性外,还具有耐候、耐燃、耐油、耐化学腐蚀等优异特性,因此使之在各种合成橡胶中占有特殊的地位。( )。

112. 在硫黄硫化的天然橡胶配方中,使用抗返原剂 CTP 有较好的效果,能够明显延长胶料的平坦期抑制出现硫化返原现象。( )

113. 固体熔融液是指低熔点的共熔金属和共熔盐的熔融液。( )

114. 能够帮助橡胶制品顺利脱离模具的助剂是脱模剂。( )

115. 热、氧、臭氧、金属离子、电离辐射、光、机械力等都可造成硫化橡胶的硫化。( )

116. 橡胶的喷霜现象不仅出现在硫化胶中,也会出现在混炼胶中。( )

117. 配合剂与橡胶的相容性差,可导致混炼胶产生喷霜现象。( )

118. 配合剂用量过多,可导致混炼胶产生喷霜现象。( )

119. 加工温度过高,时间过长,可导致混炼胶产生喷霜现象。( )

120. 停放时降温过快,温度过低,可导致混炼胶产生喷霜现象。( )

121. 配合剂分散不均匀,可导致混炼胶产生喷霜现象。( )

122. 与橡胶相容性差的防老剂或促进剂用量多了,可导致硫化胶产生喷霜现象。( )

123. 胶料硫化不熟,欠硫,可导致硫化胶产生老化现象。( )

124. 使用温度过高,储存温度过低,可导致硫化胶产生喷霜现象。( )

125. 模垢最初是由附着在模具上的氧化锌(无机的沉积物)引起的,并形成一个灰色的沉积层。( )

126. 单位因生产要求可以适当占用消防通道或疏散通道。( )

127. 硫化锌的形成是产生最初模具污垢的根源。( )

128. 模垢的主要成分硫化锌是橡胶中氧化锌和硫的反应产物。( )

129. 由于氧化锌在水环境中的生态毒性行为,欧洲政府强烈推荐在橡胶配方中降低氧化锌的水平。( )

130. 模具型腔表面的聚四氟乙烯涂层在加工处理温度较高时会变得脆弱,并且由于在注射橡胶过程中的高剪切应力,经过一些周期后,涂层会部分损坏而失效。( )

131. 将铁或者不锈钢的模具型腔面改变成其他金属(电镀镁、铝、锌、铁和镉等)即可解决模垢问题。( )

132. 涂/镀在模具型腔面的所有薄的涂层都是多孔的,模具污染物的微晶体在孔中形成,但薄薄的 PTFE 涂层没有模具污染物的微晶体,它在金属表面形成了一个封闭的屏障。( )

133. 在铁质模具表面形成硫化锌晶体模垢的原因为先生成纳米硫化锌晶体,经过大量的纳米尺寸的硫化锌晶体的沉积,这种晶体进一步生长,形成微米级尺寸的硫化锌晶体。( )

134. 在橡胶混合物中降低氧化锌的水平可以减少模具结垢,但使用纳米尺寸的氧化锌不可以减少模具结垢。( )

135. 金属镀层可在模具表面形成封闭的一道屏障,能解决模具结垢。( )

136. 模具在使用过程中不可避免地受到橡胶、配合剂以及硫化过程中所使用的脱模剂的综合沉积污染。( )

137. 激光清洗技术是指采用高能激光束照射工件表面,使表面的污物、锈斑或涂层发生瞬间蒸发或剥离,高速有效地清除清洁对象表面附着物或表面涂层,从而达到洁净的工艺过程。( )

138. 干冰清洗技术是将干冰球状颗粒,喷射到被清洗物体表面,通过对污垢表面磨削、冲击作用及低温效果和升华作用使污垢迅速被冷冻脆化,使污垢从被清洗表面以固态形式被剥离,达到了清除污垢的目的。( )

139. 模垢的传统的清洗方法有机械清洗法和化学清洗法两类。(　　)

140. 模垢的化学清洗法主要采用手工的砂布或钢丝物理研磨及干式喷砂,根据需要可以选用不同的组合清洗。(　　)

141. 模垢的机械清洗法,简单易行,对设备、工具要求不高,但会对模具造成机械损伤,缩短模具寿命,喷砂处理容易堵塞模具的排气孔。(　　)

142. 模垢的化学清洗法主要包括有机溶剂法、熔融法、酸洗法和碱洗法等,这些方法使用方便,费用低。(　　)

143. 模垢的化学清洗法,长期使用会造成模具腐蚀,从而直接影响产品的外观和质量,同时这些药剂原料污染环境,损害作业者的健康,必须有完备的劳保手段和污染物处理设备。(　　)

144. 模垢的干冰清洗系统包括两个部分,干冰造粒系统和干冰喷射清洗系统。(　　)

145. 模垢的干冰清洗系统包括两个部分,干冰造粒系统的作用是将液态 CO_2 固化成干冰,并做成高密度、粒径相等的干冰颗粒。(　　)

146. 模垢的干冰清洗系统包括两个部分,干冰喷射清洗系统是利用压缩空气,将装入喷射清洗机中的高密度干冰颗粒通过喷枪随压缩空气喷射到被清洗工件表面,进行清洗。(　　)

147. 橡胶减振器是利用橡胶的自身生热作用的减振装置。(　　)

148. 硫化胶的弹性范围比金属小得多。(　　)

149. 硫化胶受到变形时的内耗比金属小得多,振动衰减性好。(　　)

150. 热塑性弹性体是指在高温下能塑化,和塑料一样可以成型,在常温下又能显示出橡胶弹性体性质的高分子材料。(　　)

151. 橡胶半成品胶坯的成型就是将混炼胶通过成型加工机械,用模具硫化成型为制品的工序。(　　)

152. 橡胶硫化成型可分为平板模压硫化成型、注射成型、挤出成型、浇注成型等各种成型方法。(　　)

153. 在成型硫化工序中,橡胶的黏性、流动性、硫化特性等橡胶的基本物理性能对橡胶制品特性均有影响。(　　)

154. 装入模具的混炼胶伴随着温度的上升产生热膨胀,同时对硫化机也施加负荷。(　　)

155. 修边的难易取决于模具结构,为便于排气和使制品容易脱模,根据制品用途在无损于制品的位置上设置模具排气孔。(　　)

156. 橡胶制品多半是在比玻璃化温度低的温度条件下使用的。(　　)

157. 硫化时硫化剂分解产生气体,因而产生气泡的可能性较高。(　　)

158. 橡胶模具受热变形,这已成为脱模性差,硫化制品外观、尺寸、表面光洁度不良等问题的元凶。(　　)

159. 几乎所有的胶种都会对模具产生污染,为防止模具被污染,一般可在模具的内表面涂布脱模剂,这可以消除模具污染。(　　)

160. 从模具制造的基本状况看,在金属原材料和需要改进的方面还存在模具污染、腐蚀、生锈、发霉、磨耗及磨耗引起的废胶边产生等问题。(　　)

161. 由杜仲橡胶树采集的胶乳是制造天然橡胶生胶的原料。( )

162. 由割胶采集的胶乳制造的生胶分为烟片胶和皱片胶两种。( )

163. 平板硫化机是通过温度和压力进行硫化的设备,其热源可使用红外线、微波、电能。( )

164. 螺杆往复式注射成型机是一种利用注射机筒的热和螺杆的作用对胶料进行塑化、计量,并通过注射机筒前进运动将留在螺杆头部的胶料注射到模具内的注射成型机。( )

165. 胶料在压缩力的作用下进行着挤压流动,流向合模面和模腔的合模线。( )

166. 硫化过程是从外部加热的,但硫化由内向外进行。( )

167. 模内压力从胶料起硫时就开始上升,在硫化饱和后保持平衡。( )

168. 由于堆砌效应的缘故,合模面上早期硫化的薄层橡胶,封住了模腔内部的胶料,模腔内失去流动场所的胶料因热膨胀,使模内压力上升。( )

169. 单位应当组织新上岗和进入新岗位的员工进行上岗前的消防安全培训。( )

170. 用火及用电的违章情况不属于每日防火巡查的内容。( )

171. 导线设在吊顶或天棚内时,可不穿管保护。( )

172. 高压负荷开关有灭弧装置,可以断开短路电流。( )

173. 注射成型模具内,胶料的流动性能与压模内胶料的流动性能相比,其压力高两倍,剪切速率提高两百倍,胶料的流动更具动态性质。( )

174. 注射成型模具内,由注胶口注出的胶料,最初经由注胶口接触到对面壁上,以折叠的形状从模腔的尖端开始进行填充,该折叠现象与产生的气泡有关系,也和与流向呈垂直方向的强度降低有关系。( )

175. 压模内胶料的流动行为是边软化边流向合模线。( )

176. 压模内胶料的硫化进行方向为由平板机加热,从内部逐渐向外部进行硫化。( )

177. 压模内胶料在硫化进行方向上一边产生气孔,一边向内部推进,继之沿合模线排出。( )

178. 压模内胶料的焦烧时间过长,在合模面与模腔的界面上的薄层橡胶开始硫化,由于堆砌效应,气体不能从内部溢出,从而容易变成气孔。( )

179. 压模内胶料硫化过程中,从硫化中期到后期所产生的以硫化剂的分解气体为主的气体,有望随着之后硫化进行的同时压力增高,沿合模线排出。( )

180. 压模内胶料硫化过程中,模内胶料压力随着硫化起步,合模面因堆砌效应而阻止胶料流到外部,内部的胶料由热膨胀而出现模内压力增高现象,该压力增高现象不利于制得外观质量好且致密的橡胶制品。( )

181. 胶料在细管中流动于不同内径的流道内时,黏度急剧降低的现象被称为压力损失。( )

182. 胶料在不同内径的流道内流动时,压力损失是由于胶料与管壁表面之间的摩擦或者胶料自身,因弹性损失的生热引起的能量损失所致。( )

183. 在注射模具注胶过程中,在某一剪切速率范围内,胶料在不同内径的流道内流动产生的压力损失与剪切速率无相关性,存在着明显的定值区域。( )

184. 增大注射成型硫化模具内注胶口和流道的直径,增加模腔数量对降低压力损失是有效的。( )

185. 对于注射成型那样压力较高的成型模具来说,由于喷嘴、流道、浇口、模腔的压力随时间延长降低幅度较大,所以胶料的流动性和压力损失对成型硫化的影响很大。(　　)

186. 硫载体的主要品种有秋兰姆、含硫的吗啡啉衍生物、过氧化物、烷基苯酚硫化物。(　　)

187. 普通硫黄硫化体系,是指二烯类橡胶的通常硫黄用量范围的硫化体系。(　　)

188. 对 NR 的普通硫黄硫化体系,一般促进剂的用量为 0.5～0.6 份,硫黄用量为 5 份。(　　)

189. 普通硫黄硫化体系得到的硫化胶网络中 70%以上是多硫交联键(—S_x—),具有较高的主链改性特征。(　　)

190. 普通硫黄硫化体系的硫化胶具有良好的初始疲劳性能。(　　)

191. 一般有效硫化体系采取的配合方式有两种:低硫高促配合和无硫配合。(　　)

192. 过氧化二异丙苯,是目前使用最多的一种硫化剂。(　　)

193. 过氧化物硫化体系的硫化胶永久变形低,弹性好,动态性能好。(　　)

194. 半有效硫化体系所得到的硫化胶既具有适量的多硫键,又有适量的单、双硫交联键,使其既具有较好的动态性能,又有中等程度的耐热氧老化性能。(　　)

195. 所谓高温硫化是指温度在 240～280 ℃下进行的硫化。(　　)

196. 在硫化体系中,增加硫黄用量,会降低硫化效率,并使多硫交联键的含量增加。(　　)

197. 在硫化体系中,保持硫用量不变,增加促进剂用量,可以提高硫化效率。(　　)

198. Si-69 是一种多功能助剂,它具有硫化剂、偶联剂、抗返原剂及增黏剂等作用。(　　)

199. 过氧化物硫化体系硫化胶的网络结构为单硫键,键能高,化学稳定性高,具有优异的抗热氧老化性能。(　　)

200. 在有白炭黑填充的胶料中,Si-69 除了参与交联反应外,还与白炭黑偶联,产生填料——橡胶键,进一步改善了胶料的物理性能和工艺性能。(　　)

五、简 答 题

1. 影响橡胶黏度(即流动性)的因素有哪些?

2. 什么是橡胶的时—温等效原理?

3. 影响橡胶胶料加工性能的因素有哪些?

4. 硫化活性剂在硫化中起的作用是什么?

5. 橡胶产生疲劳老化的原因是什么?

6. 众所周知,填充硫化胶第二次拉伸时的拉伸应力低于第一次拉伸,此现象为 Mullins 效应,其产生的原因是什么?

7. 橡胶在硫化过程中,其宏观性能发生了怎样的变化?

8. 橡胶注射机的最大锁模力与最大注射量应相适应,最大锁模力与最大注射量的关系如图 4 所示,图中影线部分表示的是什么意义? 并说明锁模力过大、过小会造成哪些不利影响?

9. 橡胶注射机规格常用的表示方法有哪些? 国际上常用哪种规格表示方法?

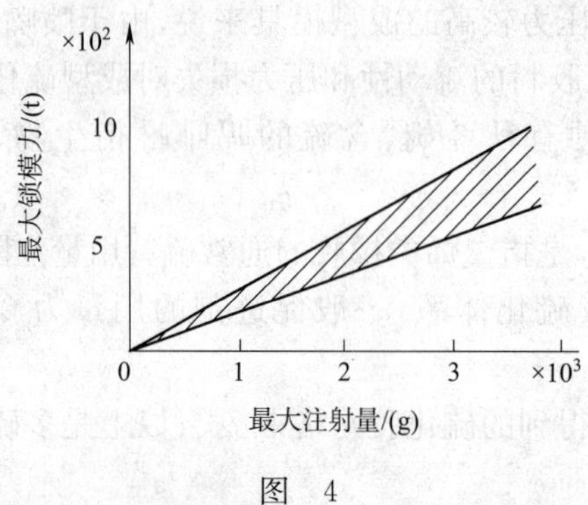

图 4

10. 橡胶注射机注射装置的作用是什么?

11. 对橡胶注射机注射装置的要求有哪些?

12. 橡胶注射机的螺杆具有哪些特点?

13. 合模装置是橡胶注射机最主要的部件之一,它对保证制品质量起着重要的作用,一个比较完善的合模装置应能满足哪些基本要求?

14. 橡胶注射机的合模装置,需要哪些必要的附属装置?

15. 橡胶注射机合模装置的附属装置的作用是什么?

16. 什么是硫化模具的冷流道?

17. 用于描述橡胶硫化温度和硫化时间关系的计算公式,常用的是哪几个?

18. 作为优良的硫化介质,应该具备哪些特性?

19. 过热水是常用的一种硫化介质,主要是靠温度的降低来供热,其特点是什么?

20. 热空气作为一种硫化介质,与过热水一样,也是靠温度的降低来传热的,其特点是什么?

21. 橡胶的硫黄硫化体系中可能生成的交联键结构有哪些键型?

22. 什么是橡胶的硫化返原现象?

23. 什么是等效硫化时间?

24. 什么叫防老剂的协同效应?

25. 什么叫硫化介质?

26. 橡胶硫化中常用的硫化介质有哪些?

27. 什么是橡胶的老化?

28. 橡胶老化的原因有哪些?

29. 橡胶老化中,最常见、影响最大、破坏性最强的因素有哪些?

30. 影响橡胶热氧老化的因素有哪些?

31. 橡胶的链终止型防老剂有哪几种?

32. 氢给予体防老剂应具备的条件有哪些?

33. 金属离子钝化剂的作用特点是什么?

34. 防老剂并用的对抗效应是什么?

35. 防老剂并用的加和效应是什么?

36. 防老剂并用的均协同效应是什么?

37. 防老剂并用的杂协同效应是什么?
38. 防老剂并用的自协同效应是什么?
39. 橡胶疲劳老化的概念是什么?
40. 影响橡胶疲劳老化的因素有哪些?
41. 造成模具型腔表面粗糙的原因有哪些?
42. 为避免模具型腔表面变粗糙,保养模具有哪些注意事项?
43. 影响橡胶臭氧老化的因素有哪些?
44. 常用的胺类防老剂可细分为哪几类?
45. 常用的非污染性防老剂有哪些?
46. 未来促进剂的发展方向是一剂多能,需要其具备哪些综合性能?
47. 什么是促进剂?
48. 什么是活性剂?常用的是哪几种?
49. 常用促进剂的分类方法有哪几种?
50. 按促进剂的化学结构可将促进剂分为哪几类?
51. 常见酸性促进剂有哪几种?
52. 噻唑类促进剂的作用特性有哪些?
53. 噻唑类促进剂的特点是什么?
54. 胍类促进剂作用特点有哪些?
55. 在硫化过程中,交联结构的继续变化有哪些反应?
56. 什么是硫载体?常用的硫载体有哪几种?
57. 普通硫黄硫化体系的特点是什么?
58. 有效硫化体系采取无硫配合的特点有哪些?
59. 半有效硫化体系硫化胶的特点是什么?
60. 高温硫化体系配合的原则有哪些?
61. 可用于不饱和橡胶的硫化体系有哪些?
62. 可用于饱和橡胶的硫化体系有哪些?
63. 过氧化物硫化体系的特点是什么?
64. 常用的过氧化物交联剂有哪些?目前使用最多的一种过氧化物硫化剂是什么?
65. 过氧化物可硫化哪些弹性材料?
66. 模具污染的因素有哪些?
67. 一般说来,硫化胶的性能取决于哪几个方面?
68. 二次硫化的定义是什么?
69. 二次硫化的意义是什么?
70. 促进剂的硫黄硫化作用机理的主要反应阶段有哪些反应?

六、综 合 题

1. 硅橡胶的化学组成和性能特点各是什么?
2. 氟橡胶的化学组成和性能特点各是什么?
3. 聚氨酯橡胶的化学组成和性能特点各是什么?

4. 氢化丁腈橡胶的化学组成、性能特点及主要用途各是什么？

5. 氯磺化聚乙烯橡胶的化学组成和性能特点各是什么？

6. 氯醚橡胶的化学组成、性能特点和主要用途各是什么？

7. 氯化聚乙烯橡胶的化学组成和性能特点各是什么？

8. 橡胶在老化过程中所发生的变化有哪些？

9. 橡胶臭氧老化的特征是什么？

10. 过氧化物硫化体系配合以及硫化的要点有哪些？

11. 采用金属氧化物硫化体系硫化 CR 的配合注意事项有哪些？

12. 模具内卷入空气和硫化剂分解产生气体时，胶料在压模内的流动行为和硫化行为是什么？

13. 造成模型橡胶制品在合模缝处开裂现象的主要原因有哪些？

14. 能够改善模型橡胶制品在合模缝处开裂现象的主要措施有哪些？

15. 橡胶模型制品启模取件时，在制品上出现撕裂现象的解决措施有哪些？

16. 橡胶模型制品启模取件时，在制品上出现撕裂现象的原因有哪些？

17. 能够解决模型橡胶制品表面和内部出现鼓泡现象的措施有哪些？

18. 造成模型橡胶制品表面和内部出现鼓泡现象的主要原因有哪些？

19. 综述交接班记录的主要填写内容。

20. 再生橡胶的特点有哪些？

21. 采用硫黄硫化橡胶时，根据胶料中硫化剂添加的种类和用量的不同，可以将硫化体系分为普通硫化体系（CV）、有效硫化体系（EV）和半有效硫化体系（SemiEV），请完成表 1 中空缺内容，说明三种硫化体系下，硫化胶性能的优点、缺点以及各自的应用范围。

表 1

硫化体系	优　点	缺　点	应用范围
CV			
EV			
SemiEV			

22. 增塑剂是耐寒橡胶制品配方设计中除生胶之外，对耐寒性影响最大的配合剂，加入增塑剂的目的是什么？

23. 常见的促进剂并用体系有哪些类型？各类型有什么特点？

24. 综述装配图识读的方法和步骤。

25. 综述设备装配图识读的重要性。

26. 综述安排计划的步骤。

27. 综述 QC 小组活动遵循 PDCA 循环的基本步骤。

28. 采用注射成型时，在整个注射和硫化过程中，模腔中胶料的压力也是不断变化的，注射和硫化过程中模内压力的变化如图 5 所示，请说明图中 1～5 各代表的状态是什么？产生压力变化的原因是什么？

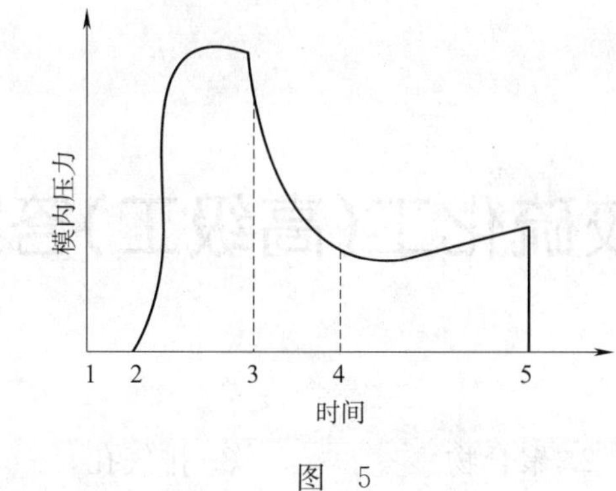

图 5

29. 用硫化仪测得某种胶料在 140 ℃下的正硫化时间为 20 min，在 150 ℃下的正硫化时间为 9 min，请根据范特霍夫方程求出硫化温度系数 K 的值。

30. 某橡胶制品正硫化条件为 148 ℃×10 min，已知其硫化温度系数 $K=2$，请根据范特霍夫方程计算，硫化温度为 153 ℃、158 ℃、138 ℃时其等效硫化时间应分别是多少？(注：$2^{0.5}\approx1.4$)

31. 某胶料的硫化温度系数为 2.17，当 141 ℃时正硫化时间为 68 min，根据硫化效应法，求 135 ℃下的正硫化时间。(注：$2.17^{0.6}\approx1.6$)

32. 某制品原硫化条件为 140 ℃×60 min，在 140 ℃下硫化 20 min 后，因气压不足，温度只能达到 130 ℃，问硫化时间应如何调整？($K=2$)

33. 一橡胶制品，正硫化条件为 140 ℃×240 min，因一次硫化易出现质量问题，故改为逐步升温硫化。第一段为 120 ℃×120 min，第二段为 130 ℃×120 min，第三段达到 140 ℃，问需要多长时间才能达到原有的硫化程度？($K=2$)

34. 由于每一胶料达到正硫化后都有一硫化平坦范围，因此在改变硫化条件时，只要把改变后的硫化效应控制在原来硫化条件的最小硫化效应 E_{min} 和最大硫化效应 E_{max} 之内，即 $E_{min}<E<E_{max}$，制品的物理机械性能就可与原硫化条件的相近。某制品的胶料试片的硫化平坦范围为 130 ℃×(20～120) min，若成品的硫化条件为 150 ℃×10 min，是否合理？($K=2$)

35. 某胶料试片硫化平坦范围为 150 ℃×(8～15) min，问成品在 140 ℃下硫化时，平坦范围应多长？($K=2$)

橡胶硫化工(高级工)答案

一、填 空 题

1. 流动　2. 聚合物　3. 排气孔　4. 拔模
5. 压力　6. 脱模剂　7. 压力　8. 残留
9. 80%　10. 二次硫化　11. 重　12. 轻
13. Ⅰ号位　14. Ⅱ号位　15. 氧化镁　16. HNBR
17. 丙烯酸酯　18. 二氧化碳　19. ACM/AEM　20. 聚乙烯(或 PE)
21. 止血　22. CSM　23. 氯醚橡胶　24. 丁腈橡胶(或 NBR)
25. CO/ECO　26. 预防为主　27. 聚乙烯(或 PE)　28. 闪燃
29. CM/CPE　30. Q　31. 硅　32. 二甲基硅氧烷
33. 隔离　34. 硅橡胶　35. FPM(或 FKM)　36. 氟
37. 初起　38. 氟橡胶　39. PU(或 AU/EU)　40. 聚醚
41. 手提式　42. 氟　43. 优　44. 绿色
45. 老化　46. 变软发黏　47. 变硬变脆　48. 龟裂
49. —S_x—　50. 疲劳　51. 物理　52. 化学
53. 氧化　54. 自加速　55. 双键　56. 结晶
57. 链终止　58. 自由基　59. 氧化　60. 分解
61. 氢过氧化物　62. 协同效应　63. 对抗　64. 对抗
65. 加和　66. 协同　67. 杂协同　68. 均协同
69. 杂协同　70. 自协同　71. 协同　72. 稳定剂(或防老剂)
73. 紫外线　74. 光屏蔽剂　75. 疲劳　76. 疲劳
77. 硫化　78. 对苯二胺　79. 氧化　80. 应力
81. 表面　82. 垂直　83. 吸电子　84. 供电子
85. 胺类　86. 抗臭氧　87. 胺　88. 胺
89. 对苯二胺　90. 酚　91. 反应性　92. 化学键
93. NA-22(或 ETU)　94. 抑制　95. 互为活化　96. 噻唑类
97. 次磺酰胺　98. 胍　99. 超速　100. 促—S_x—促
101. 金属　102. ZMBT(或 ZDMC)　103. 胺　104. 硬脂酸
105. 重排　106. 活性硫　107. 吗啡啉　108. 普通硫黄
109. 普通硫黄　110. 多硫交联键(或—S_x—)　111. 无硫(或硫载体)
112. 低硫高促　113. 无硫(或硫载体)　114. 180～240 ℃　115. 10
116. 双键　117. 半有效　118. 止回　119. 硫黄
120. 促进剂　121. 偶联剂　122. 白炭黑　123. 金属氧化物

124. 非硫黄　125. 过氧化物　126. 碳碳(或 C—C)
127. 过氧化二异丙苯(或 DCP)　128. 自由基　129. 交联效率
130. 耐热性　131. 硬脂酸　132. 硫黄　133. 交联效率
134. 自由基　135. 分解　136. 6～10　137. 半衰期
138. 氧化镁　139. 氯原子　140. 5∶4　141. 氧化锌
142. 口型　143. 交联键　144. 交联分子量(或 M_C)
145. 交联密度(或 $1/2M_C$)　146. 过　147. 一半(或 1/2)
148. 反应活化能(或活化能)　149. 硫化强度　150. 后硫化
151. 硫化模具　152. 氧化锌　153. 硬脂酸　154. 有效
155. 三维网状(或体型)　156. 离子　157. 热塑性弹性体
158. 硫黄/促进剂　159. —C—C—(或碳—碳)　160. 硫化返原
161. 迟延硫化　162. 促进剂　163. 过氧化物　164. $\frac{\tau_1}{\tau_2}=K^{\frac{T_2-T_1}{10}}$
165. $\ln\frac{\tau_2}{\tau_1}=\frac{E}{R}\left(\frac{1}{T_1}-\frac{1}{T_2}\right)$　166. 硫化温度系数　167. 硫化返原
168. 硫化平坦　169. $I=K^{\frac{T-T_0}{10}}$　170. $E=I\tau$　171. 硫化效应
172. 硫化介质　173. 阿累尼乌斯　174. 预防为主　175. 有毒有害
176. 有害物质　177. 几千　178. 折叠　179. 合模线
180. 合模线　181. 由外向内　182. 堆砌　183. 硫化剂
184. 热膨胀　185. 压力损失　186. 相互抑制

二、单项选择题

1. A　2. B　3. C　4. C　5. A　6. D　7. A　8. D　9. B
10. D　11. A　12. D　13. B　14. A　15. D　16. D　17. C　18. A
19. B　20. C　21. C　22. C　23. C　24. C　25. C　26. A　27. D
28. D　29. D　30. B　31. C　32. B　33. D　34. C　35. C　36. A
37. A　38. B　39. A　40. B　41. C　42. D　43. A　44. C　45. A
46. B　47. C　48. D　49. B　50. A　51. B　52. C　53. A　54. B
55. B　56. B　57. A　58. C　59. D　60. C　61. B　62. A　63. B
64. C　65. D　66. C　67. A　68. D　69. A　70. C　71. B　72. A
73. C　74. D　75. A　76. B　77. D　78. C　79. A　80. B　81. A
82. D　83. C　84. C　85. A　86. A　87. B　88. B　89. D　90. B
91. D　92. A　93. A　94. A　95. A　96. A　97. A　98. C　99. B
100. D　101. C　102. A　103. A　104. A　105. C　106. D　107. B　108. B
109. D　110. B　111. C　112. B　113. D　114. A　115. A　116. C　117. A
118. C　119. A　120. B　121. D　122. C　123. C　124. B　125. C　126. B
127. A　128. B　129. C　130. D　131. A　132. C　133. D　134. D　135. A
136. B　137. D　138. D　139. A　140. D　141. C　142. B　143. B　144. C
145. D　146. B　147. B　148. C　149. A　150. D　151. B　152. A　153. B

154. B 155. B 156. B 157. A 158. A 159. B 160. C 161. D 162. A
163. A 164. B 165. D 166. C 167. A 168. C 169. D 170. A 171. B
172. C 173. D 174. A 175. B

三、多项选择题

1. ABCD 2. ABCD 3. ABCD 4. ABCD 5. ABCD 6. BCD 7. ABCD
8. ABCD 9. AB 10. ABCD 11. ABCD 12. AB 13. ABCD 14. ABCD
15. ABC 16. ABD 17. ABC 18. ABC 19. BCD 20. AD 21. ABD
22. ABD 23. AB 24. ABC 25. ABD 26. BCD 27. BC 28. AC
29. BC 30. ABCD 31. AB 32. ABCD 33. ABCD 34. ABD 35. ABC
36. ABD 37. ABCD 38. BCD 39. ABCD 40. ABCD 41. ABCD 42. ABCD
43. ABCD 44. ABCD 45. ABCD 46. ABCD 47. ABCD 48. AB 49. ACD
50. ABC 51. ABCD 52. ABCD 53. ABCD 54. ABC 55. AB 56. ABD
57. ABCD 58. ABC 59. BCD 60. ABCD 61. ABCD 62. ABC 63. BCD
64. ACD 65. ABD 66. ABC 67. ABD 68. ABC 69. ABD 70. BC
71. ABD 72. AB 73. ACD 74. AC 75. ABD 76. ABCD 77. ABCD
78. ABCD 79. ABCD 80. ABCD 81. CD 82. AD 83. ABCD 84. AC
85. BC 86. ABCD 87. ABCD 88. ABCD 89. ABCD 90. ABCD 91. ABCD
92. ABCD 93. ABCD 94. BD 95. ABCD 96. AB 97. CD 98. AD
99. BD 100. BC 101. ABCD 102. ABCD 103. ABCD 104. ABCD 105. ABCD
106. ABCD 107. ABD 108. BCD 109. ABC 110. BC 111. ABD 112. BCD
113. ABCD 114. ABCD 115. ABCD 116. ABCD 117. ABCD 118. ABCD 119. ABCD
120. AD 121. BD 122. ABCD 123. ACD 124. ABCD 125. ABC 126. ABCD
127. AC 128. ACD 129. ABCD 130. ABCD 131. ABCD 132. ACD 133. AD
134. AC 135. ABCD 136. AB 137. AD 138. ABCD 139. AB 140. ABCD
141. ABCD 142. ABCD 143. BCD 144. ABC 145. ABCD 146. BC 147. ABD
148. ABCD 149. ABCD 150. ABCD 151. ABC 152. ABCD 153. ABCD 154. ABCD
155. ABD 156. BCD 157. AD 158. ABCD 159. ACD 160. ABC 161. BD
162. AB 163. BC 164. BC 165. ABCD 166. BD 167. ABCD 168. ABCD
169. ABC 170. BC 171. AD 172. ABC 173. ABD 174. ACD 175. ABC
176. AD 177. AB 178. ABC 179. ABCD 180. ABCD 181. ABCD 182. AC
183. ABCD 184. ABCD 185. ABC 186. AC 187. ABCD 188. ABCD 189. ABCD
190. AB 191. BCD 192. BCD 193. ABCD 194. ABD 195. AC 196. ACD

四、判断题

1. × 2. √ 3. √ 4. × 5. √ 6. √ 7. √ 8. × 9. ×
10. × 11. × 12. × 13. × 14. × 15. √ 16. √ 17. × 18. √
19. × 20. √ 21. × 22. × 23. × 24. √ 25. √ 26. √ 27. ×
28. √ 29. × 30. √ 31. × 32. √ 33. √ 34. × 35. √ 36. √

37. √　38. √　39. ×　40. √　41. √　42. ×　43. √　44. √　45. ×
46. √　47. √　48. ×　49. ×　50. √　51. ×　52. ×　53. √　54. ×
55. ×　56. ×　57. √　58. ×　59. √　60. √　61. √　62. ×　63. ×
64. √　65. ×　66. ×　67. √　68. ×　69. √　70. √　71. ×　72. √
73. √　74. ×　75. ×　76. √　77. ×　78. ×　79. √　80. ×　81. √
82. √　83. √　84. ×　85. √　86. ×　87. √　88. √　89. √　90. ×
91. ×　92. ×　93. √　94. ×　95. √　96. ×　97. √　98. ×　99. √
100. ×　101. √　102. ×　103. ×　104. ×　105. ×　106. √　107. ×　108. √
109. ×　110. ×　111. √　112. ×　113. √　114. √　115. ×　116. √　117. √
118. √　119. √　120. √　121. √　122. √　123. ×　124. √　125. ×　126. ×
127. √　128. √　129. √　130. √　131. ×　132. ×　133. √　134. ×　135. ×
136. √　137. √　138. √　139. √　140. ×　141. √　142. √　143. √　144. √
145. √　146. √　147. ×　148. ×　149. ×　150. √　151. ×　152. √　153. √
154. √　155. ×　156. ×　157. √　158. ×　159. ×　160. √　161. ×　162. √
163. ×　164. √　165. √　166. ×　167. √　168. √　169. √　170. ×　171. ×
172. ×　173. ×　174. ×　175. √　176. ×　177. √　178. ×　179. √　180. ×
181. ×　182. √　183. √　184. ×　185. √　186. ×　187. √　188. ×　189. √
190. √　191. √　192. ×　193. ×　194. √　195. ×　196. √　197. √　198. ×
199. ×　200. √

五、简 答 题

1. 答:①橡胶分子链结构,分子链的柔顺性高,黏度低(1 分);②剪切速率,剪切速率越大,黏度越低(1 分);③温度,温度越高,黏度越低(1 分);④压力,压力越大,黏度越大(1 分);⑤配合剂,炭黑越少,软化剂越多,黏度越低(1 分)。

2. 答:橡胶在玻璃化温度以上时(1 分),对于同一力学松弛过程来讲,既可以在较高的温度下和较短的时间内观察到(1 分),也可以在较低的温度下和较长的时间内观察到(1 分),因此高温短时间和低温长时间,对分子运动是等效的(1 分),因此对橡胶的黏弹行为来说也是等效的(1 分),被称为时—温等效原理。

3. 答:①相对分子质量及其分布(1.5 分);②加工温度(1.5 分);③剪切速率(2 分)。

4. 答:①增加硫化促进剂的活性(1.5 分);②提高硫化速率和硫化效率(2 分);③改善硫化胶性能(1.5 分)。

5. 答:①在机械力作用下,产生机械裂解反应(1 分);②在机械力作用下,产生机械活化的氧化裂解反应(1 分);③在机械力作用下,橡胶内部生热加速了氧化反应(1 分);④在疲劳过程中,加速了橡胶的臭氧龟裂(2 分)。

6. 答:①橡胶分子链的物理解缠结(1.5 分);② 橡胶分子链与填料间的相互作用降低(1.5 分);③橡胶分子链发生断裂(2 分)。

7. 答:橡胶的拉伸强度、定伸应力、弹性等性能在硫化过程中可达到一个峰值,随硫化时间的延长,其值会逐渐下降(1.5 分);而硬度基本稳定不变(1 分);拉断伸长率随硫化时间的延长,逐渐减小到最低值后,随硫化时间的延长又缓慢上升(1 分);耐热性、耐磨性、抗溶胀性能,随硫化时间的延长得到明显提高和改善(1.5 分)。

8. 答:图中影线部分表示的意义是对应于某一最大注射量值,所需的最大锁模力的范围(2 分)。

锁模力大小会直接影响橡胶制品的尺寸精度和质量:①锁模力过大,会增加不必要的能量消耗,并可能损伤硫化设备热板和模具等(1.5 分);②锁模力过小,由于锁模不紧,会使制品产生飞边,影响制品尺寸精度和致密性(1.5 分)。

9. 答:常用的表示方法:①以注射机的最大理论注射容积(cm^3)表示(1 分);②以机器所能产生的最大锁模力(kN)表示(1 分);③以机器所能产生的最大锁模力为分母、最大理论注射容积为分子(cm^3/kN)表示(1 分)。

国际上常用的规格表示方法:以机器所能产生的最大锁模力为分母、最大理论注射容积为分子(cm^3/kN)表示。(2 分)

10. 答:①均匀地加热和塑化胶料,并进行准确的计量加料(1.5 分);②在一定的压力和速度下,把已塑化好的胶料通过喷嘴注入模腔内(1.5 分);③为保证制品的表面平整,内部密实,在注射完毕后,仍需对模腔内的胶料保持一段时间的压力,以防止胶料倒流(2 分)。

11. 答:①经塑化后的胶料在注射前应有均匀的温度和组分(2 分);②在许可的范围内,尽量提高塑化能力与注射速度(3 分)。

12. 答:①长径比大,一般为 8～12,而压缩比较小,且要求并不严格,其值常小于 1.3,有时甚至可取为 1;②挤出段螺槽略深于挤出机螺杆的螺槽;③加料段较长,而挤出段则又较短;④螺杆的头部为关头,并带有特殊结构。(每点 1 分,全对得 5 分)

13. 答:①足够而稳定的锁模力;②一定的开模行程和模板移动速度;③一定的模板面积和模板间距;④具有必要的附属装置。(每点 1 分,全对得 5 分)

14. 答:①制品顶出装置;②抽芯装置;③模具起吊设备;④润滑装置;⑤安全保护装置。(每点 1 分,满分 5 分)

15. 答:①实现自动化生产;②减轻工人劳动强度;③保护机台;④保护人身安全。(每点 1 分,全对得 5 分)

16. 答:所谓冷流道,是通过某种介质来控制流道与浇口中橡胶胶料的温度(1 分),使其在进入模腔前始终保持在硫化温度以下(1 分),既具有良好的可塑性又不会引起硫化(1 分),在制品脱模时,主流道和分流道内的胶料依然留在模具内,然后在下一次注射时注入模腔内成为制品(1 分),达到提高产品质量性能、节约橡胶原材料和能源的一种机械装置(1 分)。

17. 答:①范特霍夫方程(2.5 分);②阿累尼乌斯方程(2.5 分)。

18. 答:①具有优良的导热性和传热性(2 分);②具有较高的蓄热能力(1 分);③对橡胶制品及硫化设备无污染性和腐蚀性(1 分);④具有比较宽的温度范围(1 分)。

19. 答:①密度大(1 分);②比热大(2 分);③导热系数大(1 分);④给热系数大(1 分)。

20. 答:①热空气比热小,密度小,导热系数小,传热系数小(2 分);②加热温度不受压力的影响,可以是高温低压,也可以是低温高压(1 分);③热空气不含水分,对制品的表面质量无不良影响,制品表面光亮(1 分);④热空气中因含有氧气,易使制品氧化(1 分)。

21. 答:①单硫键(或—C—S—C—)(1.5 分);②双硫键(或—C—S_2—C—)(1.5 分);③多硫键(或—C—S_x—C—)(2 分)。

22. 答:硫化返原现象又称返硫,是胶料在高温长时间下硫化(1.5 分),胶料处于过硫化状态(1.5 分),胶料的性能不断下降的现象(2 分)。

23. 答:等效硫化时间是指不同温度下(2 分),达到相同硫化效应的时间(3 分)互称为等效硫化时间。

24. 答:当两种或多种防老剂并用使用时的效果大于每种防老剂单独使用的效果之和时,称之为协同效应(5 分)。

25. 答:橡胶硫化大都是加热加压条件下完成的,加热胶料需要一种能传递热能的物质,称为加热介质,硫化工艺中称为硫化介质(5 分)。

26. 答:饱和蒸汽、过热蒸汽、过热水、热空气、热水、氮气及其他固体介质等。(每点 1 分,满分 5 分)

27. 答:橡胶或橡胶制品在加工、储存和使用的过程中(2 分),由于受内、外因素的综合作用(如热、氧、臭氧、金属离子、电离辐射、光、机械力等)使性能逐渐下降(2 分),以至于最后丧失使用价值,这种现象称为橡胶的老化(1 分)。

28. 答:①橡胶的分子结构,包括化学结构(或链节结构)、分子链结构、硫化胶交联结构;②橡胶配合组分及杂质;③物理因素;④化学因素;⑤昆虫、海生物等。(每点 1 分,满分 5 分)

29. 答:橡胶老化中,最常见、影响最大、破坏性最强的因素主要有:热氧老化、光氧老化、臭氧老化、疲劳老化。(每点 1 分,全对得 5 分)

30. 答:①橡胶种类,包括双键的影响、双键取代基的影响、橡胶的结晶性的影响等(2 分);②温度(1 分);③氧的浓度(1 分);④金属离子(1 分)。

31. 答:①自由基捕捉体型;②电子给予体型;③氢给予体型。(每点 1.5 分,全对得 5 分)

32. 答:①具有活泼的氢原子,而且比橡胶主链的氢原子更易脱出;②防老剂本身应较难被氧化;③防老剂的游离基活性要较小,以减少它对橡胶引发的可能性。(每点 1.5 分,全对得 5 分)

33. 答:①能以最大配位数强烈地络合重金属离子;②能降低重金属离子的氧化还原电位;③所生成的新络合物必须难溶于橡胶;④有大的位阻效应。(每点 1 分,全对得 5 分)

34. 答:两种防老剂并用时的防护效果小于单独使用时防护效果之和,即对抗效应(5 分)。

35. 答:两种防老剂并用时的防护效果等于单独使用时防护效果之和,即为加和效应(5 分)。

36. 答:均协同效应指几种稳定机理相同,但活性不同的抗氧剂并用时所产生的协同效应(5 分)。

37. 答:杂协同效应指几种稳定机理不同的抗氧剂并用时产生的协同效应(5 分)。

38. 答:对于同一分子具有两种或两种以上的稳定机理者,常称自协同效应(5 分)。

39. 答:指在多次变形条件下(1 分),使橡胶大分子发生断裂或者氧化(1 分),结果使橡胶的物性及其他性能变差(2 分),最后完全丧失使用价值(1 分),这种现象称为疲劳老化。

40. 答:①频率与振幅;②温度;③空间介质;④填料及补强剂的活性;⑤橡胶的结晶性;⑥交联键的结构。(每点 1 分,满分 5 分)

41. 答:①操作不慎、启模工具碰伤型腔面;②胶料中含硫物质对型腔的腐蚀、氧化和沉积;③胶料中杂物的机械损伤;④脱模剂污垢;⑤清洗模具时,手工喷砂使模具型腔的清角损伤;⑥模具保管不当,生锈、腐蚀。(每点 1 分,满分 5 分)

42. 答:①经常擦洗模具;②小心操作,避免划伤型腔表面;③清洗模具时,注意保护模具清角和配合面;④模具使用完毕,及时擦洗、上油,存放于干燥处。(每点1分,全对得5分)

43. 答:①橡胶种类的影响;②臭氧浓度的影响;③应力应变的影响;④温度的影响。(每点1分,全对得5分)

44. 答:可细分为:酮胺类、醛胺类、二芳仲胺类、二苯胺类、对苯二胺类以及烷基芳基仲胺类六个类型。(每点1分,满分5分)

45. 答:防老剂264、防老剂2246、防老剂2246S、防老剂DOD、防老剂MB以及防老剂MBZ。(每点1分,满分5分)

46. 答:需兼备硫化剂、活性剂、促进剂、防焦功能及对环境无污染的特点。(每点1分,满分5分)

47. 答:能降低硫化温度(1分)、缩短硫化时间(1分)、减少硫黄用量(1分),又能改善硫化胶的物理性能的物质(2分),被称为促进剂。

48. 答:一般不直接参与硫黄与橡胶的反应(1分),但对硫化胶中化学交联键的生成速度和数量有重要影响的物质(2分),被称为活性剂。常用的活性剂是氧化锌和硬质酸。(2分)

49. 答:常用促进剂的分类方法:①按促进剂的结构分类;②按pH值分类;③按促进速度分类;④按A、B、N(酸碱性)+数字①②③④⑤(速级)分类。(每点1.5分,全对得5分)

50. 答:①噻唑类;②次磺酰胺类;③秋兰姆类;④硫脲类;⑤二硫代氨基甲酸盐类;⑥醛胺类;⑦胍类;⑧黄原酸盐类等。(每点1分,满分5分)

51. 答:噻唑类、秋兰姆类、二硫代氨基甲酸盐类、黄原酸盐类。(每点1.5分,满分5分)

52. 答:①属于酸性、准速级促进剂,硫化速度快;②M焦烧时间短,易焦烧,DM比M好,焦烧时间长,生产安全性好;③硫化曲线平坦性好,过硫性小;④硫化胶具有良好的耐老化性能,应用范围广。(每点1.5分,满分5分)

53. 答:①被炭黑吸附不明显,宜和酸性炭黑配合;②无污染,可以用作浅色橡胶制品;③有苦味,不宜用于食品工业;④DM、M对CR有延迟硫化和抗焦烧作用,可作为CR的防焦剂;⑤DM、M可用作NR的塑解剂。(每点1分,满分5分)

54. 答:①碱性促进剂中用量最大的一种,硫化起步慢,操作安全性好,硫化速度也慢;②适用于厚制品(如胶辊)的硫化,产品易老化龟裂,且有变色污染性;③一般不单独使用,常与M、DM、CZ等并用,既可以活化硫化体系又克服了自身的缺点,只在硬质橡胶制品中单独使用。(每点2分,满分5分)

55. 答:短化、重排、环化、主链改性等。(每点1.5分,满分5分)

56. 答:硫载体又称硫给予体,常用于无硫硫化(1分),硫载体的主要品种有秋兰姆、含硫的吗啡啉衍生物、多硫聚合物、烷基苯酚硫化物(4分)。

57. 答:①硫化胶具有良好的初始疲劳性能;②室温条件下具有优良的动静态性能;③最大的缺点是不耐热氧老化;④硫化胶不能在较高温度下长期使用。(每点1.5分,满分5分)

58. 答:①硫化胶网络中单硫键和双硫键的含量占90%以上;②硫化胶具有较高的抗热氧老化性能;③起始动态性能差,用于高温静态制品如密封制品、厚制品、高温快速硫化体系。(每点1.5分,全对得5分)

59. 答:①所得到的硫化胶既具有适量的多硫键,又有适量的单、双硫交联键(2分);②既具有较好的动态性能,又有中等程度的耐热氧老化性能(3 分)。

60. 答:①选择耐热胶种;②采用有效或半有效硫化体系;③须使用足量的硬脂酸以增加锌盐的溶解度,提高体系的活化功能;④防焦、防老体系要加强。(每点 1.5 分,满分 5 分)

61. 答:①硫黄硫化体系;②过氧化物硫化体系;③金属氧化物硫化体系;④树脂硫化体系等。(每点 1.5 分,满分 5 分)

62. 答:主要有:①过氧化物硫化体系;②金属氧化物硫化体系;③树脂硫化体系等。(每点 1.5 分,全对得 5 分)

63. 答:①硫化胶的网络结构为 C—C 键,键能高,化学稳定性高,具有优异的抗热氧老化性能;②硫化胶永久变形低,弹性好,动态性能差;③加工安全性差,过氧化物价格昂贵;④在静态密封或高温的静态密封制品中有广泛的应用。(每点 1 分,全对得 5 分)

64. 答:常用的过氧化物硫化剂:①烷基过氧化物;②二酰基过氧化物;③过氧酯。(3 分)目前使用最多的过氧化物硫化剂是过氧化二异丙苯(DCP)。(2 分)

65. 答:①硫化不饱和橡胶;②硫化饱和橡胶;③硫化杂链橡胶;④可以交联塑料。(每点 1.5 分,满分 5 分)

66. 答:①橡胶品种;②填充剂品种;③硫化体系类型;④硫化工艺;⑤脱模剂污染;⑥模具材质、形状以及表面处理;⑦外界环境因素。(每点 1 分,满分 5 分)

67. 答:①橡胶本身的结构;②硫化胶的交联密度;③交联键的类型。(每点 1.5 分,全对得 5 分)

68. 答:为了达到合理的制造工艺和合理成本,把橡胶硫化分为一段、二段两个过程来完成的工艺方法,其第二段的工艺就是所谓的二次硫化(5 分)。

69. 答:一段硫化主要是使制品得到定形,然后将未 100%正硫化的制品集中起来进行二段硫化,这样,提升了一段硫化的效率,二段硫化的集中处理,也提升了效率,节省了能源(5 分)。

70. 答:①硫黄硫化体系各组分间相互作用生成活性中间化合物,包括生成络合物,主要的中间化合物是事实上的硫化剂;②活性中间化合物与橡胶相互作用,在橡胶分子链上生成活性的促进剂——硫黄侧挂基团;③橡胶分子链的侧挂基团与其他橡胶分子相互作用,形成交联键;④交联键的继续反应。(每点 1.5 分,满分 5 分)

六、综 合 题

1. 答:化学组成:主链含有硅、氧原子的特种橡胶,其中起主要作用的是硅元素(4 分)。

性能特点:①既耐高温又耐低温,是目前最好的耐寒、耐高温橡胶;②电绝缘性优良;③对热氧化和臭氧的稳定性很高,化学惰性大;④机械强度较低;⑤耐油、耐溶剂和耐酸碱性差;⑥较难硫化,价格较贵。(每点 1 分,共 6 分)

2. 答:化学组成:由含氟单体共聚而成的有机弹性体(4 分)。

性能特点:①耐温高可达 300 ℃;②耐酸碱、耐油性、耐化学腐蚀性优异;③抗辐射、耐高真空性能好;④耐臭氧、耐大气老化性优良;⑤加工性差,价格昂贵;⑥耐寒性差,弹性透气性较低。(每点 1 分,共 6 分)

3. 答:化学组成:由聚酯(或聚醚)与二异氰酸酯类化合物聚合而成的弹性体(4 分)。

性能特点:①耐磨性好,在各种橡胶中是最好的;②强度高、弹性好;③耐油性优良;④耐臭氧、耐老化也优异；⑤耐温性能较差；⑥耐水和耐碱性差，耐芳香烃、氯化烃及酮、酯、醇类等溶剂性较差。(每点 1 分，共 6 分)

4. 答：化学组成：它是通过全部或部分氢化 NBR 的丁二烯中的双键而得到的(3 分)。

性能特点：①机械强度高；②耐磨性好；③用过氧化物交联时耐热性比 NBR 好；④其他性能与丁腈橡胶一样；⑤缺点是价格较高。(每点 1 分，共 5 分)

主要用途：主要用于耐油、耐高温的密封制品(2 分)。

5. 答：化学组成：它是聚乙烯经氯化和磺化处理后，所得到的具有弹性的聚合物(4 分)。

性能特点：①耐臭氧及耐老化优良，耐候性优于其他橡胶；②阻燃性能良好；③伞耐热性能良好；④耐溶剂性及耐大多数化学药品和耐酸碱性能较好；⑤耐磨性较好，与丁苯橡胶相似；⑥抗撕裂性能差，加工性能不好。(每点 1 分，共 6 分)

6. 答：化学组成：由环氧氯丙烷均聚或由环氧氯丙烷与环氧乙烷共聚而成的聚合物(3 分)。

性能特点：①耐脂肪烃及氯化烃溶剂、耐碱、耐水性能好；②耐老化性能好。(每点 2 分，共 4 分)

主要用途：可用作胶管、密封件、薄膜和容器衬里、油箱、胶辊，制造油封、水封等。(每点 1 分，共 3 分)

7. 答：化学组成：是聚乙烯通过氯取代反应制成的具有弹性的聚合物(2 分)。

性能特点：①流动性好，容易加工；②耐天候性、耐臭氧性和耐电晕性优良；③耐热、耐酸碱、耐油性良好；④缺点是弹性差、压缩变形较大，电绝缘性较低。(每点 1.5 分，共 6 分)

主要用途：电线电缆护套、胶管、胶带、胶辊化工衬里等。(每点 1 分，共 2 分)

8. 答：①外观变化：变软发黏，天然橡胶的热氧化、氯醇橡胶的老化；变硬变脆，顺丁橡胶的热氧老化，丁腈橡胶、丁苯橡胶的老化；龟裂，不饱和橡胶的臭氧老化、大部分橡胶的光氧老化、但龟裂形状不一样；发霉，橡胶的生物微生物老化；另外还有出现斑点、裂纹、喷霜、粉化泛白等现象。(每点 1 分，共 4 分)

②性能变化：物理化学性能的变化、物理机械性能的变化、电性能的变化。(每点 1 分，共 3 分)

③结构变化：分子间产生交联，分子量增大，外观表现变硬变脆；分子链降解(断裂)，分子量降低，外观表现变软变黏；分子结构上发生其他变化，主链或侧链的改性，侧基脱落弱键断裂(发生在特种橡胶中)。(每点 1 分，共 3 分)

9. 答：①橡胶的臭氧老化是一个表面反应(3 分)；②橡胶发生臭氧龟裂需要一定的应力或应变，未受拉伸的橡胶臭氧老化后表面形成类似喷霜状的灰白色的硬脆膜，在应力或应变作用下，薄膜发生臭氧龟裂(4 分)；③臭氧龟裂的裂纹方向垂直于受力方向(3 分)。

10. 答：①用量随胶种不同而不同；②使用活性剂和助硫化剂提高交联效率；③加入少量碱性物质提高交联效率；④避免使用槽法炭黑和白炭黑等酸性填料；⑤防老剂一般是胺类和酚类防老剂，应尽量少用；⑥硫化时间一般为过氧化物半衰期的 6～10 倍；⑦硫化温度应该高于过氧化物的分解温度。(每点 1.5 分，满分 10 分)

11. 答：①常用的金属氧化物硫化剂是氧化锌和氧化镁并用，最佳并用比为 ZnO∶MgO＝5∶4；②单独使用氧化锌，硫化速度快，容易焦烧；③单独使用氧化镁，硫化速度慢；④如要提高胶料的耐热性，可以提高氧化锌的用量(15～20 份)；⑤若要制耐水制品，可用氧化铅代替氧化

镁和氧化锌,用量高至 20 份。(每点 2 分,满分 10 分)

12. 答:胶料在硫化进行方向上一边产生气孔,一边向内部推进,继之,沿合模线排出(2 分)。此时,重要的是胶料的焦烧时间。焦烧时间过短,在合模面与模腔的界面上的薄层橡胶开始硫化,由于堆砌效应,气体不能从内部溢出,从而容易变成气孔(3 分)。为除去模内以卷入空气为主的硫化初期的气体,设定最初预热时间和排气时间内,胶料不焦烧的硫化速度很重要(2 分)。从硫化中期到后期所产生的以硫化剂的分解气体为主的气体,有望随着之后硫化进行的同时压力增高,沿合模线排出(3 分)。

13. 答:①胶料被污染;②胶料的焦烧时间太短;③装模时间过长;④硫化设备压力不足;⑤胶料存放时间过长;⑥胶料流动性差;⑦胶料自黏性差;⑧胶料喷霜;⑨脱模剂喷涂过量。(每点 1.5 分,满分 10 分)

14. 答:①加强物料管理,防止胶料被污染;②更改配方,延长焦烧时间;③提高设备压力,并防止设备掉压;④存放时间过长的胶料需重新混炼;⑤加强回收料管理,控制掺入比例和次数;⑥更改配方,增加胶料流动性;⑦严格控制脱模剂喷涂量。(每点 1.5 分,满分 10 分)

15. 答:①隔离剂喷涂要适量;②避免过硫;③采用合适的硫化温度(低温慢速硫化);④调整胶料配方,提高胶料的撕裂强度;⑤模具结构合理,棱角倒钝、表面粗糙度符合要求;⑥启模不宜太快,应均匀用力。(每点 1.5 分,全对得 10 分)

16. 答:①隔离剂喷涂过多,熔接痕处强度低;②脱模剂用量不足,胶料黏模,取件撕裂;③过硫;④模具温度过高;⑤胶料成型工艺方法不对;⑥模具结构不合理,棱角未倒角、表面粗糙度不合要求;⑦制品设计不合理;⑧启模方法不对,启模太快、受力不均;⑨胶料配方不合理,胶料本身撕裂强度过低。(每点 1.5 分,满分 10 分)

17. 答:①加强排气,胶料表面有气泡的需刺破;②严格控制配合剂和生胶的含水率,不符合要求需要烘干;③改进模具结构,增设排气机构;④装胶量要有适当的余量;⑤采用抽真空硫化机;⑥增大设备硫化压力,防止掉压;⑦清理模具型腔,不得有杂物;⑧加强胶料的存放管理,防止水分污染;⑨采用适宜的硫化温度;⑩检测设备,保证抽真空效果良好。(每点 1.5 分,满分 10 分)

18. 答:①压制时,型腔内的空气没有彻底排出;②胶料中含有水分或易挥发物质;③模具结构不合理,排气不良;④胶料装入量不充分;⑤欠硫;⑥硫化温度过高;⑦配合剂硫化时,受热分解产生气体;⑧硫化排气次数过少,脱气不充分;⑨硫化压力不足;⑩模具型腔内有杂质;⑪压出或压延时夹入空气;⑫硫化机抽真空失效。(每点 1.5 分,满分 10 分)

19. 答:交接班记录的主要填写内容:①产品名称;②设备编号;③计划数量;④生产数量;⑤操作者;⑥设备状态;⑦工装状态;⑧交班人及交班时间;⑨接班人及接班时间;⑩其他事项。(每点 1 分,满分 10 分)

20. 答:①再生胶的含胶率约 50%,含有大量的软化剂、氧化锌和炭黑,拉伸强度 9 MPa 左右;②具有良好的塑性,易于配合,加工生热少;③再生胶混合的胶料流动性好,压延、压出速度快,压延收缩率小,压出膨胀小,半成品表观缺陷少;④再生胶的热塑性小,硫化速度快,硫化返原小;⑤使用再生胶能提高制品的耐自然老化和热氧老化性能。(每点 2 分,共 10 分)

21. 答:见表 1。

表 1

硫化体系	优　点	缺　点	应用范围
CV	常温下优良的动态和静态性能，适于一般加工工艺要求(1分)	不耐热氧老化，易产生硫化返原，物性保持性差(1分)	常温下各种动、静态条件下用制品(1分)
EV	优良的耐热氧老化性能、硫化返原程度低，优良的静态性能(2分)	不耐动态疲劳性能(1分)	适用于高温硫化、厚制品硫化，耐热的和常温静态制品(1分)
SemiEV	中等程度的耐热氧老化性能、中等程度耐屈挠疲劳寿命(1分)	介于CV和EV之间(1分)	中等温度耐热氧的各种动静态橡胶制品(1分)

22. 答：①将聚合物由玻璃态转变为高弹态，以显著提高其形变能力，并使形变可逆；②降低聚合物的松弛温度，以减少形变时所产生的应力，从而达到防止脆性破坏的目的；③降低弹性体的玻璃化转变温度，以提高其耐寒性；④降低给定温度下的黏度或给定应力下的黏性流动温度，从而改进聚合物的加工性能；⑤提高玻璃态聚合物的冲击强度。(每点2分，共10分)

23. 答：常见的促进剂并用体系有：A/B并用型、N/A、N/B并用型及A/A并用型(3分)。

特点为：①A/B型促进剂并用体系，称为互为活化型，活化噻唑类硫化体系，常用噻唑类作主促进剂，胍类(D)或醛胺类(H)作副促进剂(3分)；②N/A、N/B促进剂并用型，它是采用秋兰姆(TMTD)、胍类(D)为第二促进剂来提高次磺酰胺的硫化活性，加快硫化速度(2分)；③A/A并用型，称为相互抑制型，主要作用是降低体系的促进活性，主促进剂一般为超速或超超速级，焦烧时间短，另一A型能起抑制作用，改善焦烧性能(2分)。

24. 答：①概括了解从标题栏和明细栏中了解机器或部件的名称、功用、数量及装配位置(1分)；②分析视图，分析各视图的投影关系，明确每个视图的表达重点以及零件之间的装配关系的联接方法(2分)；③分析尺寸，分析装配图中每个尺寸的作用，搞清配合尺寸的性质和精度要求(2分)；④分析工作原理，搞清每个零件的主要作用和基本形状，了解采用的润滑方式、储油装置和密封装置(1分)；⑤分析装拆顺序，搞清装拆顺序和方法，对不可拆和过盈配合的零件应尽量不拆，以免影响机器或部件的性能和精度(2分)；⑥读技术要求，了解对装配方法和装配质量的要求，对检验、调试中的特殊要求以及安装、使用中的注意事项等(2分)。

25. 答：通过识读装配图能够使我们了解到机器或部件的名称、规格、性能、功用和工作原理(3分)，了解零件的相互位置关系、装配关系和传动路线(2分)，了解使用方法、装卸顺序以及每个零件的作用和主要零件的结构形状等(3分)。因此，掌握识读装配图的方法并提高识读装配图的能力是非常重要的(2分)。

26. 答：明确实施该项任务的目的与必要性；分析该任务目前的状态，尽可能把任务量化(3分)；在分析现状的基础上，设定实施该项目任务的目标(2分)；确定完成此项任务的组织架构及执行的方法(2分)；通过对具体案例的分析，促使参与的员工能够理解并积极参与(2分)；制定实施计划(1分)。

27. 答：答：遵循PDCA循环，其基本步骤为：①找出所存在的问题(1分)；②分析产生问题的原因(1分)；③确定主要原因(1分)；④制定对策措施(2分)；⑤实施制定的对策(2分)；⑥检查确认活动的效果(1分)；⑦制定巩固措施，防止问题再发生(1分)；⑧提出遗留问题及下一步打算(1分)。

28. 答：图中数字代表的状态是：1表示注射开始；2表示充满模腔；3表示喷嘴后退；4表

示封住浇口;5 表示打开模具。(每点 1 分,共 5 分)

产生压力变化的原因是:①注射开始时,机筒内部已经加热和塑化了的胶料在注射柱塞或螺杆的压力作用下,自喷嘴流经模具的浇道和浇口进入模腔,由于胶料沿着流道有压力损失,因此这时模腔内的胶料压力要比注射压力低得多(2 分);②当胶料注满模腔时,胶料的流动过程随之结束,模内压力急剧增加(1 分);③当注射和保压过程结束以后,喷嘴开始后退,模腔内的少部分胶料自浇口溢出,模内压力出现递减现象(1 分);④胶料由于加热而被首先硫化,因而封住浇口,随着模腔内胶料被进一步加热,开始出现热膨胀现象,模腔内胶料压力再度开始升高,直至模具打开为止(1 分)。

29. 解:根据范特霍夫方程可得下式:

$\frac{\tau_1}{\tau_2}=K^{\frac{t_2-t_1}{10}}=K^{\frac{150-140}{10}}=K$ (6 分)

则:$K=\frac{20}{9}\approx 2.2$ (3 分)

答:硫化温度系数 K 为 2.2(1 分)。

30. 解: ①当 $t_2=153$ ℃时,$\tau_2=\frac{\tau_1}{K^{\frac{t_2-t_1}{10}}}=\frac{10}{2^{\frac{153-148}{10}}}=\frac{10}{2^{1/2}}\approx 7.1(\text{min})$ (3 分)

②当 $t_2=158$ ℃时,$\tau_2=\frac{10}{2^{\frac{158-148}{10}}}=\frac{10}{2}=5(\text{min})$ (3 分)

③当 $t_2=138$ ℃时,$\tau_2=\frac{10}{2^{\frac{138-148}{10}}}=\frac{10}{2^{-1}}=20(\text{min})$ (3 分)

答:硫化温度为 153 ℃、158 ℃、138 ℃时其等效硫化时间应分别是 7.1 min、5 min、20 min(1 分)。

31. 解:设硫化温度为 141 ℃时的硫化效应为 E_1,硫化温度为 135 ℃时的硫化效应为 E_2,令 $E_1=E_2$(2 分)。

即:$K^{\frac{t_1-100}{10}}\cdot\tau_1=K^{\frac{t_2-100}{10}}\cdot\tau_2$ (5 分)

$2.17^{\frac{141-100}{10}}\times 68=2.17^{\frac{135-100}{10}}\cdot\tau_2$

$\tau_2=\frac{2.17^{4.1}\times 68}{2.17^{3.5}}=2.17^{0.6}\times 68=108.2(\text{min})$ (2 分)

答:135 ℃下的硫化时间为 108.2 min (1 分)

32. 解:设原硫化条件下的硫化效应为 $E_{原}$,140 ℃时的硫化效应为 E_1,130 ℃时的硫化效应为 E_2,则 $E_{原}=E_1+E_2$(2 分)。

即:$2^{\frac{140-100}{10}}\times 60=2^{\frac{140-100}{10}}\times 20+2^{\frac{130-100}{10}}\times\tau_2$ (4 分)

$2^3\times\tau_2=2^4\times 60-2^4\times 20$

$8\tau_2=960-320=640$

$\tau_2=80(\text{min})$ (3 分)

答:在 130 ℃下再硫化 80 min 即可(1 分)。

33. 解:设 140 ℃×240 min 硫化条件下的硫化效应为 $E_{原}$、一段硫化的硫化效应为 E_1、二段硫化的硫化效应为 E_2、三段硫化的硫化效应为 E_3,则 $E_{原}=E_1+E_2+E_3$(2 分)。

$K^{\frac{t_{原}-100}{10}}\cdot\tau_{原}=K^{\frac{t_1-100}{10}}\cdot\tau_1+K^{\frac{t_2-100}{10}}\cdot\tau_2+K^{\frac{t_3-100}{10}}\cdot\tau_3$ (4 分)

$2^{\frac{140-100}{10}} \cdot \tau_3 = 2^{\frac{140-100}{10}} \times 240 - 2^{\frac{120-100}{10}} \times 120 - 2^{\frac{130-100}{10}} \times 120$

$16\tau_3 = 3\ 840 - 480 - 960 - 2\ 400$

$\tau_3 = 150(\text{min})$(3 分)

答:第三段需要 150 min 才能达到原有的硫化程度(1 分)。

34. 解:先求出 E_{max} 和 E_{min}。

$E_{min} = 2^{\frac{130-100}{10}} \times 20 = 160$ (3 分)

$E_{max} = 2^{\frac{130-100}{10}} \times 120 = 960$ (3 分)

再求出 $E_{成品}$。

$E_{成品} = 2^{\frac{150-100}{10}} \times 10 = 320$ (3 分)

符合 $E_{min} < E_{成品} < E_{max}$(0.5 分)。

答:成品所取硫化条件是合理的(0.5 分)。

35. 解:先求出试片的 E_{min} 和 E_{max}。

$E_{min} = 2^{\frac{150-100}{10}} \times 8 = 256$ (2 分)

$E_{max} = 2^{\frac{150-100}{10}} \times 15 = 480$ (2 分)

成品 E 值应与试片相同(1 分)。

即:$E_{min成} = 2^{\frac{140-100}{10}} \times \tau_{min成} = 256$

$\tau_{min成} = \frac{256}{2^4} = 15.6(\text{min})$ (2 分)

$E_{max成} = 2^{\frac{140-100}{10}} \times \tau_{max成} = 480$

$\tau_{max成} = \frac{480}{2^4} = 30(\text{min})$ (2 分)

答:成品在 140 ℃下硫化时,平坦范围为 15.6~30 min(1 分)。

橡胶硫化工(初级工)技能操作考核框架

一、框架说明

1. 依据《国家职业标准》[注]，以及中国中车确定的“岗位个性服从于职业共性”的原则，提出橡胶硫化工(初级工)技能操作考核框架(以下简称：技能考核框架)。

2. 本职业等级技能操作考核评分采用百分制。即：满分为100分，60分为及格，低于60分为不及格。

3. 实施“技能考核框架”时，考核制件(活动)命题可以选用本企业的加工件(活动项目)，也可以结合实际另外组织命题。

4. 实施“技能考核框架”时，考核的时间和场地条件等应依据《国家职业标准》，并结合企业实际确定。

5. 实施“技能考核框架”时，其“职业功能”的分类按以下要求确定：

(1)“硫化操作”属于本职业等级技能操作的核心职业活动，其“项目代码”为“E”。

(2)“硫化准备”、“设备保养与维护”、“工艺计算与记录”属于本职业等级技能操作的辅助性活动，其“项目代码”分别为“D”和“F”。

6. 实施“技能考核框架”时，其“鉴定项目”和“选考数量”按以下要求确定：

(1)按照《国家职业标准》有关技能操作鉴定比重的要求，本职业等级技能操作考核制件的“鉴定项目”应按“D”+“E”+“F”组合，其考核配分比例相应为：“D”占20分，“E”占60分，“F”占20分(其中：设备保养与维护10分，工艺计算与记录10分)。

(2)依据中国中车确定的“核心职业活动选取2/3，并向上取整”的规定，在“E”类鉴定项目——“硫化操作”的全部2项中，至少选取2项。

(3)依据中国中车确定的“其余‘鉴定项目’的数量可以任选”的规定，“D”和“F”类鉴定项目——“硫化准备”、“设备保养与维护”、“工艺计算与记录”中，至少分别选取1项。

(4)依据中国中车确定的“确定‘选考数量’时，所涉及‘鉴定要素’的数量占比，应不低于对应‘鉴定项目’范围内‘鉴定要素’总数的60%，并向上取整”的规定，考核制件(活动)的鉴定要素“选考数量”应按以下要求确定：

①在“D”类“鉴定项目”中，在已选定的至少1个鉴定项目中，至少选取已选鉴定项目所对应的全部鉴定要素的60%项，并向上保留整数。

②在“E”类“鉴定项目”中，在已选的2个鉴定项目所包含的全部鉴定要素中，至少选取总数的60%项，并向上保留整数。

③在“F”类“鉴定项目”中，对应“设备保养与维护”，在已选定的至少1个或全部鉴定项目中，至少选取已选鉴定项目所对应的全部鉴定要素的60%项，并向上保留整数；对应“工艺计算与记录”，在已选定的至少1个或全部鉴定项目中，至少选取已选鉴定项目所对应的全部鉴定要素的60%项，并向上保留整数。

举例分析：

按照上述“第 6 条”要求，若命题时按最少数量选取，即：在“D”类鉴定项目中的选取了“工艺准备”1 项，在“E”类鉴定项目中选取了“开机硫化”、“后处理”2 项，在“F”类鉴定项目中分别选取了“设备保养”和“记录”2 项。则：

此考核制件所涉及的“鉴定项目”总数为 5 项，具体包括：“工艺准备”、“开机硫化”、“后处理”、“设备保养”、“记录”。

此考核制件所涉及的鉴定要素“选考数量”相应为 21 项，具体包括：“工艺准备”鉴定项目包含的全部 9 个鉴定要素中的 6 项，“开机硫化”、“后处理”2 个鉴定项目包括的全部 18 个鉴定要素中的 11 项，“设备保养”鉴定项目包含的全部 3 个鉴定要素中的 2 项，“记录”鉴定项目包含的全部 3 个鉴定要素中的 2 项。

7. 本职业等级技能操作需要两人及以上共同作业的，可由鉴定组织机构根据“必要、辅助”的原则，结合实际情况确定协助人员的数量。在整个操作过程中，协助人员只能起必要、简单的辅助作用。否则，每违反一次，至少扣减应考者的技能考核总成绩 10 分，直至取消其考试资格。

8. 实施“技能考核框架”时，应同时对应考者在质量、安全、工艺纪律、文明生产等方面行为进行考核。对于在技能操作考核过程中出现的违章作业现象，每违反一项（次）至少扣减技能考核总成绩 10 分，直至取消其考试资格。

注：按照中国中车规定，各《职业技能操作考核框架》的编制依据现行的《国家职业标准》或现行的《行业职业标准》或现行的《中国中车职业标准》的顺序执行。

二、橡胶硫化工（初级工）技能操作鉴定要素细目表

职业功能	鉴定项目				鉴定要素		
	项目代码	名　称	鉴定比重（%）	选考方式	要素代码	名　称	重要程度
硫化准备	D	工艺准备	20	任选	001	能够正确识读本岗位生产工艺流程图	X
					002	能识读本岗位制品的硫化工艺规程	X
					003	能识读本岗位制品的硫化加工步骤	X
					004	能根据要求进行半成品坯件的准备	X
					005	能根据要求进行半成品坯件预处理	X
					006	能发现半成品内在质量问题	X
					007	能对半成品周转过程进行防护	X
					008	能对本岗位半成品坯件进行装机	X
					009	能对本岗位半成品坯件进行定型	Y
		工装及设备准备			001	能识别硫化模具	X
					002	能更换硫化模具	X
					003	能保养硫化模具	X
					004	能简单修理模具的小问题	X
					005	能清理模具污垢	X
					006	能妥善保存模具	X

续上表

职业功能	鉴定项目				鉴定要素		
	项目代码	名　　称	鉴定比重(%)	选考方式	要素代码	名　　称	重要程度
硫化操作	E	开机硫化	60	必选	001	能按操作规程要求，正确操作设备	X
					002	能按操作规程要求，正确点检设备	X
					003	能正确设定设备工艺参数	X
					004	能按操作规程要求，正确使用脱模剂	X
					005	能按操作规程要求，正确确认设备热板温度	X
					006	能按操作规程要求，正确执行装模操作	X
					007	能按操作规程要求，正确执行出模操作	X
					008	能按操作规程要求，清理模具及设备内的胶皮等杂物	X
					009	能按操作规程要求，正确操作各类机械脱模工装	X
					010	能按操作规程要求，正确操作各类预热设备	X
					011	能进行本岗位制品的泡洗、干燥、氯化、硫化处理	Z
					012	能发现硫化过程中出现的温度异常现象	Y
					013	能发现硫化过程中出现的压力异常现象	Y
					014	能发现硫化过程中出现的停电异常现象	Y
					015	能发现硫化过程中出现的停汽异常现象	Y
		后处理			001	能根据产品要求，对硫化产品进行后处理操作	X
					002	能根据产品要求，对硫化产品进行胶边修剪	X
					003	能按产品外观质量检验项目、检验标准和检验方法对硫化产品进行检查	X
设备保养与维护	F	设备保养	20	任选	001	能按要求完成本岗位硫化设备的润滑	X
					002	能按要求完成本岗位辅助装置的润滑	X
					003	能维护好润滑器具，定期检查、清洗	X
		设备维护			001	能保持本岗位各设备整洁、完好	X
					002	能发现硫化设备的异常现象	X
					003	能对修理后的硫化设备进行试车操作	X
					004	能根据模具的变化调整硫化设备	X
工艺计算与记录		工艺计算		任选	001	能简单分析硫化温度变化对产品质量的影响	X
					002	能简单分析硫化时间变化对产品质量的影响	X
					003	能简单分析硫化压力变化对产品质量的影响	X
		记录			001	能填写硫化生产记录	X
					002	能填写硫化设备运行保养记录	X
					003	能填写硫化设备、辅助装置、吊具的点检记录	X

注：重要程度中X表示核心要素，Y表示一般要素，Z表示辅助要素。下同。

中国中车
CRRC

橡胶硫化工(初级工)
技能操作考核样题与分析

职业名称：
考核等级：
存档编号：
考核站名称：
鉴定责任人：
命题责任人：
主管负责人：

中国中车股份有限公司劳动工资部制

职业技能鉴定技能操作考核制件图示或内容

考试题目:采用图2中的硫化模具生产1件图1中的产品(SRIT581型橡胶缓冲器)

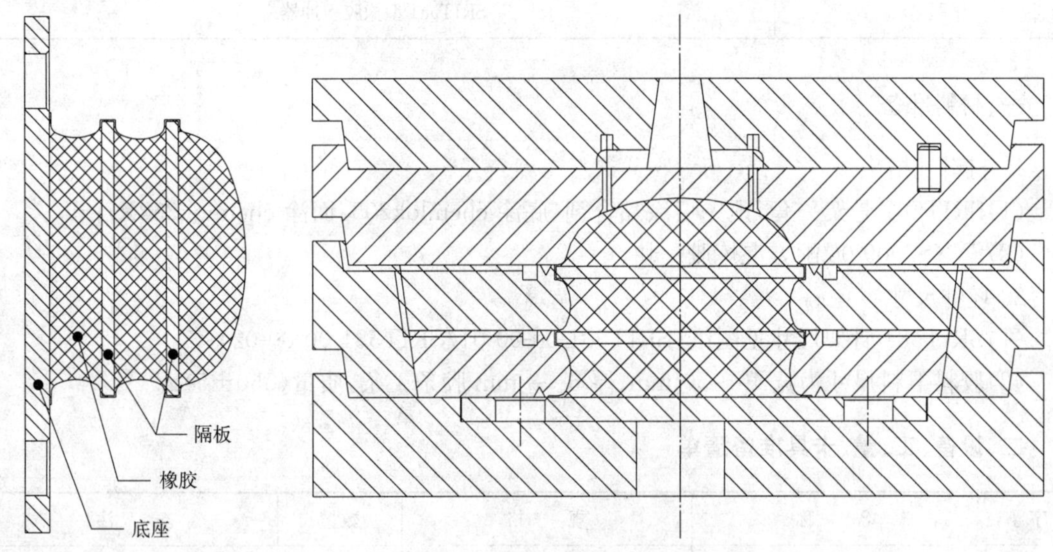

图1　产品示意图　　　　图2　硫化模具示意图

考试要求:

1. 阅读SRIT581型橡胶缓冲器《生产工艺流程图》、《硫化工艺卡片》以及《修边工艺卡片》等工艺文件;
2. 按工艺文件要求,提前预热模具;
3. 按工艺文件要求,将涂有黏合剂的一套骨架与胶料硫化为一件完整的产品,并做修边处理;
4. 硫化完后,对模具和设备做一次润滑保养;
5. 填写硫化记录、修边记录以及设备的点检和保养记录。

考试规则:

1. 每违反一次工艺纪律、安全操作、劳动保护、文明生产等规定扣除10分。
2. 有重大安全事故、考试作弊者取消其考试资格。

职业名称	橡胶硫化工
考核等级	初级工
试题名称	SRIT581型橡胶缓冲器
材质等信息:无	

职业技能鉴定技能操作考核准备单

职业名称	橡胶硫化工
考核等级	初级工
试题名称	SRIT581 型橡胶缓冲器

一、材料准备

1. 材料规格

(1)SRIT581 骨架一套，预先喷涂黏合剂(底涂 chemlok205/面涂 chemlok252X)；

(2)SYXS2009-06 配方混炼胶一块。

2. 坯件尺寸

(1)SRIT581 骨架尺寸见图纸(SRIT581-00-00-01/SRIT581-00-00-02)；

(2)胶料下料尺寸为宽 40～50 mm、厚 6～8 mm 胶条 1 条，质量(350±5)g。

二、设备、工、量、卡具准备清单

序号	名　称	规　格	数量	备　注
1	注压硫化机	150 t	1	
2	硫化模具	JZC34-00-00	1	预热至少 2 h
3	烘箱		1	预热至少 1 h
4	尼龙工装	JZGZ210-00-00	1	可借用其他工装
5	手套	棉/线/皮	3	棉/线/皮手套各 1 副
6	撬棍	短柄	1	
7	托盘		1	
8	剪刀		1	
9	铲刀		1	用于修边

三、考场准备

1. 相应的公用设备、设备与器具的润滑与冷却等；
2. 相应的场地及安全防范措施；
3. 其他准备。

四、考核内容及要求

1. 考核内容(按考核制件图示及要求制作)。
2. 考核时限：60 min(含工艺文件阅读及书面作答时间)。
3. 考核评分(表)。

职业名称	橡胶硫化工		考核等级	初级工	
试题名称	SRIT581 型橡胶缓冲器		考核时限	60 min	
鉴定项目	考核内容	配分	评分标准	扣分说明	得分
工艺准备	阅读生产工艺流程图,并回答生产该产品涉及的特殊过程	2	答错一处扣1分		
	阅读烘胶通用工艺规程,并回答烘胶时需要做的准备工作	3	答错一处扣2分		
	阅读硫化工艺卡片,并回答该产品的装模过程	3	答错一处扣2分		
	根据硫化工艺卡片要求,准备合适的胶坯	4	不符要求一处扣2分		
	根据硫化工艺卡片要求,预热坯件	3	不符要求一处扣2分		
	对胶坯检查,并剔除杂质、灰尘及熟胶粒	3	漏检不得分		
	骨架、胶料周转过程中,能够防护及正确使用手套	2	违规一处扣1分		
开机硫化	按硫化工艺卡片步骤操作硫化设备	10	每失误一次扣2分		
	按作业规范,正确点检设备	2	点检不规范不得分		
	按工艺要求,正确设定工艺参数	6	每错误一处扣3分		
	按脱模剂使用规范及工艺要求,正确使用脱模剂	4	不规范不得分		
	按热板测温规范,正确测量热板实际温度	3	不规范不得分		
	按硫化工艺卡片执行装模操作	10	每次不规范操作扣3分		
	按硫化工艺卡片执行出模操作	6	每次不规范操作扣3分		
	清理注胶塞、设备滑轨及模具内胶皮	4	每一处不清理扣2分		
	正确设定烘箱工艺参数	2	每处错误扣2分		
	按要求操作烘胶和烘骨架	3	操作不规范不得分		
后处理	维修产品的小瑕疵	5	每一处不符合项扣2分		
	按修边工艺卡片,对产品修边	5	每一处不符合项扣2分		
设备保养	硫化设备润滑	5	遗漏一处扣2分		
	辅助装置润滑	5	遗漏一处扣2分		
记录	正确无误填写硫化记录	3	错误一处扣1分		
	正确无误填写修边记录	2	错误一处扣1分		
	正确无误填写设备点检记录	2	错误一处扣1分		
	正确无误填写测温记录	3	错误一处扣1分		
质量、安全、工艺纪律、文明生产等综合考核项目	考核时限	不限	每超时10分钟,扣5分		
	工艺纪律	不限	依据企业有关工艺纪律管理规定执行,每违反一次扣10分		
	劳动保护	不限	依据企业有关劳动保护管理规定执行,每违反一次扣10分		
	文明生产	不限	依据企业有关文明生产管理规定执行,每违反一次扣10分		
	安全生产	不限	依据企业有关安全生产管理规定执行,每违反一次扣10分,有重大安全事故,取消成绩		

职业技能鉴定技能考核制件(内容)分析

职业名称	橡胶硫化工
考核等级	初级工
试题名称	SRIT581 型橡胶缓冲器
职业标准依据	《国家职业标准》

试题中鉴定项目及鉴定要素的分析与确定

分析事项 \ 鉴定项目分类	基本技能“D”	专业技能“E”	相关技能“F”	合计	数量与占比说明
鉴定项目总数	2	2	4	8	
选取的鉴定项目数量	1	2	2	5	核心职业活动占比大于 2/3
选取的鉴定项目数量占比(%)	50	100	50	63	
对应选取鉴定项目所包含的鉴定要素总数	9	18	6	33	
选取的鉴定要素数量	7	11	4	22	鉴定要素数量占比大于 60%
选取的鉴定要素数量占比(%)	78	61	67	67	

所选取鉴定项目及相应鉴定要素分解与说明

鉴定项目类别	鉴定项目名称	国家职业标准规定比重(%)	《框架》中鉴定要素名称	本命题中具体鉴定要素分解	配分	评分标准	考核难点说明
“D”	工艺准备	20	能够正确识读本岗位生产工艺流程图	阅读生产工艺流程图,并回答生产该产品涉及的特殊过程	2	答错一处扣 1 分	
			能识读本岗位制品的硫化工艺规程	阅读烘胶通用工艺规程,并回答烘胶时需要做的准备工作	3	答错一处扣 2 分	
			能识读本岗位制品的硫化加工步骤	阅读硫化工艺卡片,并回答该产品的装模过程	3	答错一处扣 2 分	
			能根据要求进行半成品坯件的准备	根据硫化工艺卡片要求,准备合适的胶坯	4	不符要求一处扣 2 分	
			能根据要求进行半成品坯件预处理	根据硫化工艺卡片要求,预热坯件	3	不符要求一处扣 2 分	
			能发现半成品内在质量问题	对胶坯检查,并剔除杂质、灰尘及熟胶粒	3	漏检不得分	认真全面自检
			能对半成品周转过程进行防护	骨架、胶料周转过程中,能够防护及正确使用手套	2	违规一处扣 1 分	
“E”	开机硫化	60	能按操作规程要求,正确操作设备	按硫化工艺卡片步骤操作硫化设备	10	每失误一次扣 2 分	明确操作步骤
			能按操作规程要求,正确点检设备	按作业规范,正确点检设备	2	点检不规范不得分	

续上表

鉴定项目类别	鉴定项目名称	国家职业标准规定比重(%)	《框架》中鉴定要素名称	本命题中具体鉴定要素分解	配分	评分标准	考核难点说明
“E”	开机硫化	60	能正确设定设备工艺参数	按工艺要求,正确设定工艺参数	6	每错误一处扣3分	
			能按操作规程要求,正确使用脱模剂	按脱模剂使用规范及工艺要求,正确使用脱模剂	4	不规范不得分	规范操作
			能按操作规程要求,正确确认设备热板温度	按热板测温规范,正确测量热板实际温度	3	不规范不得分	规范操作
			能按操作规程要求,正确执行装模操作	按硫化工艺卡片执行装模操作	10	每次不规范操作扣3分	规范操作
			能按操作规程要求,正确执行出模操作	按硫化工艺卡片执行出模操作	6	每次不规范操作扣3分	规范操作
			能按操作规程要求,清理模具及设备内的胶皮等杂物	清理注胶塞、设备滑轨及模具内胶皮	4	每一处不清理扣2分	
			能按操作规程要求,正确操作各类预热设备	正确设定烘箱工艺参数	2	每处错误扣2分	
				按要求操作烘胶和烘骨架	3	操作不规范不得分	
	后处理		能根据产品要求,对硫化产品进行后处理操作	维修产品的小瑕疵	5	每一处不符合项扣2分	方式合理
			能根据产品要求,对硫化产品进行胶边修剪	按修边工艺卡片,对产品修边	5	每一处不符合项扣2分	
“F”	设备保养	20	能按要求完成本岗位硫化设备的润滑	硫化设备润滑	5	遗漏一处扣2分	全面润滑
			能按要求完成本岗位辅助装置的润滑	辅助装置润滑	5	遗漏一处扣2分	
	记录		能填写硫化生产记录	正确无误填写硫化记录	3	错误一处扣1分	规范填写
				正确无误填写修边记录	2	错误一处扣1分	规范填写
			能填写硫化设备、辅助装置、吊具的点检记录	正确无误填写设备点检记录	2	错误一处扣1分	规范填写
				正确无误填写测温记录	3	错误一处扣1分	规范填写
质量、安全、工艺纪律、文明生产等综合考核项目				考核时限	不限	每超时10 min,扣5分	
				工艺纪律	不限	依据企业有关工艺纪律管理规定执行,每违反一次扣10分	

续上表

鉴定项目类别	鉴定项目名称	国家职业标准规定比重(%)	《框架》中鉴定要素名称	本命题中具体鉴定要素分解	配分	评分标准	考核难点说明
质量、安全、工艺纪律、文明生产等综合考核项目				劳动保护	不限	依据企业有关劳动保护管理规定执行,每违反一次扣10分	
				文明生产	不限	依据企业有关文明生产管理规定执行,每违反一次扣10分	
				安全生产	不限	依据企业有关安全生产管理规定执行,每违反一次扣10分,有重大安全事故,取消成绩	

橡胶硫化工(中级工)技能操作考核框架

一、框架说明

1. 依据《国家职业标准》注，以及中国中车确定的“岗位个性服从于职业共性”的原则，提出橡胶硫化工(中级工)技能操作考核框架(以下简称:技能考核框架)。

2. 本职业等级技能操作考核评分采用百分制。即:满分为 100 分,60 分为及格,低于 60 分为不及格。

3. 实施“技能考核框架”时，考核制件(活动)命题可以选用本企业的加工件(活动项目)，也可以结合实际另外组织命题。

4. 实施“技能考核框架”时，考核的时间和场地条件等应依据《国家职业标准》，并结合企业实际确定。

5. 实施“技能考核框架”时，其“职业功能”的分类按以下要求确定:

(1)“硫化操作”属于本职业等级技能操作的核心职业活动，其“项目代码”为“E”。

(2)“硫化准备”、“设备保养与维护”和“工艺计算与记录”属于本职业等级技能操作的辅助性活动，其“项目代码”分别为“D”和“F”。

6. 实施“技能考核框架”时，其“鉴定项目”和“选考数量”按以下要求确定:

(1)按照《国家职业标准》有关技能操作鉴定比重的要求，本职业等级技能操作考核制件的“鉴定项目”应按“D”+“E”+“F”组合，其考核配分比例相应为:“D”占 10 分,“E”占 70 分,“F”占 20 分(其中:设备保养与维护 10 分,工艺计算与记录 10 分)。

(2)依据中国中车确定的“核心职业活动选取 2/3,并向上取整”的规定，在“E”类鉴定项目——“硫化操作”的全部 2 项中，至少选取 2 项。

(3)依据中国中车确定的“其余‘鉴定项目’的数量可以任选”的规定,“D”和“F”类鉴定项目——“硫化准备”、“设备保养与维护”和“工艺计算与记录”中，至少分别选取 1 项。

(4)依据中国中车确定的“确定‘选考数量’时，所涉及‘鉴定要素’的数量占比，应不低于对应‘鉴定项目’范围内‘鉴定要素’总数的 60%,并向上取整”的规定，考核制件(活动)的鉴定要素“选考数量”应按以下要求确定:

①在“D”类“鉴定项目”中，在已选定的至少 1 个鉴定项目中，至少选取已选鉴定项目所对应的全部鉴定要素的 60%项，并向上保留整数。

②在“E”类“鉴定项目”中，在已选定的 2 个鉴定项目所包含的全部鉴定要素中，至少选取总数的 60%项，并向上保留整数。

③在“F”类“鉴定项目”中，对应“设备保养与维护”，在已选定的至少 1 个或全部鉴定项目中，至少选取已选鉴定项目所对应的全部鉴定要素的 60%项，并向上保留整数;对应“工艺计算与记录”，在已选定的至少 1 个或全部鉴定项目中，至少选取已选鉴定项目所对应的全部鉴定要素的 60%项，并向上保留整数。

举例分析：

按照上述“第6条”要求，若命题时按最少数量选取，即：在“D”类鉴定项目中选取了“工艺准备”等1项，在“E”类鉴定项目中选取了“开机硫化”、“后处理”2项，在“F”类鉴定项目中分别选取了“设备保养”、“记录”2项。则：

此考核制件所涉及的“鉴定项目”总数为5项，具体包括：“工艺准备”、“开机硫化”、“后处理”、“设备保养”、“记录”。

此考核制件所涉及的鉴定要素“选考数量”相应为22项，具体包括：“工艺准备”鉴定项目包含的全部9个鉴定要素中的6项，“开机硫化”、“后处理”2个鉴定项目包括的全部19个鉴定要素中的12项，“设备保养”鉴定项目包含的全部3个鉴定要素中的2项，“记录”鉴定项目包含的全部3个鉴定要素中的2项。

7. 本职业等级技能操作需要两人及以上共同作业的，可由鉴定组织机构根据“必要、辅助”的原则，结合实际情况确定协助人员的数量。在整个操作过程中，协助人员只能起必要、简单的辅助作用。否则，每违反一次，至少扣减应考者的技能考核总成绩10分，直至取消其考试资格。

8. 实施“技能考核框架”时，应同时对应考者在质量、安全、工艺纪律、文明生产等方面行为进行考核。对于在技能操作考核过程中出现的违章作业现象，每违反一项(次)至少扣减技能考核总成绩10分，直至取消其考试资格。

注：按照中国中车规定，各《职业技能操作考核框架》的编制依据现行的《国家职业标准》或现行的《行业职业标准》或现行的《中国中车职业标准》的顺序执行。

二、橡胶硫化工(中级工)技能操作鉴定要素细目表

职业功能	鉴定项目				鉴定要素		
	项目代码	名称	鉴定比重(%)	选考方式	要素代码	名称	重要程度
硫化准备	D	工艺准备	10	任选	001	能识读硫化及相关设备的结构、管道示意图	Y
					002	能绘制本岗位工艺流程示意图	X
					003	能根据产品要求确定半成品用料量	X
					004	能根据工艺要求确认硫化介质	X
					005	能确定半成品坯件的准备方法	X
					006	能确定半成品坯件的预处理方法	X
					007	能对不同规格制品坯件进行排气	X
					008	能对不同规格制品坯件进行定型	Y
					009	能对不同规格制品坯件进行装机	X
		工装及设备准备			001	能合理选用硫化模具	X
					002	能合理选用脱模剂、隔离剂	X
					003	能检查本岗位的设备及电器装置	X
					004	能检查本岗位的仪表及计量器具	X

续上表

职业功能	鉴定项目				鉴定要素		
	项目代码	名　　称	鉴定比重(%)	选考方式	要素代码	名　　称	重要程度
硫化操作	E	开机硫化	70	必选	001	能按操作规程要求,正确操作多岗位硫化设备	X
					002	能按操作规程要求,正确点检多岗位硫化设备	X
					003	能按操作规程要求,正确设定多岗位硫化设备工艺参数	X
					004	能按操作规程要求,正确使用脱模剂	X
					005	能按操作规程要求,正确确认多岗位硫化设备热板温度	X
					006	能按操作规程要求,正确执行多岗位硫化装模操作	X
					007	能按操作规程要求,正确执行多岗位硫化出模操作	X
					008	能按操作规程要求,清理多岗位硫化模具及设备内的胶皮等杂物	X
					009	能按操作规程要求,正确操作多岗位机械脱模工装	X
					010	能按操作规程要求,正确操作多岗位预热设备	X
					011	能进行多岗位制品的泡洗、干燥、硫化及氯化处理	Z
					012	能对多岗位操作过程进行分析、判断并进行调控	Y
					013	能处理本岗位的降温现象	X
					014	能处理本岗位的降压现象	X
					015	能处理本岗位的停汽、停电等现象	X
					016	能在工艺、结构、配方变更的情况下配合试车操作	X
		后处理			001	能根据产品要求对多岗位硫化产品进行后处理操作	X
					002	能处理硫化产品常见的外观质量问题	X
					003	能进行硫化产品的外观质量分析	X
设备保养与维护	F	设备保养	20	任选	001	能对硫化设备进行常规保养	X
					002	能发现硫化设备传动部分的异常现象	X
					003	能执行设备润滑管理规定和润滑油过滤规定	Y
		设备维护			001	能报告硫化设备不安全因素并采取措施	X
					002	能对修理后的硫化设备进行试车及试生产	X
工艺计算与记录		工艺计算		任选	001	能计算硫化班组产品产量	X
					002	能计算硫化班组产品合格率	X
					003	能对本岗位硫化压力单位进行对应换算	Y
		记录			001	能填写硫化技术报表	X
					002	能填写交接班记录	X
					003	能填写设备故障维修报表	Y

中国中车
CRRC

橡胶硫化工(中级工)
技能操作考核样题与分析

职业名称：
考核等级：
存档编号：
考核站名称：
鉴定责任人：
命题责任人：
主管负责人：

中国中车股份有限公司劳动工资部制

职业技能鉴定技能操作考核制件图示或内容

考试题目:通过试制确定图1中产品的硫化工艺并生产一件样件(SRIT808型一系隔振垫)

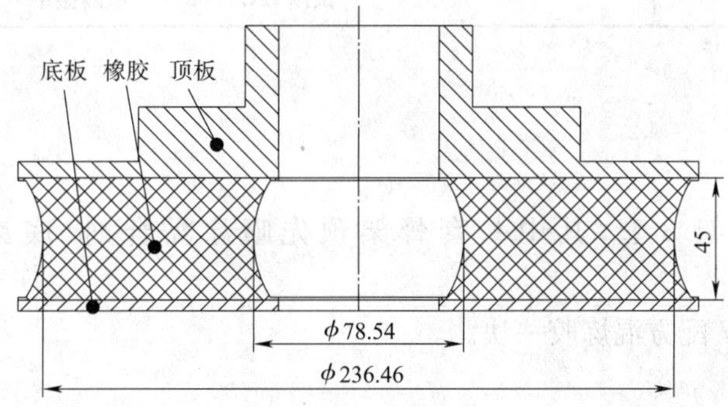

图1　产品示意图(单位:mm)

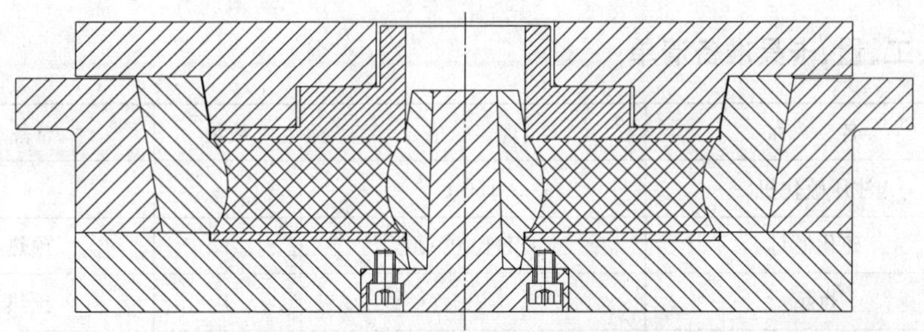

图2　硫化模具示意图

考试要求:

1. 绘制该产品的生产工艺流程示意图;

2. 请用图2中的模具试制图1中的产品,确定胶坯的制备和预处理工艺参数(质量、尺寸以及预热工艺参数等);

3. 选用合适硫化介质,采用160 ℃×45 min×200 bar的硫化条件进行硫化,胶料配方采用SYXS2009-07;

4. 前两模采用不涂黏合剂的骨架进行试制,确定胶坯的制备和预处理工艺参数,第三模用涂有黏合剂的骨架试制样件;

5. 硫化后对产品修边处理,如果骨架边缘出现开胶现象时,分析外观质量缺陷的原因并提出处理方案。

考试规则:

1. 每违反一次工艺纪律、安全操作、劳动保护、文明生产等规定扣除10分。

2. 有重大安全事故、考试作弊者取消其考试资格。

职业名称	橡胶硫化工
考核等级	中级工
试题名称	试制SRIT808型一系隔振垫
材质等信息:金属骨架(45)/橡胶(NR)	

职业技能鉴定技能操作考核准备单

职业名称	橡胶硫化工
考核等级	中级工
试题名称	试制 SRIT808 型一系隔振垫

一、材料准备

1. 材料规格

(1)SRIT808 骨架 3 套，其中一套骨架预先喷涂黏合剂(底涂 chemlok205/面涂 chemlok252X)；

(2)SYXS2009-07 配方混炼胶一块。

2. 坯件尺寸

(1)SRIT808 骨架尺寸见图纸(SRIT808-00-00-01/SRIT808-00-00-02)；

(2)胶料下料尺寸为宽 40～50 mm、厚 6～8 mm 胶条 1 条，质量 10 kg。

二、设备、工、量、卡具准备清单

序号	名　称	规　格	数量	备　注
1	注压硫化机	150 t	1	
2	硫化模具	JZH10-00-00	1	预热至少 2 h
3	烘箱		1	预热至少 1 h
4	尼龙工装	JZGZ223-00-00	1	可借用其他工装
5	手套	棉/线/皮	3	棉/线/皮手套各 1 副
6	撬棍	短柄	1	
7	托盘		1	
8	剪刀		1	
9	铲刀		1	用于修边
10	刀片	单面刀片	若干	

三、考场准备

1. 相应的公用设备、设备与器具的润滑与冷却等；

2. 相应的场地及安全防范措施；

3. 其他准备。

四、考核内容及要求

1. 考核内容(按考核制件图示及要求制作)。

2. 考核时限：180 min(含书面作答时间)。

3. 考核评分表。

<table>
<tr><td>职业名称</td><td colspan="2">橡胶硫化工</td><td>考核等级</td><td colspan="2">中级工</td></tr>
<tr><td>试题名称</td><td colspan="2">试制 SRIT808 型一系隔振垫</td><td>考核时限</td><td colspan="2">180 min</td></tr>
<tr><td>鉴定项目</td><td>考核内容</td><td>配分</td><td>评分标准</td><td>扣分说明</td><td>得分</td></tr>
<tr><td rowspan="7">工艺准备</td><td>绘制该产品的工艺流程图(从金属件到修边)</td><td>2</td><td>错误一处扣 1 分</td><td></td><td></td></tr>
<tr><td>确定该产品的胶坯重量</td><td>2</td><td>不合理不得分</td><td></td><td></td></tr>
<tr><td>确认该产品所用的硫化介质</td><td>1</td><td>不确认不得分</td><td></td><td></td></tr>
<tr><td>确定该产品的胶坯制备尺寸</td><td>1</td><td>不合理不得分</td><td></td><td></td></tr>
<tr><td>确定该产品胶坯的预热工艺</td><td>1</td><td>不合理不得分</td><td></td><td></td></tr>
<tr><td>确定该产品的排气参数</td><td>2</td><td>不合理不得分</td><td></td><td></td></tr>
<tr><td>确定该产品胶坯的装机方式</td><td>1</td><td>不合理不得分</td><td></td><td></td></tr>
<tr><td rowspan="14">开机硫化</td><td>按硫化工艺卡片顺序操作硫化设备</td><td>10</td><td>每失误一次扣 2 分</td><td></td><td></td></tr>
<tr><td>按作业规范,正确点检设备</td><td>2</td><td>点检不规范不得分</td><td></td><td></td></tr>
<tr><td>按工艺要求,正确设定工艺参数</td><td>6</td><td>每错误一处扣 3 分</td><td></td><td></td></tr>
<tr><td>按脱模剂使用规范及工艺要求,正确使用脱模剂</td><td>4</td><td>不规范不得分</td><td></td><td></td></tr>
<tr><td>按热板测温规范,正确测量热板实际温度</td><td>3</td><td>不规范不得分</td><td></td><td></td></tr>
<tr><td>按硫化工艺卡片执行装模操作</td><td>9</td><td>每次不规范操作扣 3 分</td><td></td><td></td></tr>
<tr><td>按硫化工艺卡片执行出模操作</td><td>6</td><td>每次不规范操作扣 3 分</td><td></td><td></td></tr>
<tr><td>清理设备滑轨及模具内胶皮</td><td>3</td><td>每一处不清理扣 2 分</td><td></td><td></td></tr>
<tr><td>分析设备“掉温”故障会造成的后果</td><td>3</td><td>视答案给分</td><td></td><td></td></tr>
<tr><td>设备“掉温”故障的处理措施</td><td>3</td><td>视答案给分</td><td></td><td></td></tr>
<tr><td>分析硫化压力不足会造成的后果</td><td>3</td><td>视答案给分</td><td></td><td></td></tr>
<tr><td>试制该产品</td><td>3</td><td>视试制结果给分</td><td></td><td></td></tr>
<tr><td>正确设定烘箱工艺参数</td><td>2</td><td>每处错误扣 2 分</td><td></td><td></td></tr>
<tr><td>按要求操作烘胶和骨架</td><td>3</td><td>操作不规范不得分</td><td></td><td></td></tr>
<tr><td rowspan="4">后处理</td><td>处理轻微“拔坑”产品</td><td>3</td><td rowspan="2">视处理情况给分</td><td rowspan="2"></td><td rowspan="2"></td></tr>
<tr><td>处理轻微“开胶”产品</td><td>3</td></tr>
<tr><td>产品“拔坑”的原因分析</td><td>2</td><td rowspan="2">合理即给分</td><td rowspan="2"></td><td rowspan="2"></td></tr>
<tr><td>产品“开胶”的原因分析</td><td>2</td></tr>
<tr><td rowspan="3">设备维护</td><td>请指出设备操作中存在的不安全因素</td><td>4</td><td rowspan="2">合理即适当给分</td><td rowspan="2"></td><td rowspan="2"></td></tr>
<tr><td>提出设备操作中不安全因素的解决方案</td><td>4</td></tr>
<tr><td>试制该产品</td><td>2</td><td>视操作情况给分</td><td></td><td></td></tr>
<tr><td rowspan="3">工艺计算</td><td>计算所在班组的产量</td><td>3</td><td>不正确不得分</td><td></td><td></td></tr>
<tr><td>计算所在班组的产品合格率</td><td>3</td><td>不正确不得分</td><td></td><td></td></tr>
<tr><td>将 200 bar 的单位换算为设备所用的压力单位 MPa,并设定压力</td><td>4</td><td>不正确不得分</td><td></td><td></td></tr>
<tr><td rowspan="2">质量、安全、工艺纪律、文明生产等综合考核项目</td><td>考核时限</td><td>不限</td><td>每超时 10 分钟,扣 5 分</td><td></td><td></td></tr>
<tr><td>工艺纪律</td><td>不限</td><td>依据企业有关工艺纪律管理规定执行,每违反一次扣 10 分</td><td></td><td></td></tr>
</table>

续上表

鉴定项目	考核内容	配分	评分标准	扣分说明	得分
质量、安全、工艺纪律、文明生产等综合考核项目	劳动保护	不限	依据企业有关劳动保护管理规定执行，每违反一次扣10分		
	文明生产	不限	依据企业有关文明生产管理规定执行，每违反一次扣10分		
	安全生产	不限	依据企业有关安全生产管理规定执行，每违反一次扣10分，有重大安全事故，取消成绩		

职业技能鉴定技能考核制件(内容)分析

职业名称	橡胶硫化工				
考核等级	中级工				
试题名称	试制 SRIT808 型一系隔振垫				
职业标准依据	《国家职业标准》				
试题中鉴定项目及鉴定要素的分析与确定					
分析事项＼鉴定项目分类	基本技能“D”	专业技能“E”	相关技能“F”	合计	数量与占比说明
鉴定项目总数	2	2	4	8	核心职业活动占比大于 2/3
选取的鉴定项目数量	1	2	2	5	
选取的鉴定项目数量占比(%)	50	100	50	63	
对应选取鉴定项目所包含的鉴定要素总数	9	19	6	34	鉴定要素数量占比大于 60%
选取的鉴定要素数量	7	14	5	26	
选取的鉴定要素数量占比(%)	78	74	83	76	

所选取鉴定项目及相应鉴定要素分解与说明

鉴定项目类别	鉴定项目名称	国家职业标准规定比重(%)	《框架》中鉴定要素名称	本命题中具体鉴定要素分解	配分	评分标准	考核难点说明
“D”	工艺准备	10	能绘制本岗位工艺流程示意图	绘制该产品的工艺流程图(从金属件到修边)	2	错误一处扣 1 分	明确工艺流程
			能根据产品要求确定半成品用料量	确定该产品的胶坯重量	2	不合理不得分	合理的重量范围
			能根据工艺要求确认硫化介质	确认该产品所用的硫化介质	1	不确认不得分	
			能确定半成品坯件的准备方法	确定该产品的胶坯制备尺寸	1	不合理不得分	合适的胶皮尺寸
			能确定半成品坯件的预处理方法	确定该产品胶坯的预热工艺	1	不合理不得分	
			能对不同规格制品坯件进行排气	确定该产品的排气参数	2	不合理不得分	合理的排气参数
			能对不同规格制品坯件进行装机	确定该产品胶坯的装机方式	1	不合理不得分	
“E”	开机硫化	70	能按操作规程要求，正确操作多岗位硫化设备	按硫化工艺卡片顺序操作硫化设备	10	每失误一次扣 2 分	
			能按操作规程要求，正确点检多岗位硫化设备	按作业规范，正确点检设备	2	点检不规范不得分	
			能按操作规程要求，正确设定多岗位硫化设备工艺参数	按工艺要求，正确设定工艺参数	6	每错误一处扣 3 分	

续上表

鉴定项目类别	鉴定项目名称	国家职业标准规定比重(%)	《框架》中鉴定要素名称	本命题中具体鉴定要素分解	配分	评分标准	考核难点说明
"E"	开机硫化	70	能按操作规程要求，正确使用脱模剂	按脱模剂使用规范及工艺要求，正确使用脱模剂	4	不规范不得分	规范操作
			能按操作规程要求，正确确认多岗位硫化设备热板温度	按热板测温规范，正确测量热板实际温度	3	不规范不得分	规范操作
			能按操作规程要求，正确执行多岗位硫化装模操作	按硫化工艺卡片执行装模操作	9	每次不规范操作扣3分	规范操作
			能按操作规程要求，正确执行多岗位硫化出模操作	按硫化工艺卡片执行出模操作	6	每次不规范操作扣3分	规范操作
			能按操作规程要求，清理多岗位硫化模具及设备内的胶皮等杂物	清理设备滑轨及模具内胶皮	3	每一处不清理扣2分	
			能处理本岗位的降温现象	分析设备"掉温"故障会造成的后果	3	视答案给分	
				设备"掉温"故障的处理措施	3	视答案给分	处理设备故障
			能处理本岗位的降压现象	分析硫化压力不足会造成的后果	3	视答案给分	
			能在工艺、结构、配方变更的情况下配合试车操作	试制该产品	3	视试制结果给分	
			能按操作规程要求，正确操作多岗位预热设备	正确设定烘箱工艺参数	2	每处错误扣2分	
				按要求操作烘胶和骨架	3	操作不规范不得分	
	后处理		能处理硫化产品常见的外观质量问题	处理轻微"拔坑"产品	3	视处理情况给分	
				处理轻微"开胶"产品	3		
			能进行硫化产品的外观质量分析	产品"拔坑"的原因分析	2	合理即给分	
				产品"开胶"的原因分析	2		
"F"	设备维护	20	能报告硫化设备不安全因素并采取措施	请指出设备操作中存在的不安全因素	4	合理即适当给分	能发现问题
				提出设备操作中不安全因素的解决方案	4		
			能对修理后的硫化设备进行试车及试生产	试制该产品	2	视操作情况给分	

续上表

鉴定项目类别	鉴定项目名称	国家职业标准规定比重(%)	《框架》中鉴定要素名称	本命题中具体鉴定要素分解	配分	评分标准	考核难点说明
“F”	工艺计算	20	能计算硫化班组产品产量	计算所在班组的产量	3	不正确不得分	
			能计算硫化班组产品合格率	计算所在班组的产品合格率	3	不正确不得分	
			能对本岗位硫化压力单位进行对应换算	将200 bar的单位换算为设备所用的压力单位MPa,并设定压力	4	不正确不得分	
质量、安全、工艺纪律、文明生产等综合考核项目				考核时限	不限	每超时10 min,扣5分	
				工艺纪律	不限	依据企业有关工艺纪律管理规定执行,每违反一次扣10分	
				劳动保护	不限	依据企业有关劳动保护管理规定执行,每违反一次扣10分	
				文明生产	不限	依据企业有关文明生产管理规定执行,每违反一次扣10分	
				安全生产	不限	依据企业有关安全生产管理规定执行,每违反一次扣10分,有重大安全事故,取消成绩	

橡胶硫化工(高级工)技能操作考核框架

一、框架说明

1. 依据《国家职业标准》注,以及中国中车确定的“岗位个性服从于职业共性”的原则,提出橡胶硫化工(高级工)技能操作考核框架(以下简称:技能考核框架)。

2. 本职业等级技能操作考核评分采用百分制。即:满分为 100 分,60 分为及格,低于 60 分为不及格。

3. 实施“技能考核框架”时,考核制件(活动)命题可以选用本企业的加工件(活动项目),也可以结合实际另外组织命题。

4. 实施“技能考核框架”时,考核的时间和场地条件等应依据《国家职业标准》,并结合企业实际确定。

5. 实施“技能考核框架”时,其“职业功能”的分类按以下要求确定:

(1)“硫化操作”属于本职业等级技能操作的核心职业活动,其“项目代码”为“E”。

(2)“设备保养与维护”、“工艺计算与记录”属于本职业等级技能操作的辅助性活动,其“项目代码”分别为“F”。

6. 实施“技能考核框架”时,其“鉴定项目”和“选考数量”按以下要求确定:

(1)按照《国家职业标准》有关技能操作鉴定比重的要求,本职业等级技能操作考核制件的“鉴定项目”应按“E”+“F”组合,其考核配分比例相应为:“E”占 70 分,“F”占 30 分(其中:设备保养与维护 10 分,工艺计算与记录 20 分)。

(2)依据中国中车确定的“核心职业活动选取 2/3,并向上取整”的规定,在“E”类鉴定项目——“硫化操作”的全部 2 项中,至少选取 2 项。

(3)依据中国中车确定的“其余‘鉴定项目’的数量可以任选”的规定,“F”类鉴定项目——“设备保养与维护”、“工艺计算与记录”中,至少分别选取 1 项。

(4)依据中国中车确定的“确定‘选考数量’时,所涉及‘鉴定要素’的数量占比,应不低于对应‘鉴定项目’范围内‘鉴定要素’总数的 60%,并向上取整”的规定,考核制件(活动)的鉴定要素“选考数量”应按以下要求确定:

①在“E”类“鉴定项目”中,在已选定的 2 个鉴定项目所包含的全部鉴定要素中,至少选取总数的 60%项,并向上保留整数。

②在“F”类“鉴定项目”中,对应“设备保养与维护”,在已选定的至少 1 个或全部鉴定项目中,至少选取已选鉴定项目所对应的全部鉴定要素的 60%项,并向上保留整数;对应“工艺计算与记录”,在已选定的至少 1 个或全部鉴定项目中,至少选取已选鉴定项目所对应的全部鉴定要素的 60%项,并向上保留整数。

举例分析:

按照上述“第 6 条”要求,若命题时按最少数量选取,即:在“E”类鉴定项目中选取了“开机

硫化”、“后处理”2 项,在“F”类鉴定项目中分别选取了“设备保养”、“记录”2 项。则:

此考核制件所涉及的“鉴定项目”总数为 4 项,具体包括:“开机硫化”、“后处理”,“设备保养”、“记录”。

此考核制件所涉及的鉴定要素“选考数量”相应为 14 项,具体包括:“开机硫化”、“后处理”2 个鉴定项目包括的全部 16 个鉴定要素中的 10 项,“设备保养”鉴定项目包含的全部 2 个鉴定要素中的 2 项,“记录”鉴定项目包含的全部 2 个鉴定要素中的 2 项。

7. 本职业等级技能操作需要两人及以上共同作业的,可由鉴定组织机构根据“必要、辅助”的原则,结合实际情况确定协助人员的数量。在整个操作过程中,协助人员只能起必要、简单的辅助作用。否则,每违反一次,至少扣减应考者的技能考核总成绩 10 分,直至取消其考试资格。

8. 实施“技能考核框架”时,应同时对应考者在质量、安全、工艺纪律、文明生产等方面行为进行考核。对于在技能操作考核过程中出现的违章作业现象,每违反一项(次)至少扣减技能考核总成绩 10 分,直至取消其考试资格。

注:按照中国中车规定,各《职业技能操作考核框架》的编制依据现行的《国家职业标准》或现行的《行业职业标准》或现行的《中国中车职业标准》的顺序执行。

二、橡胶硫化工(高级工)技能操作鉴定要素细目表

职业功能	鉴定项目				鉴定要素		
	项目代码	名称	鉴定比重(%)	选考方式	要素代码	名称	重要程度
硫化操作	E	开机硫化	70	必选	001	能进行特种橡胶制品的硫化	X
					002	能对半成品实施二次硫化	Y
					003	能对硫化过程中出现的温度变化,分析原因,并进行调控	Y
					004	能对硫化过程中出现的压力变化,分析原因,并进行调控	X
					005	能对硫化过程中出现的停电现象,分析原因,并进行调控	Y
					006	能对硫化过程中出现的停汽现象,分析原因,并进行调控	X
					007	能鉴别多岗位的胶料、半制品、半成品质量	X
					008	能鉴别多岗位的胶料、半制品、半成品质量与本工种的关系	X
					009	能鉴别多岗位的胶料、半制品、半成品质量与上下工序的关系	X
					010	能进行特殊制品的泡洗、干燥、硫化及氯化处理,调节控制因素	X
		后处理			001	能分析判断硫化过程中出现的异常情况,并提出预防改进措施	X
					002	能分析判断硫化过程中出现的产量问题,提出预防改进措施	X
					003	能分析判断硫化过程中出现的质量问题,提出预防改进措施	X
					004	能按要求对产品外观质量进行相关检验	X
					005	能对常见外观缺陷分析原因并提出改进措施	X
					006	能对硫化半成品外观质量问题提出处理改进意见	X

续上表

职业功能	鉴定项目				鉴定要素		
	项目代码	名称	鉴定比重(%)	选考方式	要素代码	名称	重要程度
设备保养与维护	F	设备保养	30	任选	001	能监控硫化设备运行状况	X
					002	能根据设备运行状况提出改进意见和维护措施	X
		设备维护			001	能组织并确认新硫化设备的试车及试生产工作	X
					002	能识读硫化设备简图、装配简图并绘制零件草图	Z
工艺计算与记录		工艺计算		任选	001	能根据温度变化，计算等效硫化时间	X
					002	能根据压力变化，计算锁模力	Y
		记录			001	能分析硫化过程发生的异常情况，并提出处理措施	X
					002	能对硫化的动力损耗进行分析计算	Z

中国中车
CRRC

橡胶硫化工(高级工)
技能操作考核样题与分析

职业名称：________________
考核等级：________________
存档编号：________________
考核站名称：________________
鉴定责任人：________________
命题责任人：________________
主管负责人：________________

中国中车股份有限公司劳动工资部制

职业技能鉴定技能操作考核制件图示或内容

考试题目：对图 1 中产品做工艺更改验证（SRIT187 制动梁用弹性节点）

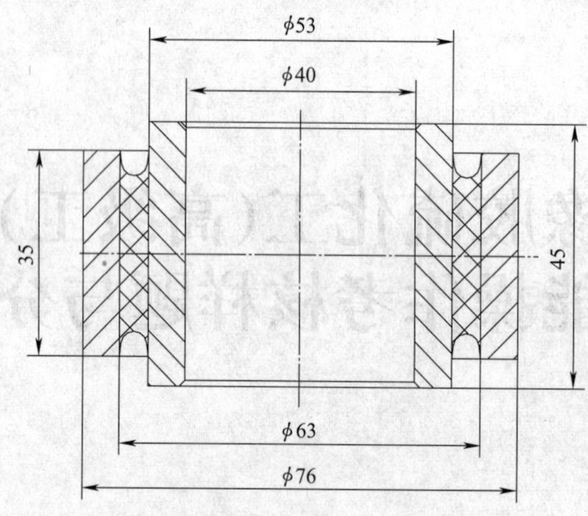

图 1 产品示意图（单位：mm）

考试要求：

1. 图 1 中产品目前采用的硫化工艺如表 1 所示，由于订单量的激增，需提高产能，请按表 2 中的基本要求，完善注射机硫化工艺参数。

表 1 注压设备所用硫化工艺

设　　备	模具腔数	胶料配方代号	硫化条件	比值*
150 t 注压机	1 模 4 腔	SYXS2009-08	150 ℃×30 min×16 MPa	0.8

注：* 表示模具投影面积与硫化设备热板的面积之比；16 MPa 为设备的设定压力。

表 2 注射机基本工艺要求

设　　备	模具腔数	胶料配方代号	硫化温度	比值 *
600 t 注射机	1 模 16 腔	SYXS2009-08	160 ℃	0.9

注：* 表示模具投影面积与硫化设备热板的面积之比。

2. 通过计算确定硫化时间和锁模压力，其中产品的实际锁模压力前后要保持一致。
3. 借鉴类似产品，制定合理的注射工艺。
4. 试制 3 模，确定硫化操作步骤和操作注意事项。
5. 思考并回答相关问题。

考试规则：

1. 每违反一次工艺纪律、安全操作、劳动保护、文明生产等规定扣除 10 分。
2. 有重大安全事故、考试作弊者取消其考试资格。

职业名称	橡胶硫化工
考核等级	高级工
试题名称	SRIT187 制动梁用弹性节点工艺更改验证
材质等信息：无	

职业技能鉴定技能操作考核准备单

职业名称	橡胶硫化工
考核等级	高级工
试题名称	SRIT187 制动梁用弹性节点工艺更改验证

一、材料准备

1. 材料规格

(1) SRIT187 骨架 48 套，其中骨架预先喷涂黏合剂（底涂 chemlok205/面涂 chemlok252X）；

(2)SYXS2009-08 配方混炼胶一块。

2. 坯件尺寸

(1)SRIT187 骨架尺寸见图纸(SRIT187-00-00-01/SRIT187-00-00-02)；

(2)胶料下料尺寸为宽 40～50 mm、厚 6～8 mm 胶条 1 条，质量 10 kg。

二、设备、工、量、卡具准备清单

序号	名　称	规　格	数量	备　注
1	注射机	600 t	1	
2	硫化模具	JZKB22-00-00	1	预先加热至少 4 h
3	顶出工装	JZGZ266-00-00	1	
4	手套	棉/线/皮	3	棉/线/皮手套各 1 副
5	撬棍	长柄/短柄	1	各 1 件
6	托盘		1	
7	叉子		1	清理流道胶
8	剪刀		1	
9	铲刀		1	
10	刀片	单面刀片	若干	

三、考场准备

1. 相应的公用设备、设备与器具的润滑与冷却等；

2. 相应的场地及安全防范措施；

3. 其他准备。

四、考核内容及要求

1. 考核内容(按考核制件图示及要求制作)。

2. 考核时限:180 min(含书面作答时间)。

3. 考核评分(表)。

职业名称	橡胶硫化工		考核等级	高级工	
试题名称	SRIT187 制动梁用弹性节点工艺更改验证		考核时限	180 min	
鉴定项目	考核内容	配分	评分标准	扣分说明	得分
开机硫化	设定合理的螺杆温度	2	合理即得分		
	设定合理的料筒温度	2	合理即得分		
	制定合理的塑化参数	2	合理即得分		
	制定合理的注射参数	3	合理即得分		
	制定合理的保压参数	2	合理即得分		
	制定合理的排气参数	3	合理即得分		
	制定合理的排料头步骤	2	合理即得分		
	制定合理的装模步骤	2	合理即得分		
	制定合理的出模步骤	2	合理即得分		
	制定合理的清模步骤	2	合理即得分		
	指出排料头注意事项	1	合理即得分		
	指出装模注意事项	1	合理即得分		
	指出出模注意事项	2	合理即得分		
	指出清模注意事项	1	合理即得分		
	按 140 ℃×120 min，对半制品二次硫化	2	操作不规范不得分		
	硫化温度过高会造成的不良影响	3	视回答情况给分		
	硫化温度过低的弊端	3	视回答情况给分		
	硫化压力的作用	3	视回答情况给分		
	硫化压力过大会造成的后果	3	视回答情况给分		
	硫化压力过小会造成的后果	3	视回答情况给分		
	能鉴别胶坯的质量	2	视鉴别情况给分		
	能鉴别骨架的质量	2	视鉴别情况给分		
	骨架黏合剂喷涂过界对本工序的影响	3	视回答情况给分		
	胶料夹杂熟胶粒对本工序的影响	3	视回答情况给分		
	分析上工序造成骨架黏合剂喷涂过界的原因	3	视回答情况给分		
	骨架黏合剂喷涂过界对下工序的影响	3	视回答情况给分		
后处理	合模无法加压故障的排除	1	视处理情况给分		
	无法启动自动硫化模式故障的排除	1	视处理情况给分		
	硫化产品出现“炸边”现象时，可采取的措施	1	视回答情况给分		
	硫化产品出现“气泡”现象时，可采取的措施	1	视回答情况给分		
	硫化产品出现“开胶”现象时，可采取的措施	1	视回答情况给分		
	提高产量的措施	1	视回答情况给分		
	产品产量提高后，应该注意的事项	1	视回答情况给分		
	产品出现“拔坑”的处理方案	1	视方案情况给分		
	产品出现“粘模”的处理方案	1	视方案情况给分		
	按要求检查产品外观	1	视情况给分		

续上表

鉴定项目	考核内容	配分	评分标准	扣分说明	得分
设备维护	监控设备的温度运行状况	2	视回答情况给分		
	监控设备的压力运行状况	2	视回答情况给分		
	监控设备的时间运行状况	2	视回答情况给分		
	热板实际温度与温控仪显示温度相差超过 10 ℃时,请提出设备维护措施	4	视回答情况给分		
工艺计算	计算新工艺所需的硫化时间	6	不正确不得分		
	在设备上设定硫化时间,并保存	4	不正确不得分		
	计算新工艺的硫化压力	4	不正确不得分		
	将压力单位由 MPa 换算为 bar	3	不正确不得分		
	在设备上设定硫化压力,并保存	3	不正确不得分		
质量、安全、工艺纪律、文明生产等综合考核项目	考核时限	不限	每超时 10 分钟,扣 5 分		
	工艺纪律	不限	依据企业有关工艺纪律管理规定执行,每违反一次扣 10 分		
	劳动保护	不限	依据企业有关劳动保护管理规定执行,每违反一次扣 10 分		
	文明生产	不限	依据企业有关文明生产管理规定执行,每违反一次扣 10 分		
	安全生产	不限	依据企业有关安全生产管理规定执行,每违反一次扣 10 分,有重大安全事故,取消成绩		

职业技能鉴定技能考核制件(内容)分析

职业名称	橡胶硫化工				
考核等级	高级工				
试题名称	SRIT187 制动梁用弹性节点工艺更改验证				
职业标准依据	《国家职业标准》				
试题中鉴定项目及鉴定要素的分析与确定					
分析事项 \ 鉴定项目分类	基本技能"D"	专业技能"E"	相关技能"F"	合计	数量与占比说明
鉴定项目总数		2	4	6	核心职业活动占比大于 2/3
选取的鉴定项目数量		2	2	4	
选取的鉴定项目数量占比(%)		100	50	67	
对应选取鉴定项目所包含的鉴定要素总数		16	4	20	鉴定要素数量占比大于 60%
选取的鉴定要素数量		12	4	16	
选取的鉴定要素数量占比(%)		75	100	80	

所选取鉴定项目及相应鉴定要素分解与说明

鉴定项目类别	鉴定项目名称	国家职业标准规定比重(%)	《框架》中鉴定要素名称	本命题中具体鉴定要素分解	配分	评分标准	考核难点说明
"E"	开机硫化	70	能进行特种橡胶制品的硫化	设定合理的螺杆温度	2	合理即得分	注射工艺参数的制定
				设定合理的料筒温度	2	合理即得分	
				制定合理的塑化参数	2	合理即得分	
				制定合理的注射参数	3	合理即得分	
				制定合理的保压参数	2	合理即得分	
				制定合理的排气参数	3	合理即得分	
				制定合理的排料头步骤	2	合理即得分	操作方便、可行
				制定合理的装模步骤	2	合理即得分	
				制定合理的出模步骤	2	合理即得分	
				制定合理的清模步骤	2	合理即得分	
				指出排料头注意事项	1	合理即得分	全面总结注意事项
				指出装模注意事项	1	合理即得分	
				指出出模注意事项	2	合理即得分	
				指出清模注意事项	1	合理即得分	
			能对半成品实施二次硫化	按 140 ℃×120 min,对半制品二次硫化	2	操作不规范不得分	
			能对硫化过程中出现的温度变化分析原因,并进行调控	硫化温度过高会造成的不良影响	3	视回答情况给分	高温硫化的潜在风险
				硫化温度过低的弊端	3	视回答情况给分	

续上表

鉴定项目类别	鉴定项目名称	国家职业标准规定比重(%)	《框架》中鉴定要素名称	本命题中具体鉴定要素分解	配分	评分标准	考核难点说明
"E"	开机硫化	70	能对硫化过程中出现的压力变化分析原因,并进行调控	硫化压力的作用	3	视回答情况给分	
				硫化压力过大会造成的后果	3	视回答情况给分	
				硫化压力过小会造成的后果	3	视回答情况给分	
			能鉴别多岗位的胶料、半制品、半成品质量	能鉴别胶坯的质量	2	视鉴别情况给分	
				能鉴别骨架的质量	2	视鉴别情况给分	
			能鉴别多岗位的胶料、半制品、半成品质量与本工种的关系	骨架黏合剂喷涂过界对本工序的影响	3	视回答情况给分	黏合剂涂过界对各工序的影响
				胶料夹杂熟胶粒对本工序的影响	3	视回答情况给分	
			能鉴别多岗位的胶料、半制品、半成品质量与上下工序的关系	分析上工序造成骨架黏合剂喷涂过界的原因	3	视回答情况给分	
				骨架黏合剂喷涂过界对下工序的影响	3	视回答情况给分	
	后处理		能分析判断硫化过程中出现的异常情况,并提出预防改进措施	合模无法加压故障的排除	1	视处理情况给分	故障排除
				无法启动自动硫化模式故障的排除	1	视处理情况给分	故障排除
			能分析判断硫化过程中出现的质量问题,提出预防改进措施	硫化产品出现"炸边"现象时,可采取的措施	1	视回答情况给分	工艺问题的处理
				硫化产品出现"气泡"现象时,可采取的措施	1	视回答情况给分	
				硫化产品出现"开胶"现象时,可采取的措施	1	视回答情况给分	
			能分析判断硫化过程中出现的产量问题,提出预防改进措施	提高产量的措施	1	视回答情况给分	
				产品产量提高后,应该注意的事项	1	视回答情况给分	量产可能存在的隐患
			能对常见外观缺陷分析原因,并提出改进措施	产品出现"拔坑"的处理方案	1	视方案情况给分	
				产品出现"黏模"的处理方案	1	视方案情况给分	黏模问题的处理
			能按要求对产品外观质量进行相关检验	按要求检查产品外观	1	视情况给分	

续上表

鉴定项目类别	鉴定项目名称	国家职业标准规定比重(%)	《框架》中鉴定要素名称	本命题中具体鉴定要素分解	配分	评分标准	考核难点说明
"F"	设备维护	30	能监控硫化设备运行状况	监控设备的温度运行状况	2	视回答情况给分	正确测温
				监控设备的压力运行状况	2	视回答情况给分	
				监控设备的时间运行状况	2	视回答情况给分	
			能根据设备运行状况提出改进意见和维护措施	热板实际温度与温控仪显示温度相差超过10 ℃时，请提出设备维护措施	4	视回答情况给分	硫化温度异常原因的判断
	工艺计算		能根据温度变化，计算等效硫化时间	计算新工艺所需的硫化时间	6	不正确不得分	范特霍夫方程的计算
				在设备上设定硫化时间，并保存	4	不正确不得分	
			能根据压力变化，计算锁模力	计算新工艺的硫化压力	4	不正确不得分	区别硫化压力与设备压力
				将压力单位由MPa换算为bar	3	不正确不得分	
				在设备上设定硫化压力，并保存	3	不正确不得分	
质量、安全、工艺纪律、文明生产等综合考核项目				考核时限	不限	每超时10分钟，扣5分	
				工艺纪律	不限	依据企业有关工艺纪律管理规定执行，每违反一次扣10分	
				劳动保护	不限	依据企业有关劳动保护管理规定执行，每违反一次扣10分	
				文明生产	不限	依据企业有关文明生产管理规定执行，每违反一次扣10分	
				安全生产	不限	依据企业有关安全生产管理规定执行，每违反一次扣10分，有重大安全事故，取消成绩